≪ 高等学校交通运输专业规划教材

铁路站场及枢纽设计

（第2版）

主　编 ○ 张春民

副主编 ○ 王宏伟　郝群茹　江雨星

U0206325

西南交通大学出版社

·成　都·

内容简介

本书为兰州交通大学国家级精品课程系列教材之一。全书共分为 11 章，主要内容包括：车站分类及铁路线路的主要技术标准、运输量预测、各类车站布置图型、车站设备数量、车站线路的连接、调车驼峰、通过能力计算、车站改扩建设计、铁路枢纽规划、高速铁路车站以及计算机在铁路车站建设中的应用。本书紧密结合工程设计案例，配有思考题。

本书可作为高等学校交通运输专业大学本、专科生以及高职生用书，也可供相关专业的研究生、从事铁路等有关工程设计和研究人员的学习参考使用。

图书在版编目（ＣＩＰ）数据

铁路站场及枢纽设计 / 张春民主编. —2 版. —成都：西南交通大学出版社，2019.8（2024.2 重印）
ISBN 978-7-5643-7110-4

Ⅰ. ①铁… Ⅱ. ①张… Ⅲ. ①铁路车站 – 建筑设计 – 高等学校 – 教材②铁路枢纽 – 建筑设计 – 高等学校 – 教材
Ⅳ. ①TU248.1②U291.7

中国版本图书馆 CIP 数据核字（2019）第 188407 号

Tielu Zhanchang ji Shuniu Sheji
铁路站场及枢纽设计
（第 2 版）

主　编 / 张春民

责任编辑 / 姜锡伟
助理编辑 / 宋浩田
封面设计 / 何东琳设计工作室

西南交通大学出版社出版发行
（四川省成都市金牛区二环路北一段 111 号西南交通大学创新大厦 21 楼　610031）
发行部电话：028-87600564　028-87600533
网址：http://www.xnjdcbs.com
印刷：成都中永印务有限责任公司

成品尺寸　185 mm×260 mm
印张　17.75　字数　442 千
版次　2019 年 8 月第 2 版　印次　2024 年 2 月第 3 次

书号　ISBN 978-7-5643-7110-4
定价　39.00 元

课件咨询电话：028-81435775

第 2 版 前 言

为满足我国提出的"创新、协调、绿色、开放、共享"的发展理念，结合我国国情和"铁路站场及枢纽"的发展状况和要求，近几年，国家铁路局相继对"铁路站场及枢纽"等的设计规范进行了全面修订，确定了设计原则和有关参数，进一步提升了技术经济的合理性。在这样的背景下，本书根据交通运输专业人才的培养目标和毕业要求的达成度，吸收了最新理论、设计规范、新技术以及最新成果，补充和完善了相关内容。

本书为兰州交通大学国家级精品课程"铁路运输组织"的系列教材之一。内容的安排遵循工程设计体系，以铁路站场设计为主线，以车站图型特点、设备确定方法、线路连接设计原则和方法、能力计算等为主要内容，全面反映了铁路站场及枢纽设计的基本理论和方法的各个方面，并体现了新技术。为便于展开教学和自学，本书紧密结合工程设计案例，配有例题和思考题。本书可作为交通运输及相关专业大学本科、专科以及高职的教学用书，也可作为相关专业的研究生、从事交通运输和铁路专业等设计工程技术人员的参考用书。

本书由兰州交通大学张春民担任主编，共 11 章。参加本书编写的人员及分工如下：兰州交通大学张春民编写第 5 章、第 6 章、第 10 章和第 11 章，王宏伟编写第 3 章、第 4 章、第 7 章和附表，江雨星编写第 1 章、第 2 章和第 8 章，郝群茹编写第 9 章。

本书获得兰州交通大学百名青年优秀人才培养计划（152022）的资助。在本书编写过程中，王立仁、李智基、李信等在各铁路勘察设计院从事站场设计工作的人士给予了很多的帮助。同时，本书的编写得到了兰州交通大学交通运输学院相关领导和教师的关心和支持。此外，本书参考了国内外的有关教材和论文，在此向本书所引用文献的所有著者表示深深的谢意！

由于编者水平和时间有限，书中难免存在疏漏和不完善之处，请读者给予批评和指正。

编 者

2019 年 5 月

第1版 前 言

本书为兰州交通大学国家级精品课程《铁路运输组织》的系列教材之一，是在 2005 年出版的《交通港站及枢纽设计》基础上修订而成。根据交通运输专业人才培养目标的要求，本书吸收了铁路站场及枢纽设计的最新理论、设计规范、新技术以及最新成果，并补充和完善了相关内容。

教材内容的安排遵循工程设计的体系，紧密结合工程设计案例，并配有例题和思考与练习题，力图通俗易懂，保证学习者在获得基本知识和设计理论的基础上，形成整体场站设计理念，提高分析问题和解决问题的能力。本书可作为交通运输及相关专业大学本科、研究生教学用书，也可作为从事交通运输、铁路专业等设计工程技术人员的参考用书。

本书由兰州交通大学张春民主编，参加本书编写的人员及分工为：兰州交通大学张春民（第 3 章、第 4 章、第 5 章、附录），兰州交通大学王宏伟（第 6 章、第 7 章、第 9 章、第 10 章），兰州交通大学郝群茹（第 8 章），兰州交通大学徐重琪（第 1 章、第 2 章）。

本书获甘肃省高等学校基本科研业务费项目支持，在编写过程中得到了王立仁、李智基、周博拓、王晓奇以及李万竹等在各铁路勘察设计院从事站场设计工作人员的帮助，同时也得到了兰州交通大学交通运输学院相关领导和教师的关心和支持，此外，本书引用了杨涛教授以及其他专家学者的文献，在此一并表示感谢。

由于编者水平和时间的限制，书中难免存在疏漏之处，请读者给予批评指正。

目 录

第 1 章　车站分类及铁路线路主要技术标准

1.1　铁路运输的特点

铁路运输是重要的交通运输方式之一。自 19 世纪 20 年代人类建成首条铁路并投入使用以来，铁路的发展已经经历了约 200 年的历史，尽管在此期间铁路运输有过其高潮发展和低潮衰退，但铁路运输始终都在发挥其巨大的运输功能。

尽管公路运输曾经一度使铁路运输发展空间受到很大的限制，但铁路运输并没有因此而退出交通运输的舞台。特别是近年来，人们对交通运输有了越来越深刻的认识，综合运输以及多式联运的发展使铁路运输又重新得到了极大的发展，高速铁路以及磁悬浮的出现，更是充分说明了这一点。

铁路运输有其自身的特点，主要体现在以下几点。

1. 运输能力大

铁路是大宗、通用的运输方式，能够负担大量的运输任务。铁路运输能力取决于列车载重量和每昼夜线路通过的列车数。列车车厢数量越多，可以承担的货物和旅客运输的数量相应也越大。

2. 安全性高

由于铁路运输线路比较集中，自动化程度随着高新科学技术应用的逐渐深入而变得越来越高，列车自动停车、自动操纵、设备故障和道路故障报警、灾害防护报警装置技术的迅速发展，大大减小了交通事故的发生率。

3. 环境污染程度小

列车行驶大部分时间是在城市地区以外地带，对城市以及居民区的污染程度是很低的。同时铁路运输对生态环境的破坏影响也是比较低的。特别是电气列车的发展，对环境的影响就更小了。

4. 直达性较差

铁路最大的缺点就是直达性不高，由于铁路起点和终点都是在站场，旅客和货物一般不能一次到达目的地，还要经过换乘或换装进行继续运输。所以铁路运输一般是和其他运输方式进行综合运输的。

1.2 铁路车站的作业及分类

车站是铁路运输企业办理旅客和货物运输的重要基地，它集中了与运输有关的各项技术设备，参与铁路运输过程的主要作业环节。

车站是铁路与工农业和城市联系的纽带，是铁路对外的窗口，与旅客和货主直接发生联系，运输过程的开始和终结都是在车站里办理的，包括旅客的上车和下车，货物的承运、交付和装卸作业。

1.2.1 车站的作业

在车站办理的各种作业，一般可分为以下 5 类。

1. 客运业务

客运业务指与旅客发送与到达有关的业务，作业的对象为旅客，其作业涉及客票发售，中转签证，旅客乘降，行李包裹的承运、装卸、保管和交付，邮件装卸，客车整备，旅客列车供水等作业。

2. 货运业务

货运业务指与货物的发送、到达有关的业务，作业的对象为货物。其作业涉及货物的承运、交付、装卸、保管、票据的编制及与其他运输方式的联运等。

3. 运转作业

运转作业指与行车和调车有关的作业，作业的对象为列车或车辆。运转作业分为与旅客列车有关的作业和与货物列车有关的作业两类。

车站办理的旅客列车分为通过旅客列车和始发终到旅客列车。通过旅客列车在车站办理到达、出发作业，在个别车站还办理机车换挂、车辆摘挂或变更运行方向等作业。始发终到旅客列车，除办理上述作业以外，还须办理客车车底的取送作业。

车站办理的货物列车分为通过货物列车和改编货物列车。通过货物列车在车站进行必要的技术作业后，一般不变更车次继续运行。因此，通过列车在车站不进行解体或编组作业，只进行到达、出发作业，个别车站还进行机车换挂、增减轴或变更运行方向等作业。改编货物列车包括到达解体列车和自编始发列车。到达解体列车到站以后，该车次的运行线就从运行图上消失，车列经调车机车解体之后将所编挂的车组分解到各条调车线上。自编始发列车是发站产生的一个新车次的列车，在运行图上开始了一条新的运行线，办理的作业有车列的集结、编组、挂机车、出发。自编始发列车编挂的车辆来自调车线，整个作业过程是到达解体列车作业的逆过程。

改编中转车流在技术站既要进行解体作业，又要进行编组作业，它随某个到达解体列车到达，然后解体进入调车线进行集结，随后编入另一个自编始发列车出发。到达本地区的货物作业车要进行解体、集结，然后由调车机车送往作业地点。由本地区装出的货物作业车要由调车机车拉至调车线集结，然后编入自编始发列车。

4. 机车业务

机车业务分为机车整备（或更换乘务组）和机车检修两部分。始发列车的本务机车每次出段前，需要按时补充燃料、水、油脂及砂等消耗品的工作，称为机车整备作业。该作业的目的是保证机车完成周转图所规定的各项运输任务。

机车交路是指担当牵引列车任务的本务机车，在规定区段内牵引列车并往返运行的回路。机车交路包括机车交路类型、机车运用方式和乘务制度。

机车交路的类型按照牵引任务可分为客机交路、货机交路和小运转交路等，按照牵引区间长度可分为长交路和短交路。

机车的运转方式分为肩回运转制交路和循环运转制交路等。采用肩回式交路时，本务机车每往返一次就要入段一次，进行整备和检查。采用循环运转交路时，本务机车在往返运行中经过机务段时并不入段，只是在到发线上进行必要的整备作业，然后继续牵引列车运行，只在定修时入机务段作业。

机车乘务制度分为包乘制和轮乘制等。采用包乘制时，固定2~3个乘务组值乘一台机车。采用轮乘制时，则由各个乘务组轮流值乘机车。

机车经过一定时期的运用以后，根据机车各部分的磨耗程度，必须进行各种定期修理。机车的定期修理是机车日常保养的基础，只有高质量地修理机车，才能保证机车经常处于质量良好状态。机车的修理，除大修在工厂进行外，其余都在机务段进行。

5. 车辆业务

由于磨损、锈蚀、松弛和裂损等会影响车辆使用效率和危害行车安全，因此制订了车辆检修制度和相应的技术组织措施。车辆检修分为定期检修和日常检修两种。

车辆的定期检修是一种有计划的预防性检修，根据时间的长短分为厂修、段修、辅修。厂修是对车辆做全面检查、彻底修理，使车辆恢复基本性能，接近新车状况，由车辆工厂负责；段修在车辆段修车库内进行；辅修在车辆段修车库、站修所或站修线上进行。

车辆的日常检修工作一般都不摘车修理，也称为列车的技术检查，由列检所负责。列车的检修工作在列车到达、编组、发车、中转过程中的间隙时间进行。列检所无法修理的一些较大故障，可在调车线集结成组后，由调车机车送到站修所修理。修好的车辆也需由调机取回调车线编入自编始发列车。

1.2.2 车站的设备

车站的设备按其办理作业的性质不同，也分为以下5类。

1. 客运业务设备

客运业务设备包括旅客站房、旅客站台、雨棚、横越线路设备和站前广场等。大型客运站一般还设有客车整备所，以便对客车进行洗刷、消毒、检修等作业。

2．货运业务设备

货运业务设备包括货场及其有关设备，如装卸线、存车线、货物站台、仓库、雨棚、堆放场、装卸机械和办公房屋等。

3．运转设备

运转设备分为以下几类。

（1）接发停靠客货列车的到发线（到达线、出发线）。

（2）供本务机车出入段使用的机车走行线、机车出入段线、机待线。

（3）供改编货物列车调车使用的调车线、牵出线、调车驼峰。

（4）列车到达和出发的正线及枢纽进出站线路。

（5）将以上各线路设备连接在一起的车站（或车场）咽喉。

运转设备的布置将在车站布置图型、车站咽喉设计、调车驼峰及铁路枢纽等有关内容中进一步讨论。

4．机车业务设备

根据机车交路和机车检修作业的需要，考虑在车站是否设置机车业务设备。机车业务设备指机务段、折返段和换乘点等。

机车的整备设备有：储砂、干砂、供砂、补给柴油、润滑油、加温、清洗和检查等设备。机车的修理设备有供机车进行检查和修理的机车库和其他辅助车间。

5．车辆业务设备

根据车站技术作业性质及车流数量，考虑是否在车站设置车辆业务设备。货运车辆业务设备有列检所、站修线、站修所或车辆段；客运车辆业务设备有客车技术整备所、旅客列车检修所和客车车辆段等。

车辆段一般设在编组站、国境站、枢纽等货车大量集散或旅客列车始发、终到较多的地区。列检所设在编组站、区段站、厂矿交接站及装卸车辆数较多的货站等地点。

1.2.3　车站的分类

铁路车站按其在铁路网中的作用，主要办理的作业和设备配置的特点，通常分为中间站、区段站、编组站、客运站和货运站。

1．中间站

中间站是牵引区段内设有配线的中小站，其作用是提高铁路区段通过能力和为沿线人民生活服务。

中间站办理的列车基本上全部为通过旅客列车和通过货物列车。通过旅客列车中只有个别列车有停站时间，办理客运业务。在设货场的中间站上，办理少量车组的摘挂和向货场的取送调车作业。因此，中间站客货运业务设备的规模很小。其运转设备主要是到发线。除了部分中间站有货场牵出线以外，其他中间站几乎没有什么调车设备。在中间站上除了补给始终点站外，一般没有机车业务和设备，另外也几乎没有什么车辆业务和设备。

2. 区段站

区段站位于中小城市和牵引区段的分界处，负责组织地区的短途车流，解编区段摘挂列车，并更换本务机车或更换乘务组等作业的综合性车站。由于区段站具有综合性车站的特点，车站的五种作业及设备在区段站上都存在，所以说具有"小而全"的特点。但是区段站办理的旅客列车大部分为通过旅客列车，个别车站办理市郊和短途旅客列车，货物列车中大部分为通过列车，其次为改编货物列车，起到组织邻近地区车流的作用。

区段站的客货运量和客货运业务设备的规模均比中间站大，运转设备中主要是办理无改编通过列车的设备，其次是办理改编货物列车的设备，并配有专用的调车机车，调车驼峰一般为小能力驼峰。区段站分类的技术条件必须满足以下4点要求。

（1）主要编组区段列车和摘挂列车。

（2）进行货运列车的技术检修和货运检查、整理作业。

（3）有机务段或机务折返设备。

（4）有专用的调车场。

3. 编组站

编组站是位于大城市铁路枢纽内，拥有强大的调车设备，办理大量的解体和编组作业的专业化车站。

编组站办理的列车以改编货物列车为主，编组站仅有少量的客货运业务和设备。其运转设备中除了行车设备外，还有现代化的大能力调车驼峰，一般还有机车和车辆业务及设备。

编组站依照在铁路网中的地位和作用分为以下3类。

1）路网性编组站

路网性编组站是位于路网、枢纽地区的重要地点，承担大量中转车流改编作业，编组大量技术直达和直通列车的大型编组站。路网性编组站分类的技术条件必须满足以下4点要求。

（1）衔接三个及以上方向或编组三个及以上方向列车的车站。

（2）编组两种及以上去向的技术直达列车或技术直达和直通列车去向之和达到6个。

（3）年度日均出入有调中转车达到6 000辆。

（4）有纵列式的站场配备和现代化的大能力驼峰调车设备。

路网性编组站有哈尔滨南站、沈阳西站、山海关站、丰台西站、石家庄站、郑州北站、襄樊北站、武汉北站、济南西站、徐州北站、南京东站、苏家屯站、兰州北站、新丰镇站、株洲北站等。

2）区域性编组站

区域性编组站是位于铁路干线的重要地点，承担较多的中转车流改编作业，编组较多的直通和技术直达列车的大中型编组站。区域性编组站分类的技术条件必须满足以下4点要求。

（1）衔接三个及以上方向或编组三个及以上方向列车的车站。

（2）编组三种及以上去向的直达和直通列车。

（3）年度日均出入有调中转车达到 4 000 辆。

（4）应有现代化的大能力驼峰调车设备。

区域性编组站有江岸西站、南仓站、广州北站、宝鸡东站、八里站等。

3）地方性编组站

地方性编组站位于铁路支干线交会、铁路枢纽地区或大宗车流集散的港口、工业区，是承担中转、地方车流改编作业、编组一定数量的直通列车和技术直达列车的小型编组站。地方性编组站分类的技术条件必须满足以下 4 点要求。

（1）位于城市、工矿、口岸等地区，有一定数量的有调中转车集散的车站。

（2）编组两种及以上去向的直达和直通列车。

（3）年度日均出入有调中转车达到 2 500 辆。

（4）应有中能力驼峰调车设备。

地方性编组站有济南站、艮山门站、蓝村站、太原北站、武威南站等。

4. 客运站

客运站是位于大城市铁路枢纽内，专门办理客运业务的一种专业化车站，如北京站、北京西站、上海站、天津站、广州站、郑州站等。

客运站主要办理旅客列车到发、旅客乘降和中转、行包邮件装卸以及与旅客列车有关的机车和车辆业务。客运站的设备主要是客运业务设备、与旅客列车有关的运转、机车和车辆业务设备。有的客运站也有少量的货运业务和设备。

5. 货运站

货运站是位于城市铁路枢纽内，专门办理货运业务的专业化车站，如北京东站、郑州东站等。

货运站主要办理货运业务，以及小运转列车的接发和调车作业，还可能设有列检所办理列车的检修业务。部分货运站也有少量的客运业务和设备。

货运站按其作业性质和服务对象还可以分为综合性货运站、专用货运站、工业站、港湾站、换装站等。

1.3 铁路线路的主要技术标准

铁路线路的主要技术标准是进行铁路线路和站场规划设计的依据，根据它可以确定线路的运输能力和装备类型、数量等。线路主要技术标准包括铁路等级、正线数目、牵引质量、限制坡度、最小曲线半径、牵引种类、机车类型、机车交路、闭塞类型和到发线有效长度。这里主要介绍前 9 种，对于到发线有效长度的技术要求，将在第 5 章进行详细介绍。

1. 铁路等级

铁路所经过的地区，其经济、文化和国防意义不同，在运输系统中的地位和作用不同，所担负的运输任务和运量也不同，故有必要将铁路划分为若干等级，有区别地规划各级铁路的运输能力，并制定相应的技术标准和装备类型，以满足不同等级铁路的运输功能需要。

铁路线路一般是按四级来划分，即 I 级铁路、II 级铁路、III 级铁路和 IV 级铁路。这种划分的优点是使用方便，且易于与线路意义、作用相配合。

确定铁路等级的主要指标，目前国内外广泛采用的是运量（包括货运量和客运量）。在路网中起骨干作用的铁路为 I 级，在铁路网中起联络、辅助作用的铁路为 II 级，为某一区域服务、具有地区运输性质的铁路为 III 级和 IV 级。

确定 I、II、III 和 IV 级铁路的年客货运量分界值为 20 Mt、10 Mt 和 5 Mt，即年客货运量大于或等于 20 Mt 的为 I 级铁路，年客货运量小于 20 Mt 且大于或等于 10 Mt 的为 II 级铁路，年客货运量小于 10 Mt 且大于或等于 5 Mt 的为 III 级，年客货运量小于 5 Mt 的为 IV 级铁路。

2. 正线数目

正线数目有单线和双线之分，双线铁路的能力是两条平行单线的 2 倍，远远超过两条单线的能力，旅行速度比单线高 30%，但工程造价和运营费用均低于两条单线。因此，确定车站正线数目应考虑铁路运量和工程造价的情况。一般地，新建铁路可以按单线设计；近期年客货运量分别大于或等于 35 Mt 的平原、丘陵地区和大于或等于 30 Mt 的山区，宜一次修建双线。若远期年客货运量达到上述标准，其正线数目宜按照双线设计，可以分期实施；若远期年客货运量没有达到上述标准，但按要求的年输送能力和客车对数折算的年客货运量大于或等于 30 Mt 时，宜预留双线。

3. 限制坡度

限制坡度是影响铁路全局的主要技术指标，不仅对线路走向、线路长度和车站分布有很大影响，而且直接影响牵引质量、运输能力、行车安全、工程投资和运营指标。

限制坡度的确定在保证行车安全的条件下，尽量与自然地形相适宜，以缩短线路长度、减少工程投资。它的选择必须将牵引质量、行车速度、行车密度有机结合起来进行综合研究。对于各级铁路来说，其限制坡度的最大值应符合表 1-1 的规定。

表 1-1　限制坡度最大值（‰）

铁路等级		I			II			III		
地形类别		平原	丘陵	山区	平原	丘陵	山区	平原	丘陵	山区
牵引种类	电力	6.0	12.0	15.0	6.0	15.0	20.0	9.0	18.0	25.0
	内燃	6.0	9.0	12.0	6.0	9.0	15.0	8.0	12.0	18.0

4. 最小曲线半径

曲线半径不仅影响着行车安全、旅客舒适等行车指标，还影响着行车速度、运行时间等技术指标和工程费、运营费等经济指标。曲线半径应合理选用，因地制宜。

目前曲线半径均采用标准化形式，即 12 000 m、10 000 m、8 000 m、7 000 m、6 000 m、5 000 m、4 500 m、4 000 m、3 500 m、3 000 m、2 800 m、2 500 m、2 000 m、1 800 m、1 600 m、1 400 m、1 200 m、1 000 m、800 m、700 m、600 m、550 m、500 m 的半径系列。

对于新建铁路来说，其最小曲线半径有表 1-2 规定。

表 1-2　新建铁路最小曲线半径表（单位：m）

路段旅客列车设计行车速度/（km/h）			160	140	120	100	80
最小曲线半径/m	工程条件	一般地段	2 000	1 600	1 200	800	600
		困难地段	1 600	1 200	800	600	500

对于改建既有线路或新增第二线时的最小曲线半径，有如下规定。

一般条件下，曲线半径应不小于表 1-2 所列数据。困难条件下，如按上述标准改建引起巨大工程量时，可以经技术经济比较确定改建方案，以节约投资，避免大拆大改，并根据具体情况确定该线路路段旅客列车设计行车速度。

5. 牵引种类

目前，牵引种类有电力牵引和内燃牵引两种。电力牵引具有牵引力大、起动加速快、制动性能好、环境污染小和热效能高的特点，对于提高列车质量、行车密度、行车速度和运输能力有很大的适应性。内燃牵引的功率一般低于电力牵引，计算速度较低，运营成本高，通过长隧道时需要机械通风。

牵引种类对铁路的输送能力有很大影响，应根据路网与牵引力规划、线路特征和沿线自然条件以及动力资源分布情况，结合机车类型合理选定。一般运量大的主要干线、长大坡道或隧道相邻的线路上应优选电力牵引。有条件时，在同一区域内的牵引种类应尽量统一，以利于机车检修，灵活调配运用机车。

6. 机车类型

机车目前使用的机车类型主要有电力机车和内燃机车两类。机车在进行选择时应考虑以下几个因素。

1）牵引种类

不同牵引种类对应着不同的机车类型系列。选择机车类型会对应相应的机车参数，产生不同的技术经济结果，如表 1-3 所示。

表 1-3　我国电力和内燃部分主型机车的主要技术参数

牵引种类	机车类型	用途	轴式	轴距/m	功率/kW	持续速度/（km/h）	最高速度/（km/h）	持续牵引力/kN	启动牵引力/kN
电力	SS$_1$	客货	C$_0$-C$_0$	4.60	3 780	43	90	301.1	487.4
	SS$_3$	客货	C$_0$-C$_0$	2.3+2.0	4 350	48	100	317.5	490
	SS$_4$	货	2（B$_0$-B$_0$）	3.00	6 400	51.5	100	436.5	628

牵引种类	机车类型	用途	轴式	轴距/m	功率/kW	持续速度/(km/h)	最高速度/(km/h)	持续牵引力/kN	启动牵引力/kN
电力	SS$_{4B}$	货	2(B_0-B_0)	2.90	6 400	50	100	449.3	628
	SS$_{6B}$	客货	C_0-C_0	2.3+2.0	4 800	50	100	337.5	485
	SS$_7$	客货	B_0-B_0-B_0	2.88	4 800	48	100	351	485
	SS$_{7C}$（140）	客	B_0-B_0-B_0	2.88	4 800	76	125	220	310
	SS$_{7D}$（160）	客	B_0-B_0-B_0	2.88	4 800	96	160	171	245
	SS$_8$	客	B_0-B_0	2.90	3 600	99	177	124.1	190
内燃	DF$_4$	客货	C_0-C_0	1.8+1.8	2 426	26.3 21.9	120 100	302	362.4 434.9
	DF$_{4B}$	客货	C_0-C_0	1.8+1.8	2 426	28.5 21.6	120 100	243 324	327.5 435.0
	DF$_{4C}$	客货	C_0-C_0	1.8+1.8	2 650	31.5 24.5	120 100	234 301.5	331 442.2
	DF$_{4D}$	客货	C_0-C_0	1.8+1.8	2 425	39 24.5	145 100	214.8 341.1	302.6 442.2
	DF$_8$	货	C_0-C_0	1.8+1.8	2 720	31.2	100	307.3	442.2
	DF$_{8B}$	货	C_0-C_0	1.8+1.8	3 100	31.1	100	340	480
	DF$_{11}$	客	C_0-C_0	2.0+2.0	3 040	65.5	170	160	253

2）运输需求

货运机车类型的选择应考虑对牵引定数、运输能力和行车速度这几个方面的影响程度。客运机车类型的选择应考虑机车功率以及满足设计线路的旅客最高运行速度的要求。

除此以外，机车类型的影响因素还有线路平、纵断面技术标准，机车轴列式与曲线的协调等。在选择时，应考虑这些因素，并进行技术经济比较，以确定合理的机车类型。

7. 机车交路

机车交路的确定涉及交路类型、机车运转方式以及承运制度三方面的选择。影响机车交路选择的因素主要有牵引种类、机车类型以及车流特点，另外还涉及车站的分布以及机务检修设备的配置等。因此，应根据牵引种类、机车类型、车流特点、乘务制度、线路条件、结合路网规划以及机务设备布局，进行经济比较确定。

8. 牵引质量

牵引质量应根据运输需求、限制坡度及机车类型等因素，经技术经济比较来确定，并宜与邻接线路牵引质量相协调，以减少换重作业、加速机车车辆周转、降低运输成本、减少在途时间、为直达运输提供条件。

9. 闭塞类型

闭塞类型包括信号、联锁、闭塞设备，三者构成一体，用以确保行车安全、提高行车速度。目前行车的基本闭塞方法有自动闭塞、半自动闭塞、电气路签（牌）闭塞、电话闭塞以及自动站间闭塞 5 种。其中，电气路签（牌）闭塞仅在个别支线、专用线上使用，主要干线已经不再使用。电话闭塞是一种当主要闭塞设备不能使用时才会使用的临时闭塞方式。半自动闭塞较适应单线铁路，一般情况下，单线铁路选择半自动闭塞和自动站间闭塞，以适应运输能力，并且投资较省。双线铁路选择自动闭塞，列车可以追踪运行，可以提高通过能力和经济效益。一个区段内应采用同一种闭塞方式。

当旅客列车设计行车速度大于 120 km/h 时，双线区段应采用速差式自动闭塞，单线区段宜采用半自动闭塞和自动站间闭塞。

思考与练习题

1. 什么是中间站、区段站、编组站、客运站、货运站？各主要有哪些作业及设备？
2. 如何区分区段站和编组站？
3. 铁路的技术条件包括哪些内容？各有何要求？

第 2 章 运输量预测

2.1 经济与社会调查

2.1.1 调查的内容

经济与社会调查是进行交通设施规划设计的基础性工作，内容主要有以下 8 个方面。
（1）基本经济、社会情况调查。
（2）资源调查。
（3）工业调查。
（4）农业调查。
（5）交通调查。
（6）商业、物资调查。
（7）城市调查。
（8）运输企业调查。

2.1.2 调查的方法

调查的主体是人，客体是自然、社会与经济现象。凡是对客货运量的流量和流向有着重要影响的部门、行业和单位，都应视为调查的主要对象。

展开调查之前，首先要确定调查的内容、项目及指标体系，是定性阶段。调查的过程中，主要采用访问、开座谈会、信函、观测、做资料卡片等方法。调查之后，要对调查的资料进行统计、整理和综合分析，得出定量的规律，广泛采用统计图表示方法。

社会与经济调查是一项严肃的工作，填表和计算只是表面现象，其目的是要用大量的数字资料综合地说明社会与经济发展水平、速度、构成和比例关系等，要把偶然的因素造成的假象排除掉，得出有说服力的综合结果。

2.1.3 设计年度

设计年度是工程规划设计项目规定的重要时间节点，如铁路的设计年度分为近期和远期：近期为建成交付运行后第 10 年；远期为建成交付运营后第 20 年。

近期和远期均采用调查运量。

2.1.4 划分交通小区

1. 划分的目的

运量由不同的发生地（O 点）产生，到达不同的目的地（D 点）。进行运量预测时需要全面了解发生地和目的地（D 点）之间的运量关系。但是，出发地和目的地一般都是大量的，不可能对每一个出发地和目的地进行单独研究。因此，在进行运量预测时要将它们按一定原则划分成一系列的小区，这些小区即为交通（OD）小区。划分小区的目的有以下两个方面。

（1）将区域运量的生成、到达与区域的经济、人口等社会经济指标联系起来。交通运输是一种空间行为，普遍存在于人类的社会经济活动之中，运输需求产生于在空间范围内实现其他社会经济活动的要求。在不同的区域，经济发展的资源（矿产资源、生物资源、土地资源等）、经济要素（人口资源、文化资源、各种基础设施）结构等均存在差异. 包括空间分布上的差异、数量、质量和价格等方面的差异以及空间的可流动性。

对各区域经济活动主体而言，它们必须根据各种资源和经济要素的空间分布特征、空间可流动性，以及在质量、数量和价格等方面的空间差异，从各自的生产或经营特点出发，去确立与相关资源和经济要素的空间联系，实现经济活动主体与相关资源和经济要素之间合理的空间配置，使利润最大或成本最低。

（2）将运量需求在空间上的流动用小区之间的运量分布表示出来。

2. 交通小区的划分依据

交通小区的划分是否适当将直接影响有关数据的采集、分析以及运量预测的工作量及精度。通常，由于一些基础资料，一般是按照行政区划采集和统计的，因此为了便于收集资料，交通小区的划分一般遵循行政区划。

交通小区划分的尺度是人为的，划分得越细，其结果的精度越高，但同时需要的基础数据就越多，带来的工作量也就越大。因此，交通小区划分的基本原则是在准确、全面反映区域特征的前提下，使运量预测工作量尽可能地减少。

2.2 运量预测

运量预测是运输路网规划项目决策的基础，是交通建设项目线路等级、土建规模及其他基础设施能力设计的依据。运量预测是融合经济社会、自然科学多学科的复杂的综合技术。

运量预测包含两个工作内容：一是对现状进行分析，在运量与现状之间建立有关数学模型；二是利用上述模型进行运量预测。目前，采用四阶段运量预测法进行预测。

四阶段运量预测法是把预测过程分为四个阶段：发生到达（生成量）、运式选择、流量分布、网络分配。四阶段运量预测模型提供了一种结构清晰的、操作性良好的、科学的运量预测方法，是运量预测的基本方法。目前在我国，四阶段运量预测方法已被各交通运输设计部门普遍接受，并在铁路网规划、铁路运量设计，公路交通量设计、城市道路规划中得到广泛应用。四阶段运量预测法只是运量预测的一个基本结构，其四个阶段并不是截然分开的，有时为了研究问题的方便，可以将两个或三个甚至四个阶段进行合并，形成组合模型。

四阶段运量预测法基本思路是首先将研究区域依据一定规则划分若干 OD 小区，收集各小区现状及规划资料，作为四阶段预测法的基础准备；其次，进行预测各小区总发生量与吸引量；接着将这些发生与吸引量按空间进行分布，得到运量分布矩阵；接下来进行运输方式选择，即将分布矩阵中的运量分配到不同的运输方式中去；最后，将运量分配到各运输方式各自的运输网络上，即预测出区段货流密度，最后检验评价直至满意为止。

2.2.1 发生到达（生成量）预测

发生到达（生成量）预测是通过分析整个研究区域及各 OD 小区的经济资料和客货运量的历史数据，用数学方法将与运量有关的因素如人口、经济等与运量联系起来，找出它们之间的逻辑关系，进行未来各 OD 小区总运量的预测。由于所用的基础数据较多，所以，往往采用多种数理统计方法及预测模型。

常用的有线性回归、非线性回归、弹性系数法、灰色模型及三次指数平滑法等。

2.2.2 运式选择预测

交通运输中交通工具各有自己的优点，其吸引的客货运量的情况不相同。因此，应对分布后的各 OD 小区的运量或总运量进行交通方式划分，得出未来各种运输方式的各 OD 小区运量。

预测方法可以采用 LOGIT 模型、AHP 模型、DELPHI 法等。

LOGIT 模型，其表示形式如下：

$$p_{ijk} = \frac{\exp(-\beta c_{ijk})}{\sum\limits_{k} \exp(-\beta c_{ijk})} \tag{2-1}$$

式中　p_{ijk} ——从 i 小区到 j 小区第 k 种运输方式的运量份额；

　　　β ——系数；

　　　c_{ijk} ——从 i 小区到 j 小区第 k 种运输方式的广义费用。

β、c_{ijk} 为调查数据，通过统计方法进行标定。调查数据的准确性对预测结果有重大影响，所以在实际预测中根据研究区域历史年度的运量份额及发展趋势进行分析确定而得到。

2.2.3 流量分布预测

将上步所预测出的各 OD 小区铁路总运量进行细化，也就是把每个 OD 小区的铁路总运量细化为每个 OD 小区到达其他 OD 小区的发生量和其他 OD 小区到达该小区的到达量，从而建立了每个 OD 小区之间的运量关系，得到 OD 矩阵数据。

进行预测的方法多达几百种，总的说分为两类：一类是以预测中短期交流分布为主的模型，如佛莱特（FRATOR）模型和弗尼斯（FURNESS）模型；另一类是以预测中长期为主的模型，如重力模型（Gravity Model）。这里介绍 FRATOR 模型。

FRATOR 模型归类为增长系数法，是增长系数法中的一种较好的交通分布预测模型，它考虑了交通区与交通区之间的吸引强度，FRATOR 模型运用由历史统计资料、抽样调查或按某一种数学方法计算得到的一个先验的 OD 矩阵，假设预测的 OD 矩阵与先验的 OD 矩阵具有基本相同的分布形式，模型的计算反映了运输需求的增长与小区运量之间的平衡。

FRATOR 模型的基本形式有多种，但预测结果基本相同，可比较直观的表示为

$$T_{ij} = \frac{1}{2} t_{ij} \alpha_i \beta_j \left(\frac{g_i}{\sum_j t_{ij} \beta_j} + \frac{a_j}{\sum_i t_{ij} \alpha_i} \right) \tag{2-2}$$

式中：α_i——OD 小区 i 发生量增长系数，$\alpha_i = \dfrac{G_i}{g_i}$；

β_j——OD 小区 j 吸引量增长系数，$\beta_j = \dfrac{A_j}{a_j}$；

G_i——OD 小区预测发生量；

g_i——OD 小区现状发生量；

A_j——OD 小区预测吸引量；

a_j——OD 小区现状吸引量；

T_{ij}——OD 小区 i 到 j 的预测分布量；

t_{ij}——OD 小区 i 到 j 的现状分布量。

迭代所得新的 OD 矩阵应满足约束条件：$\sum_i T_{ij} = A_j, \sum_j T_{ij} = G_i$，如果迭代一次不能满足要求，修正增长系数：$\alpha_i' = \dfrac{G_i}{G_i'} = \dfrac{G_i}{\sum_j T_{ij}}, \beta_j' = \dfrac{A_j}{A_j'} = \dfrac{A_j}{\sum_i T_{ij}}$，再次迭代，直到满足约束条件，或者收敛误差小于规定值时，迭代结束。

在运量预测中，这种方法依赖基年数据的准确性，并且不能反映运量供求地改变及网络改进对运量分布的影响，所以难以反映长期的运量预测。

【例 2-1】 表 2-1 是只有三个交通小区的现状 OD 表，以及规划年度预测所得的各小区总发生量和吸引量。用 FRATOR 模型确定三个交通小区未来的交通分布量要求，收敛误差<1%。

表 2-1　现状 OD 表（单位：xx）

O \ D	1	2	3	现状发生量（g_i）	预测发生量（G_i）
1	200	100	100	400	1 000
2	150	250	200	600	1 000
3	100	150	150	400	1 250
现状吸引量（a_j）	450	500	450	1 400	
预测吸引量（A_j）	1 250	900	1 100		3 250

运用 FRATOR 模型进行预测，迭代一次得到表 2-2 中的 OD 流。

表 2-2 迭代一次所得的 OD 表（单位：xx）

O D	1	2	3	小计发生量	预测发生量	α
1	628.9	184.7	247.1	1 060.7	1 000	0.943
2	332.1	324.8	347.9	1 004.8	1 000	0.995
3	412.6	363.2	486.3	1 262.1	1 250	0.990
小计吸引量	1 373.6	872.7	1 081.3	3 327.6		
预测吸引量	1 250	900	1 100		3 250	
β	0.911	1.031	1.017			

从 α 值和 β 值看出，收敛误差大于 1%。继续进行迭代得到表 2-3 中的 OD 数据。

表 2-3 迭代二次所得的 OD 表（单位：xx）

O D	1	2	3	小计发生量	预测发生量	α
1	560.8	185.2	244.6	990.6	1 000	1.009
2	307.8	338.5	357.9	1 004.2	1 000	0.996
3	380.5	376.6	497.7	1 254.8	1 250	0.996
小计吸引量	1 249.1	900.3	1 100.2	3 249.6		
预测吸引量	1 250	900	1 100		3 250	
β	1.001	0.999	0.999			

收敛误差小于 1%，迭代结束。表 2-3 即为规划年度预测 OD 流表。

2.2.4 网络分配预测

将各 OD 小区的 OD 数据具体地分配到研究区域的网络上来，可以得到未来规划年份研究区域各个区段的运量。其重要性在于其结果可以直接作为规划评价和决策的依据。

使用的方法有最短径路法、容量限制增量加载分配法、静态多路径分配法、动态多路径分配法等。最短径路法是其他分配方法的基础，最短径路的求法采用运筹学中的最短径路算法，其路权采用小区重心点间的距离。

2.3 铁路车站运量设计

2.3.1 客运量设计

客运量分为旅客发送量、到达量、通过量。通过运量又分为旅客中转和非中转运量，其中中转旅客需要换乘，多数需要占用站房设备。

旅客到达量一般按与发送量相等考虑，不另做计算。在进行客运量设计时，主要计算旅客发送量。另外在设计旅客站房规模、布置和客运设施时，还要计算旅客最高聚集人数。

1. 旅客发送量

1）旅客吸引范围

（1）直接吸引范围。

指车站邻近的范围，旅客一般乘短途交通工具到站乘车。一般以 30 km 以内地区作为直接吸引范围。

（2）间接吸引范围。

指直接吸引范围以外的距离车站较远的地区，旅客一般需乘长途交通工具到站乘车。

2）确定旅客发送量的方法

确定某个吸引范围旅客发送量时，可由 OD 小区发送量汇总得到。下面介绍乘车系数法和转乘系数法两种算法。

（1）乘车系数法。

乘车系数法一般用来确定直接吸引范围以内的旅客发送量。

计算公式为

$$S_1 = N_1 \times L \tag{2-3}$$

式中　S_1——全年旅客发送量，人次；

　　　N_1——吸引范围设计年度人口总数，人；

　　　L——乘车系数，全年平均每人乘坐火车旅行的次数，人次/人。

确定乘车系数要参照历史统计资料，新线地区要类比分析邻近铁路进行确定，另外要考虑发展因素，与设计年度相适应。乘车系数参考指标见表 2-4。

表 2-4　乘车系数参考指标（单位：人次/人）

城市等级	东　部	中　部	西　部
特大、大城市	3.5～4.0	3.0～3.5	2.5～3.0
中等城市	3.0～3.5	2.5～3.0	2.0～2.5
小城市	2.5～3.0	2.5～3.0	2.0～2.5
城　镇	2.0～2.5	2.0～2.5	2.0
乡　村	1.0～1.5	0.8～1.2	0.5～1.0

（2）转乘系数法。

转乘系数法适用于计算间接吸引范围的旅客发送量。

计算公式为

$$S_2 = N_2 \times m \times \varepsilon \tag{2-4}$$

式中　S_2——铁路旅客每日发送量，人次；

　　　N_2——车船班次数，班·次；

m——车船平均载客人数，人/班；

ε——转乘系数。

车船班次数通过经济调查和分析发展因素确定，转乘系数通过抽样调查确定。

2. 旅客最高聚集人数

旅客最高聚集人数指车站最大月，日均客流在一昼夜内某一聚集高峰时间的旅客总人数。一个车站旅客聚集高峰一天可能出现一次，也可能出现多次，设计时选用最大的客运量，称为最高聚集人数。

旅客最高聚集人数的计算方法常用的是高峰系数法。高峰系数也称聚集系数，是车站旅客的最高聚集人数占昼夜总上车人数的比值。高峰系数法的计算公式为

$$H = \frac{S \times K \times C}{365} \qquad (2-5)$$

式中　H——设计年度的旅客最高聚集人数，人；

　　　S——设计年度全年上车旅客总数，人；

　　　K——波动系数；

　　　C——采用的高峰系数，其参考值见表2-5。

表2-5　高峰系数参考值

日均上车人数	一般值	选择区域	日均上车人数	一般值	选择区域
100 及以下	0.52	0.44 ~ 0.60	1 001 ~ 2 000	0.36	0.29 ~ 0.46
101 ~ 200	0.50	0.43 ~ 0.59	2 001 ~ 3 000	0.31	0.25 ~ 0.38
201 ~ 300	0.49	0.42 ~ 0.57	3 001 ~ 4 000	0.27	0.22 ~ 0.33
301 ~ 400	0.47	0.41 ~ 0.55	4 001 ~ 5 000	0.25	0.21 ~ 0.30
401 ~ 500	0.46	0.39 ~ 0.54	5 001 ~ 6 000	0.23	0.19 ~ 0.28
501 ~ 600	0.44	0.38 ~ 0.52	6 001 ~ 7 000	0.22	0.18 ~ 0.26
601 ~ 700	0.43	0.37 ~ 0.51	7 001 ~ 8 000	0.21	0.18 ~ 0.25
701 ~ 800	0.42	0.36 ~ 0.49	8 001 ~ 9 000	0.20	0.17 ~ 0.24
801 ~ 900	0.41	0.36 ~ 0.48	9 001 ~ 10 000	0.20	0.17 ~ 0.23
901 ~ 1000	0.40	0.35 ~ 0.47	10 000 以上	0.19	0.16 ~ 0.23

注：①上表为普通旅客的高峰系数；

　　②当中转旅客和转乘旅客比例较高时，可在选择区域中选取较低值，反之选取较高值；

　　③市区交通条件较好，服务设施完善的可适当选较低值。

上车旅客总数包括发送旅客、中转旅客和市郊旅客三部分。中转旅客人数可以按照历史统计资料用平均增长率法确定，也可以通过中转旅客占全站旅客发送量的比例系数确定。

设计中采用的客运量波动系数，应根据历史统计资料分析确定，在缺乏历史统计资料时也可通过类比确定，或者根据表2-6确定。

表 2-6　客流波动系数参考值

年发送人数及地区性质	100及以上（万人）	50~100（万人）	10~50（万人）	1~10（万人）	1及以下（万人）	工矿区	风景游览区
波动系数选择范围	1.20~1.25	1.25~1.30	1.35~1.40	1.45~1.50	1.55~2.0	1.20~1.30	1.30~1.50

2.3.2　货运量设计

1. 货运量划分

货运量分地方运量及通过运量两类。

地方运量指由设计线路及枢纽车站吸引范围内发出和到达的货物运量；通过运量指通过设计线路或枢纽的运量。

确定货物的流向和径路，一般以最短路径作为基准，同时结合运营费用、线路输送能力、空车方向等因素综合分析确定。

为满足车站设计的需要，须将车站运量按保管及装卸地点划分为专用线和货场运量，而货场运量又分为仓库、站台和散堆场运量。因此对车站到发运量，应详细分析到发品种。一般按 14 个品名统计，即煤、焦炭、石油、钢铁、金属矿石、非金属矿石、矿建材料、水泥、木材、化肥及农药、粮食、棉花、盐及其他。

货运量主要资料包括下列 4 项：

（1）枢纽货物交流表。

（2）车站到发运量表。

（3）大宗货物始发及终到运量表。

（4）车站仓库、雨棚、站台、货区及工业企业线运量表。

2. 地方吸引范围

车站地方吸引范围指对外经济联系的货物运输必须以设计项目为主要运输工具的地区。各站吸引范围的总和，就是全线的货运量吸引范围。

划分地方吸引范围一般采用分析计算法，并先计算各车站的货运量，然后再确定线路的货运量。计算分车站的运量可以采用归纳法、平衡法、推算法等。原则上均可采用，但是要根据具体条件选择一种方法，或选择几种方法结合使用。

分析计算法主要考虑的内容有地形情况、交通条件、货流方向及地区经济联系、各类运输工具在运输量上的合理分配以及根据行政区划、交通情况和集散方式确定分车站的吸引范围等。

3. 货运车流

1）重车流计算

设计年度的货运量（不分品名）换算成最大月，日均重车车流量计算公式如下

$$B = \frac{\tau \alpha 10^4}{365q} \qquad (2\text{-}6)$$

式中　B——重车车流量，辆/d；

　　　τ——设计年度货运量，万吨/年；

　　　q——设计年度货车平均静载重，t/辆；

　　　α——货流波动系数，1.1～1.2。

例 2-2　已知某线设计年度的货运量为 1 200 万吨，货车平均静载重为 45.45 t/辆，货流波动系数取 1.2，试计算日均重车车流量。

解：$\tau = 1\,200$ 万吨，$\alpha = 1.2$，$q = 45.45$ t/辆，代入式 2-6 得日均车流量为

$$B = \frac{1\,200 \times 1.2 \times 10^4}{365 \times 45.45} = 868\ （辆/d）$$

2）空车流计算

铁路日常运输组织工作中，空车调整是非常复杂且细致的，在车站设计中，只要求在保证设计质量的基础上，对空车进行粗线条的、方向性的调整设计。

（1）空重车出入平衡调整法。

货运量大的方向为重车方向，货运量小的方向为空车方向。按卸后即可利用装车的原则，将多余的空车排向重车方面的装车地，称为按空重车出入平衡的空车调整法。如表 2-7 所示的空车分配表，就是采用了这种方法。

表 2-7　空车分配表（单位：辆/d）

站名或方向	装车	卸车	空余	不足	空车调配	
					A 方向	C 方向
本　站	180	187	7			7
A 方向	864	418		446		
B 方向	367	943	576		446	130
C 方向	468	331		137		
计	1 879	1 879	583	583	446	137

（2）重车方向的空率。

当空车方向运送的货物需要使用数量较多的特种车辆时，即将产生重车方向的额外排空现象，形成不同车种的对流。

重车方向的额外排空车数与其重车数之比，称为重车方向的空率。设计中采用的重车方向的空率一般为 5%～10%。

3）货物列车编成辆数

计算货物列车编成辆数（不包括守车）是以重车方向的牵引定数确定的。为了使上、下行列车对数平衡，排空方向的列车编成辆数考虑与重车方向相同。

货物列车编成辆数计算公式为：

$$m = \frac{Q}{q_{总}}$$ （2-7）

式 m——列车编成辆数，辆/列；

   Q——设计年度列车的牵引重量，t/列；

   $q_{总}$——设计年度的货车平均总重，t/车

枢纽小运转列车，可不满轴开行，其编成辆数可按大运转货物列车编成辆数的50%~70%考虑，为20~30辆。

4）货物列车对数

根据车流量、车流图的方向别车流量，货物列车牵引定数、重空列车编成辆数，可求得设计的货物列车对数。按式（2-8）进行计算

$$N = \frac{M}{m}$$ （2-8）

式 N——方向别列数，列/d；

   M——方向别车流量，辆/d；

   m——方向别列车编成辆数，辆/列。

在货流单线，上下行牵引定数相同的新建铁路，一般可按区段的重车方向车流量及列车编成辆数求得区段的货物列车对数。

当设计枢纽、编组站等情况复杂时，一般应绘制货运列流图来表示货物列车运行情况及其数量。

4. 技术站的车流性质

1）技术站货运作业量

设计技术站（区段站和编组站）货运作业量时，一般包括3项内容。

（1）无调中转车数。

在技术站直通场到发线上仅办理机车、车辆、货检等技术作业，而不进行改编作业的中转列车所编挂的车辆数，也包括直通车场换重而停留的基本车组。

（2）有调中转车数。

在技术站进行解体并编组的中转车辆数，也包括在直通车场换重作业的摘挂车组。

（3）本站货物作业车数。

在技术站及枢纽地区专业车站、厂矿企业办理装卸作业的车辆数。

2）技术站的车流性质

进出技术站的列车流，分为客流和货流。

技术站的货运列车根据作业性质分为两大类：改编列车和通过列车。改编列车编的改编车流即为有调作业车流，要进行解体或编组作业；通过列车编挂的是通过车流即为无改编中转车流，不进行解体和编组作业。在改编车流中又分为改编中转车流和地方作业车流。

技术站的货运车流，按车流在站内的运行方向还可分为顺向车流、反向车流和折角车流三类：顺向车流指与驼峰调车方向一致的车流；反向车流指逆驼峰调车方向的车流，折角车

流指从车站一端到达，又从同一端发出的车流。

把技术站的车流按以上各种分类方法进行分类，分别计算出各类车流的数量及所占的比例，就可以把握技术站的车流性质和作业特征。技术站的车流性质是车站设计和选择布置图型的重要依据。

【例 2-3】 某编组站设计年度的车流量如表 2-8 所示。该编组站为单向编组站，A 方向到达为下行方向，B、C 方向到达为上行方向，驼峰调车方向为下行方向。试计算各类车流的数量。

表 2-8 车流量表 [单位：辆（改编/通过）]

往 \ 自	A	B	C	枢纽	计
A		56/371	37/46	734/0	827/417
B	56/418		0/186	93/0	149/604
C	28/46	28/93		371/0	427/139
枢纽	734/0	93/0	371/0		1 198/0
计	818/464	177/464	408/232	1 198/0	2 601/1 160

解：（1）通过车流 1 160 辆。

其中：

顺向车流：46+371=417（辆）

反向车流：418+46=464（辆）

折角车流：186+93=279（辆）

（2）有调中转车流 205 辆。

其中：

顺向车流：56+37=93（辆）

反向车流：56+28=84（辆）

折角车流：28 辆

（3）地方车流。

由 A、B、C 三个方向到达枢纽 1 198 辆；

由枢纽发往 A、B、C 三个方向 1 198 辆；

共计 1 198+1 198=2 396（辆）

（4）改编辆数（解体与编组总数）。

（205+2 396）×2=5 202（辆）

思考与练习题

1. 经济与社会调查在铁路设计中的作用是什么？

2. 交通小区划分的目的是什么？

3. 铁路车站的设计年度是如何规定的？

4. 某新建单向编组站设计年度的车流量如表 2-9 所示，衔接 A、B、C 方向，A 和 C 由下行进站一端引入，B 由另一端引入，驼峰调车方向为下行方向，试分析计算各类车流的数量。

表 2-9　车流表 [单位：辆（改编/通过）]

自\往	A	B	C	枢纽	合计
A		320/0	116/0	376/200	812/200
B	228/0		153/100	146/0	527/100
C	144/0	288/0		36/0	468/0
枢纽	380/200	79/0	99/0		558/200
合计	752/200	687/0	368/100	558/200	2 365/500

第 3 章　车站的布置图型

3.1　基本概念

3.1.1　作业流程

车站办理的作业有 5 大类，具体的作业项目繁多，影响车站布置图的主要因素是车站内流动的作业项目。如列车的接发、机车的走行、车列的调移、旅客的进出站、货物的搬运等。列车、车列、车辆、单机在站内从某地移至异地的某项作业活动，被称为作业流程，简称为作业。

3.1.2　作业进路

一项作业流程从出发地至到达地的经路，叫作该项作业的进路。一项作业在车站内可能存在两个及其以上不同的进路。进路可以用一个有序的集合来描述，这个集合的元素就是运行径路上的道岔和线路等设备。如图 3-1 为某区段站一端咽喉区示意图。

到发线 4 道接车的进路 L_1 为

L_1 ={正线，岔 3，岔 5，岔 11，岔 13，岔 15，岔 19，4 道}

到发线 1 道发车的进路 L_2 为

L_2 ={1 道，岔 17，岔 13，岔 11，岔 5，岔 3，正线}

牵出线调车作业进路 L_3 为

L_3 ={牵出线 9，岔 9，岔 7，岔 21，岔 23}

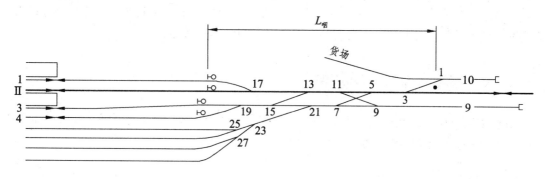

图 3-1　K 站咽喉示意图

3.1.3 平行与交叉

对于车站的咽喉区而言，设进路 i 和进路 j 的两个进路集合为 L_i 和 L_j；则有

（1）如果 $L_i \bigcap L_j = \varnothing$，那么称进路 i 与 j 平行；

（2）如果 $L_i = L_j$，那么称 i 与 j 为相同进路；

（3）如果 $L_i \neq L_j$，且 $L_i \bigcap L_j \neq \varnothing$，那么称进路 i 与 j 交叉。并且这个交集被称为"交叉点"。

如果两项作业流程的进路为平行进路，则称这两项作业流程相互平行。平行作业是能同时办理的作业。如果两项作业流程的进路交叉，则称这两项作业流程交叉。

例如图 3-1 咽喉区中的进路 L_1，L_2，L_3，因为 $L_1 \bigcap L_2 = \{$岔 3，岔 5，岔 11，岔 13，正线），不为空集，且 $L_1 \neq L_2$，所以进路 L_1 与 L_2 交叉。又因为 $L_1 \bigcap L_3 = \varnothing$，所以进路 L_1 与 L_3 平行。同时也说明：1 道发车与 4 道接车两项作业交叉；1 道发车与牵出线调车两项作业平行。

3.1.4 平行进路数

对于车站咽喉区而言，全部作业进路组成一个集合，这是一个有限集，用 E 表示，则有

$$E = \{L_i \mid i = 1, 2, \cdots, m\} \tag{3-1}$$

式中　　L_i——进路的集合；

m——进路总数。

若存在 E 的一个子集 P，则有

$$P = \{L_j \mid j = 1, 2, \cdots, n\} \tag{3-2}$$

并且满足以下条件：

$$L_k \bigcap L_l = \varnothing，对任意的 L_k, L_l \in P \tag{3-3}$$

则称 E（或该咽喉区）的平行进路数为 n，或称咽喉区的平行作业数为 n。

对于一个确定的车站咽喉来讲，进路的总数是一个确定的数，平行进路数的最大值是唯一的，称后者为该咽喉区的最大平行进路数，或称之为最大平行作业数。但是，对应最大平行进路数的集合 E 的子集 P 是不唯一的，可能由不同的进路组成。

3.1.5 交叉点的性质及负荷

分析交叉点应从质和量两个方面考虑，质指交叉的性质而言，量是指交叉点的负荷。根据发生交叉进路的不同性质，交叉点的性质分为以下三类。

（1）行车交叉。

指接发列车进路间的交叉。

（2）行调交叉。

指接发列车与调车作业（包括机车出入段）进路间的交叉。

（3）调车交叉。

指调车作业（包括机车出入段）之间的交叉。

从交叉点对车站作业安全带来的不利影响来讲：行车交叉较严重，行调交叉次之，调车交叉又次之；同是行车交叉，旅客列车进路的交叉比货物列车进路的交叉严重，到达进路的交叉比出发进路交叉严重。

交叉点的负荷即总占用时间与总妨碍时间之和，用式（3-4）表示。

$$T = \sum n_{占}t_{占} + \sum n_{妨}t_{妨} \qquad (3\text{-}4)$$

式中　T——交叉点的负荷，min；

　　　　$n_{占}$——各种进路占用次数，次；

　　　　$t_{占}$——平均每次占用时间，min/次；

　　　　$n_{妨}$——各种进路妨碍的次数，次；

　　　　$t_{妨}$——平均每次妨碍时间，min/次。

交叉点的负荷愈大，则交叉点对通过能力的影响也相应增加。所以，在分析进路交叉时，必须将交叉的性质与交叉的负荷两者综合考虑，不可偏废。

为了改变进路交叉的性质，减轻进路交叉点的负荷及消除进路交叉所采取的措施，称为交叉疏解。

从行车组织方面来看，常用的疏解措施是：变更到发线的固定使用、活用线路及变更机车运转制度等。

从站场设计方面来看，常见的疏解措施是：变更车站布置图型，变更设备的位置，设置死岔线（机待线）、平行线、渡线、梯线，进行线路分组，布置线路所及修建跨线桥等。

3.1.6　左侧行车的布置原则

行车的方式分右侧行车制和左侧行车制。例如欧美铁路为右侧行车制，而我国铁路采用的是左侧行车制。

由于我国采用了左侧行车的行车方式，因此在布置车站各项设备，设计和选用车站布置图型时，应保证在这一行车方式下车站各项作业进路的合理性，采取必要的疏解方案。也就是说，坚持左侧行车的布置原则，这是分析车站布置图型及进路交叉的前提，否则就不可能有一致的观点和结论。

如图 3-2 所示为一个双线中间站的布置图型，按照左侧行车的布置原则，Ⅰ、3 道应接发下行列车，Ⅱ、4 道则应接发上行列车。

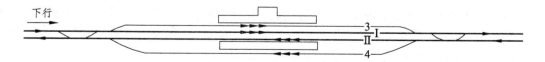

图 3-2　横列式中间站布置图

3.2 车站作业流程与设备配置

车站的布置图型与车站的作业流程密切相关。科学地安排各种作业的进路，并合理地布置各项设备，可以提高作业效率，减少交叉干扰，节省工程投资，降低运营支出以及获得良好的投资效益。

车站各项作业流程之间不可避免地存在着进路上的交叉。因此，确定车站布置图型时，应保证各项作业进路的畅通，保证必要的平行进路，减少进路的交叉和干扰。

在选择车站的布置图型时，应以满足运量的要求为前提选择交叉较少和能力较大的方案，根据车站的性质，车流性质、地形条件和城市规划等，进行综合考虑。大、中型车站的布置图型，要做方案比选，进行技术经济比较，慎重决策。

图 3-3 为单线横列式区段站布置图型，下面以此为例说明车流性质，作业流程与车站布置图型的关系。

3.2.1 作业流程

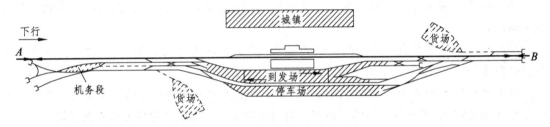

图 3-3   单线横列式区段站布置图型

该站为区段站，5 项作业和设备均有。从车流性质来看，无改编中转列车占的比重较大，因而缩短中转列车的停站时间及提高车站的通过能力就成为研究区段站设备布置的主要目的。

以下行方向为例，其主要作业流程如下。

（1）通过旅客列车，不停站时，由正线通过；有停站时，自 A 方向接入靠近站台的到发线，必要时换挂机车，办理旅客乘降及行包装卸后，即可向 B 方向发车。

（2）无改编货物列车，自 A 方向接入到发场后，机车入段，车列进行必要的技术作业，同时换挂机车，最后发往 B 方向。

（3）到达解体列车，自 A 方向接入到发场后，机车入段，车列经技术检查后，由调车机车转至牵出线进行解体，分解后的车辆在调车场集结等待编组或送往装卸、修理等地点。

（4）自编始发列车，在调车场进行集结，集结成列后，调车机车将其编组连挂成一个车列，并转至到发场进行列车技术检查，然后挂机车，发往 B 方向。

（5）从 A 方向到达本站的作业车，随到达解体车列解体后，在调车场内集结成组，由调车机车送往货场或企业线进行装卸作业。由本站发往 B 方向的作业车，在货场等作业地点完成作业之后，由调车机车取至调车场，编入发往 B 方向的自编始发列车。

（6）站修所（或车辆段）扣修的车辆，亦由调车机车自调车场送至站修所（或车辆段），修竣后的车辆自站修所（或车辆段）取回至调车场。

3.2.2 布置图型

1. 主要设备的布置原则

从上述作业流程及车流性质的分析，可得出下列设备的布置原则。

1）客运业务设备及客运运转设备

所有客运业务设备应设于靠城镇一侧，以利客运业务的组织、旅客出入车站及行李包裹的搬运。

旅客列车到发线应靠近正线，位于城镇一侧，使旅客列车到发有顺直的进路，保证通过旅客列车能顺利通过车站。到发线一端应接通机务段，以便必要时更换机车；另一端与牵出线要有直接通路，以便利用调车机车自牵出线向到发线摘挂客车车辆。

到发线与站房之间要留有适当距离，以便将来发展。

2）货运运转设备

货物列车到发场也应靠近正线，使列车到发有顺直及便捷的进路，保证无改编货物列车能顺利通过车站。货物列车到发场设于与旅客列车到发线相对应的另一侧。上下行货物列车共用一个到发场，构成了横列式布置的图型。

调车场设于到发场外侧，紧靠到发场，与到发场平行配列，两端各设一条牵出线。当运量增长需扩建时，可将调车场中靠到发线一侧的部分线路改为到发线，而在调车场外侧再加铺调车线。

3）货运业务设备

货场的位置，一方面宜设于靠城镇一侧，便于居民搬运货物；另一方面又需靠近调车场，以减少取送时间及干扰。工业企业线应尽可能从调车场或货场接轨，以利于车辆的取送调车作业。

4）机务设备

机务段（或机务折返段）的位置尽可能接近到发场，并且要有便捷的通路，以利机车及时出入段。

5）车辆设备

站修所（或车辆段）要靠近调车场，以缩短扣修车辆的取送行程。同时要与调车场保持一定距离，为车站的横向发展留有余地，如图3-4中②所示位置。

列检所一般设在到发场一侧靠近运转室处，在区段站上一般设在站房附近，以便于列检人员与车站值班员或调度员的工作联系，如图3-4中①所示位置。

不是每个区段站都要设置车辆段，设车辆段时，其位置应靠近调车场，便于检修车辆的取送，而且不妨碍调车场扩建及车辆段本身的发展，如图3-4中方案③、④所示。当机务段位于站对右时，方案③较优，它既不影响车站纵向发展，又可利用次要牵出线上较空闲的调车机车及时取送扣修车辆。

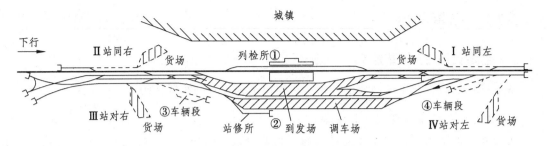

图 3-4 货运业务设备（货场）及车辆设备的配置方案

2. 关于机务段的位置

在我国区段站上，机务段的位置可以采用图 3-5 中所列的 5 种方案。

第 Ⅰ 方案：机务段设在站房同侧左端，简称站同左。

第 Ⅱ 方案：机务段设在站房同侧右端，简称站同右。

第 Ⅲ 方案：机务段设在站房对侧右端，简称站对右。

第 Ⅳ 方案：机务段设在站房对侧左端，简称站对左。

第 Ⅴ 方案：机务段设在调车场外侧与调车场并列，简称站对并。

第 Ⅰ 、Ⅱ方案，当列车更换机车时，机车出入段与正线行车存在进路交叉干扰，同时占用城镇市区用地较多，污染环境，因此一般不宜采用。

第 Ⅲ 、Ⅳ方案，机车出入段对作业的干扰少，而且车站的横向发展不受限制。但是这样布置机务段所在车站一端作业繁忙，咽喉构造复杂，车站另一端机车的出入段走行距离较长。

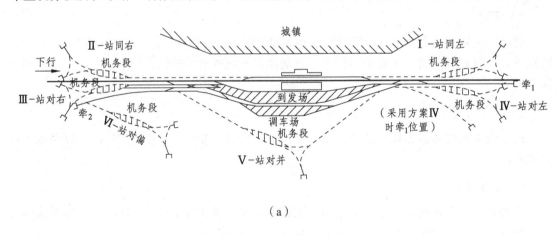

（a）

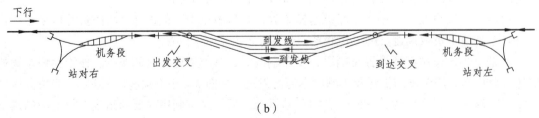

（b）

图 3-5 机务段位置的配置方案

由于到发场（线）通常是按行车方向别使用，将来发展为双线横列式区段站图型时，若机务段设在站对右（第Ⅲ方案）时，一个方向机车出入段与另一个方向列车出发产生进路交叉；若机务段设在站对左（第Ⅳ方案）时，一个方向机车出入段与另一个方向列车到达产生进路交叉。因此，从交叉的性质来看，站对右方案比站对左方案更为有利。尤其当发展成纵列式布置图时，站对右方案的机车走行距离远比站对左方案要短，因此，站对右方案比站对左方案更为有利。

第Ⅴ方案，机车出入段作业可以从到发场两端出、入段，机车出入段在站内走行距离短，不需专用机车走行线，两端咽喉构造简单。但是，存在出入段与两端牵出线调车作业的交叉干扰。且车站横向发展也受机务段的限制。因此，在无解编作业，远期无大的发展，规模不大且为折返段的区段站上，必要时可考虑采用这种方案。

在新建区段站上设有内燃机务段时，如采用肩回交路：在机务段所在站上，全部机务设备设在段内；在机务折返段所在站上，如机车不需转向，而气候条件又适合露天作业时，对于横列式区段站，折返段可考虑设在到发场近旁，以减少机车走行距离及咽喉区的进路交叉。对于纵列式区段站，折返段可考虑设在中部咽喉附近。如采用循环交路：无论是机务段还是机务折返段所在的车站上，主要整备设备都可考虑设在到发线上或设在上、下行到发场之间，或设于咽喉区附近。

在电力牵引的区段站上，机务设备与区段站内的配置方案与内燃机务段基本相似，由于不需要设燃料供应设备，更便于将全部整备设备布置在到发线的范围内。

3. 货场的位置

如图3-4所示，货场在站内的位置（图3-4中虚线表示），基本上可归纳为2类：一类在站房同侧（方案Ⅰ、Ⅱ）；另一类在站房对侧（方案Ⅲ、Ⅳ）。

货场设在站房同侧，靠近城镇居民区、工矿企业和物资单位等主要货流集散地，货主用来搬运货物的车辆无须跨越正线，搬运距离近，对地方和企业有利。但取送调车进路与正线接发列车进路发生交叉，干扰了正线行车，同时占城镇市区用地较多，发展受到限制。另外，如果货场主要以矿建材料、农药等货物为主，易污染环境。

货场设于站房对侧，即靠近调车场布置时，可以避免向货场的取送调车与正线的交叉干扰。但是这样布置，往往造成城镇居民、工矿企业和物资单位等主要货流的搬运车辆与铁路正线的交叉干扰。所以在到发列车数与装卸车数均较大而又设有公路与铁路交叉设备时，宜将货场设在站房对侧。这时，货场应与机务段位于同一端，以利于车站的纵向发展，如机务段位于站对右位置时，货场位置可采用方案Ⅲ。

货场的位置应结合城市规划、货源和货流方向、通货场道路与铁路交叉的方式等确定。一般来说，中间站货场宜设于主要货物集散方向的一侧，并宜设在第Ⅰ、Ⅲ象限。货场设于站同侧时，宜设在Ⅰ象限内，设于站对侧时，宜设于Ⅲ象限内。当有大量散堆装货物装卸时，可在站房对侧设置长货物线。区段站货场宜设于站房同侧，咽喉简单的一端。如货场近期装卸车数较小，远期有较大增长，可根据情况有计划地分期设两个货场。如近、远期运量均较大，且同侧布置货场有困难时，可设于站房对侧，调车场一侧次牵出线附近（方案Ⅲ）。编组站不宜衔接有较大装卸量的货场，以避免影响本站作业车的取送作业。如必须在编组站接轨时，则应根据不同图型特点，便利车辆取送，减少站内作业交叉和咽喉区通过能力等因素来确定其接轨位置。危险品，有毒物品和有碍卫生的粉末状货物的装卸线，宜设在城镇的下风方向，并远离居民区。

　　未来规划要将该站设置为物流中心时，其位置应结合城市规划、货源和货流方向、环境保护，城市规划等确定。一般来说，中间站物流中心应满足集约化、直达化和物流化发展的要求，宜设于站房对侧，以避免影响车站环境和物流中心作业场所的发展。地形条件困难，物流作业量较小时，可设在站房同侧。当年到发运量较大或办理大宗货物装卸时，需要设置满足整列装卸条件的货物线，减少调车作业。区段站物流中心宜设于站房对侧，即调车场一侧，并应预留适当的发展余地，以免扩建困难。有较大装卸量的物流中心不应直接衔接于解编量较大的编组站，以避免影响本站作业车的取送作业，增加驼峰和尾部牵出线的作业负担。若需要衔接，可在便利车辆取送和站内交叉的适当地点另设地区车场或车站集中接轨。

3.3　中间站布置图型

3.3.1　中间站的作业

　　（1）办理列车的通过、到发、会让和越行，在双线铁路上还办理反向运行列车的转线。
　　（2）旅客的乘降和行李、包裹的收发和保管。
　　（3）货物的承运、交付、装卸和保管。
　　（4）摘挂列车甩挂车辆及调车作业。
　　另外，客运量大的中间站可办理旅客列车始发、终到作业。货运量大或者有企业线接轨的中间站可办理少量始发终到列车解编、小运转列车的解编和对企业的取送车、交接等作业。

3.3.2　单线中间站图型

1. 无摘挂作业的中间站

　　如图 3-6（a）和 3-6（b）所示。一般设两条到发线，正线也兼作到发线使用，以保证 3 趟列车在车站同时办理会让和越行作业。两条到发线分别布置在正线的两侧，这样的图型为横列式布置图型。3-6（a）图适用于行车量较大的会让站。3-6（b）适用于设有维修工区的会让站。

　　站房设于城镇一侧，便利城镇居民。两端各用 2 副道岔将到发线与正线相连，两股到发线与正线均按双进路客货混用设计。在站房一侧设有基本站台，另外到发线之间设有中间站台，保证 3 条线路都能接发停靠旅客列车，办理旅客乘降。

　　区间列车对数少的中间站，采用 1 条到发线的布置图，如图 3-7 所示。

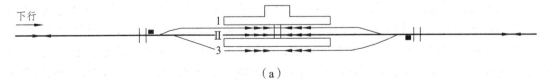

（a）

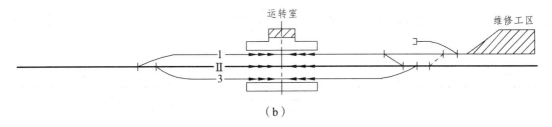

图 3-6 无摘挂作业单线横列式中间站布置图（2 条到发线）

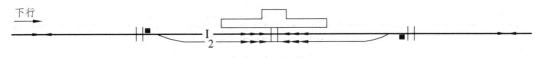

图 3-7 无摘挂作业单线横列式中间站布置图（1 条到发线）

到发线布置在站房的对侧，使得经由正线接发的旅客列车及通过列车不经过道岔侧向，运行平稳，同时可利用基本站台进行作业。但是，加铺第二条到发线为期较短时，作为过渡方案，宜将到发线布置在站房同侧，因此可减少废弃工程，降低施工对作业的干扰。

2. 有摘挂作业的中间站

这类中间站除了办理列车的会让、越行外，还办理整车货物装卸作业。装卸作业是在货场进行，因此需要进行摘车和挂车的调车作业。到达本站的作业车辆，与车列摘钩后，由本务机车送入货场装卸线，本务机车返回到发线后继续牵引列车运行。从本站发出的车辆，由到达本站的摘挂列车的本务机车从货场装卸线取至到发线，连挂在本次列车上，运往前方站。

图 3-8 是有摘挂作业的单线铁路中间站图型。这类车站的布置图型一般均设有货场，因此也称之为设货场的单线铁路横列式中间站布置图型。

如图 3-8（a）所示，从 A 方向开来的摘挂列车接入 1 道，到达本站的作业车辆编挂在列车头部，与车列摘钩后由本务机车拉至 7 道牵出线，14 号道岔反位后，再由本务机车将车辆送至装卸线，送到后本务机车再返回到发线继续牵引列车。

从 B 方向开来的摘挂列车接入站房对侧的 3 道或 4 道后，如果到达本站的车辆挂在列车头部，可利用 A 端的正线和 1 道 20 号道岔将车辆送至装卸线。如果到达本站的车辆编挂在列车尾部时，本务机车利用 3 道或 4 道的空闲线路绕到车站 B 端，再将车辆拉入 7 道牵出线，然后送入装卸线。这样，不可避免地与正线发生交叉干扰。因此，货场一般应设于摘挂列车较多的顺运转方向的前端。

货场设于站房对侧的中间站布置图型，如图 3-8（b）所示。A 和 B 方向到达的摘挂列车，一般接入站房对侧的 3 道或 4 道，向货场取送车无须跨越正线。因此，避免了向货场取送车与正线的交叉干扰。而且货场设于站房对侧，可节省城市市区占地，但是增加了城镇居民的搬运距离。

为了不影响车站横向发展，货场的设置地点应与到发线相隔一定距离，预留加铺线路的空地。

如图 3-8（c）所示，为设有物流中心和维修工区的单线横列式中间站布置图型。物流中心一般选择设于站房对侧。对于客货共线铁路，由于办理客运或者货运作业的中间站布点距离一般为 50 km 左右，基本与维修设施设置的距离要求相当，因此，维修设施也是中间站的主要配套设施。结合地形条件和运输组织，维修设施和车站设备的布局可以采用横列布置的形式。

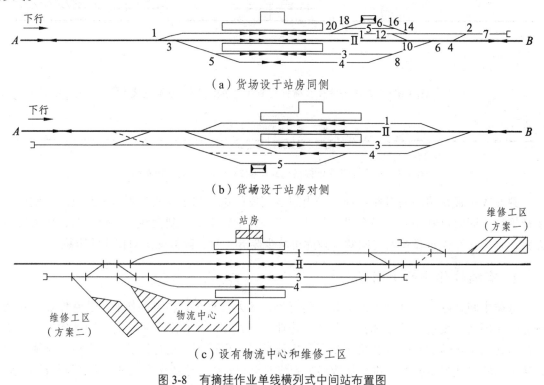

（a）货场设于站房同侧

（b）货场设于站房对侧

（c）设有物流中心和维修工区

图 3-8　有摘挂作业单线横列式中间站布置图

3.3.3　双线中间站图型

1. 无摘挂作业的中间站

双线铁路中间站，设 1 条到发线时，到发线可布置在两正线中间或两条正线一侧，如图 3-9（a）和 3-9（b）所示。到发线设在正线中间时，上下行方向待避列车到达时，均不和正线发生交叉干扰，线路使用率高，通过能力较大。但是，由于 1 条正线平行错移，需设置反向曲线，因此会影响列车运行速度和司机瞭望。另外，中间到发线采用单式对称道岔连接，不利于维修养护。

到发线设于两正线一侧时，正线无需平行错移，也不存在反向曲线。但是，某一方向正线的接（发）列车与另一方向正线的发（接）列车产生交叉，不仅会影响行车安全，而且还会降低区间通过能力。因此，设 1 条到发线的双线中间站，应优先选择图 3-9（a）的图型设计。近期待避列车数较少，先设一条到发线，远期再加铺另 1 条到发线时，可将到发线设于上、下行列车数较多的一侧，选用图 3-9（b）作为过渡措施。受地形限制不能采用图 3-9（a）时，也可采用图 3-9（b）。

为保证双方向同时办理越行作业，双线中间站一般可设两条到发线，两条到发线分别布置在正线两侧，如图 3-9（c）所示。

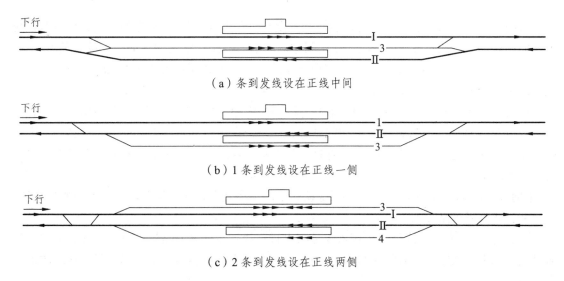

（a）条到发线设在正线中间

（b）1 条到发线设在正线一侧

（c）2 条到发线设在正线两侧

图 3-9　无摘挂作业双线横列式中间站布置图

2. 有摘挂作业的中间站

如图 3-10 所示，为设货场或物流中心的有摘挂作业的双线中间站布置图型，它与有摘挂作业的单线铁路中间站的布置图型基本一致。货场设于站房同侧或对侧时的优缺点，与单线铁路中间站图型的情形相同。同样，货场应尽量布置在摘挂列车较多的顺运转方向的前端。

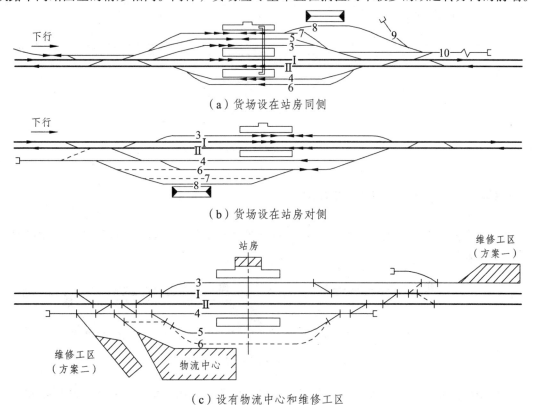

（a）货场设在站房同侧

（b）货场设在站房对侧

（c）设有物流中心和维修工区

图 3-10　有摘挂作业双线横列式中间站布置图

双线铁路中间站两端咽喉区的正线间，应设有"八字渡线"，保证在列车运行调整时，两个方向的列车能相互转线。这种渡线在中间站两端咽喉的两正线之间一般应各设 1 条单渡线，形成"大八字"。有时根据调车作业等需要在车站的一端或两端设置或预留两条单渡线，如受地形限制，也可考虑采用交叉渡线。

渡线的开通方向，在无货场的中间站应朝向站房，保证双方向旅客列车能停靠基本站台，如图 3-9（c）所示；有维修设置的中间站，朝向维修设施；有货场的中间站，应朝向双进路的到发线，这样有利于向货场取送车辆的调车作业。若设有物流中心，两端咽喉可以设置两组小八字的单渡线。

【例 3-1】 如图 3-11 所示为两个双线铁路中间站布置图，简要说明两个布置图型的优劣。

解：从分析进路交叉入手。

图 3-11（b）中下行待避列车接入 3 道与上行正线行车交叉，这属于行车交叉，将对车站通过能力产生不利影响。而图 3-11（a）中无这种交叉，其他因素基本相同，因此在这两个图型中图 3-11（a）较好。

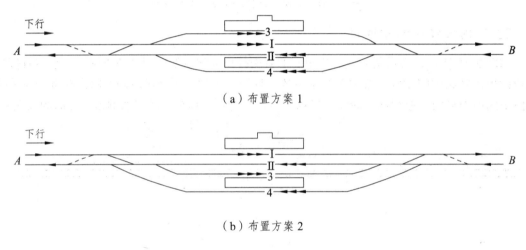

（a）布置方案 1

（b）布置方案 2

图 3-11　双线中间站布置图的比较

3.3.4　单线纵列式中间站图型

纵列式中间站布置图的特点是上、下行到发线纵向排列，逆运行方向错移一个货物列车到发线的有效长度，如图 3-12 所示。

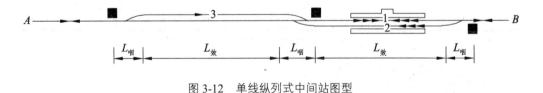

图 3-12　单线纵列式中间站图型

这种图型需要较长的站坪，一般在特殊情况下可考虑采用。例如，在山区地形陡峻狭窄的情况下，这种布置图型可以适应地形，减少土石方工程数量。

3.4 区段站布置图型

区段站的布置图型，根据上、下行货物列车到发场、调车场和客货列车到发场的相互位置，可分为：上、下行客、货列车到发场与调车场平行布置的横列式图型；上、下行货物列车到发场在正线两侧全部错开的纵列式图型；旅客列车到发场与货物列车到发场顺序布置的客货纵列式图型；与横列式编组站类似的一级三场区段站图型。

3.4.1 单线横列式区段站图型

如图 3-13 所示为单线横列式区段站图型，配置原则参见 3.2 节的有关内容。

机务段设于站对右的位置。全部到发线均为双进路，到发线中间可设机车走行线 1 条，机务端的一端咽喉设有机车出入段线，机务段的另一端咽喉处设有 1 条机待线。

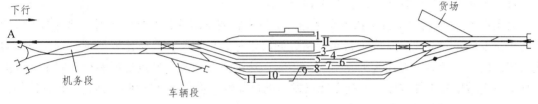

图 3-13　单线横列式区段站布置图

靠近正线的到发线，尽可能用来接发无改编中转列车；靠近调车场的到发线，主要作为接发改编列车之用。这样，可以在办理无改编货物列车到发作业的同时，进行解编车列的转场作业，增加了两端咽喉的机动性。

货场一般可设于站房同侧非机务段一端。在主要牵出线上预留了驼峰及驼峰迂回线的位置。

3.4.2 双线横列式区段站图型

如图 3-14 所示为双线横列式区段站布置图。

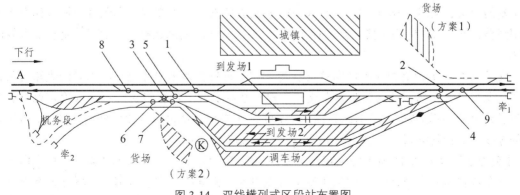

图 3-14　双线横列式区段站布置图

图 3-14 中主要设备的相互位置与单线横列式区段站大体相似。站房等客运业务设备位于

城镇一侧，旅客列车到发线紧靠正线，设有基本站台及中间站台各 1 座，可供 3 列旅客列车同时在站台停靠。为便于旅客列车换挂机车，旅客列车到发线与机务段有渡线连通。两条牵出线与旅客列车到发线均有直接通路，便于个别车辆的摘挂。

货物列车到发场按左侧行车制分别使用。到发场 1 供下行货物列车使用，到发场 2 供上行货物列车使用。在同一到发场中，无改编中转列车一般使用靠近正线一侧的线路，改编列车使用靠近调车场一侧的线路，以尽可能避免无改编中转列车到发与改编列车转线的交叉。

调车场位于到发场 2 的外侧，在主要牵出线上设简易驼峰，货场设在方案 1 或 2 的位置，根据当地具体情况进行选择。

机务段位于站对右的位置，有两条机车出入段线，设一条机车走行线，位于两个到发场之间，供下行方向列车机车出（入）段走行之用。B 端咽喉设尽头式机待线 J，供下行列车机车出入段时停留。

【例 3-2】 双线横列式区段站图型如图 3-14 所示，两端咽喉区的作业进路交叉点主要有哪些？采取何种措施可以疏解这些交叉点？

解：主要的交叉点有 9 处，如图 3-14 所示。

交叉点 1、2 分别为下行货物列车到达与上行旅客列车出发和上行旅客列车到达与下行货物列车出发的进路交叉，这属于行车交叉，同时也是客货交叉，性质比较严重，是双线横列式区段站的主要矛盾。在旅客列车对数较多时，这种进路交叉会严重地影响行车安全，增加了列车在进站信号机外方停车或列车晚点发车的可能性。将下行到发场 1 移到下行正线外方靠站房一侧可以疏解这两个进路交叉点。

交叉点 3 为上行货物列车从到发场 2 出发与 A 端牵出线向到发场 1 的解编车列的转线的进路交叉；交叉点 4 为上行货物列车接入到发场 2 与 B 端牵出线向到发场 1 的解编车列的转线的进路交叉。这两个交叉点属于行调交叉，将调车场设于两个到发场 1 和 2 之间，可以疏解这两个进路交叉点。

交叉点 5、6 是上、下行货物列车本务机车出入段与到发场 1 的解编车列在 A 端牵出线转场的进路交叉。这两个交叉点属于调车交叉。采用循环运转制的机车交路或将调车场设于两到发场间可以疏解这两个交叉点。另外，在不影响上行货物列车到发及机车出入段的情况下，有时可将到发场 2 靠调车场一侧的股道用来接发下行改编列车，这样也可疏解交叉点 5、6。但是若将下行改编列车固定在到发场 2 外侧的股道到发时，有可能与上行货物列车的发、到产生新的交叉，见图 3-14 中的交叉点 8、9。在运营实践中，若根据列车到发及调车作业情况活用线路，将下行改编列车接入到发场 1 或 2，利用时间间隔来疏解空间交叉，是行之有效的方法。

交叉点 7 是上行货物列车自到发场 2 出发与下行货物列车本务机车出入段的进路交叉，属于行调交叉。采用循环运转制机车交路，机车在到发线上进行整备，不再入段，就可避免这项进路交叉。在运量较大的双线铁路上，还可在 A 端修建绕过机务段的外包正线，见图 3-14 中的虚线，上行货物列车经由外包正线出发，则可疏解交叉点 7。

【例 3-3】 如图 3-15 所示为衔接三个方向的枢纽区段站。A、B 方向为双线，C 方向为单线，两条线在该站会合，C 方向从车站上行端引入。机务段设在下行端，货场亦设在下行一端，根据城市规划及货源大小，设于站同右或站对右的位置上。两端咽喉处的最大平行作业数是多少？请举例说明。

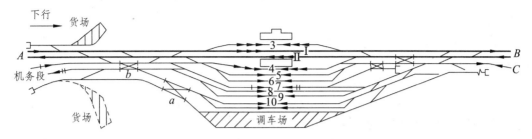

图 3-15 单双线铁路三个方向横列式枢纽区段站布置图

解：A 端咽喉最大平行作业数为 5。举例如下：下行 A 方向旅客列车到达；上行 B 方向旅客列车或货物列车出发；机车出段；机车入段；调车作业。

B 端咽喉最大平行作业数为 5。举例如下：下行 A 方向旅客列车出发；上行 B 方向旅客列车到达；上行 C 方向货物列车到达（出发）；机车经机待线出（入）段；调车作业。

3.4.3　双线纵列式区段站图型

图 3-16 所示为双线纵列式区段站布置图。

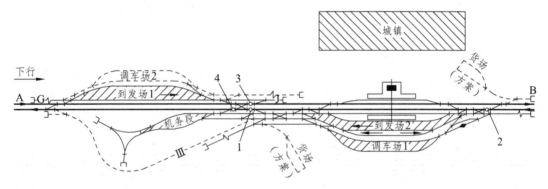

图 3-16　双线纵列式区段站布置图

从图 3-16 中可以看出：上下行两个方向的到发场 1、2 分别设于正线两侧，并逆运行方向相互错移，形成到发场在正线两侧纵向配置的布局，这是与横列式显著不同之处。

到发场 1 专供接发下行无改编中转货物列车使用，到发场 2 除了接发上行无改编中转货物列车外，在靠近调车场一侧的线路上还办理上、下行两个方向的全部改编货物列车的到发作业。由于在区段站上改编列车数量较少，故下行方向改编列车本务机车出入段无须设置专用的机车走行线，到发场 1 设有机待线 J，下行本务机车可经由机待线由中部咽喉出入段。

调车场按上、下行共用设计，因此尽可能设于解编作业量较大的到发场旁，但在城镇一侧，用地往往紧张，故一般常将调车场设于城镇对侧到发场 2 的外侧，它与另一方向的到发场 1 应有直接通路。只有当双方向改编作业车数都较多，且两车场间相互交换作业车流较少时，也可考虑在到发场 1 的外侧，再修建一个调车场。

由于到发场纵列布置在正线的两侧，因此疏解了货物列车与旅客列车在横列式布置图车站两端咽喉区的到发进路交叉。但是还产生了一些新的交叉。

交叉点 1、2 分别为下行改编列车的到达与上行货物列车的出发和下行改编列车的出发与上行货物列车的到达的进路交叉。这属于行车交叉，从性质上来说较为严重。不过，当下行改编货物列车数量较小时，影响并不严重。该交叉的产生是由于所有的改编列车都要在站对侧靠近调车场的到发线中办理到发作业。

交叉点3、4为下行无改编货物列车的机车出入段跨越正线，与上、下行列车在正线上的作业进路产生交叉。这两个交叉点属于行调交叉。产生的原因是由于下行到发场位于站同侧，与机务段分设于正线两侧。可以采用机车循环运转制交路或者修建外包正线来解决。

除此以外，纵列式区段站仍然保留了横列式区段站的一些缺点。例如，上行货物列车接入到发场2与B端牵出线向到发场1的解编车列的转线的进路交叉（交叉点4）。下行改编列车到发与上行旅客列车到发作业进路仍存在干扰。

3.4.4　客货纵列式区段站图型

图3-17为双线客货纵列式区段站图型。

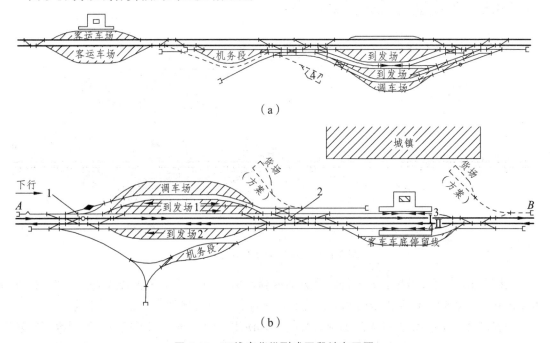

（a）

（b）

图3-17　双线客货纵列式区段站布置图

该布置图的特点是，客运到发场与货运车场各自独立，纵向布置。在区段站改建中，横向发展受到限制，或为了充分利用既有设备，将原有站场改为客运到发场，另建与客运到发场纵列的货运车场，即形成客货纵列式区段站布置图。

在图3-17中，Ⅰ道为下行货物列车通过线，Ⅱ道除办理上行货物列车通过外，还兼作上行旅客列车到发线。站房对侧的客车车底停留线，供本站始发、终到的客车车底及个别客车的停留及整备使用。

货物列车上、下行两个到发场可位于正线一侧[见图3-17（a）]或者设于正线两侧横列布置[见图3-17（b）]。调车场可根据各方向的解编作业量以及货场和工业企业线的位置，设于比较恰当的地点。图3-17（b）中调车场位于到发场1的外侧，便于货场取送作业及工业企业线的接轨。

到发场 2 办理上行无改编中转列车的到发；到发场 1 除接发下行无改编中转列车外，还办理两个方向改编列车的到发作业。

机务段设在到发场 2 的一侧，有两个出入口，上、下行货物列车的机车出入段都比较方便，走行距离也较短。当有客运机车换挂时，机务段可设于中部咽喉区附近，以便兼顾客货列车机车的换挂。某些车站为了充分利用原有设备，仍保留设在站房对侧与旅客列车到发场并列的机务设备，而在货物列车到发场远离旅客列车到发场的一端，添设一套整备设备。

3.4.5　区段站布置图型的选择

区段站布置图型的选择是一项复杂而细致的工作。图型选择应讲求经济效益，满足运输需要，节省工程投资，便于管理，有利于铁路和城市的发展。选择图型应从全局出发，正确处理各方面的关系。

横列式图型具有站坪短，占地少，设备集中，定员少，管理方便，对地形适应性较强和有利于将来发展等优点。缺点是一端机车走行距离远，交叉点多，存在客货交叉，如为客机及全部货机交路的始终点，则交叉更为严重。

纵列式图型具有交叉少、消除客货交叉、机车出入段距离短等优点。其缺点是纵列式区段站布置图要求较长的站坪，其站坪长度比横列式布置图多一个货物列车到发线有效长度再加一个中部咽喉的长度，占地多，设备分散，定员较多，管理不便等。

客、货纵列式图型具有客、货运车场分设，作业干扰小，客、货设备分别集中，管理方便，对城市发展和地方运输适应性强等优点。缺点是：占地多，设备、定员较多，一个方向的机车出入段横切正线等。

单线区段站一般宜采用横列式图型，当引入线路方向不多时，完全可以满足运量的需要。引入线路方向为 4 个及以上的单线铁路区段站，如各方向客、货列车对数较多，采用横列式图型两端咽喉区交叉点的负荷较大时，应采取进出站线路疏解措施。若地形条件适宜，可预留或采用纵列式。

选择双线铁路区段站的图型时，如无其他条件限制时，旅客列车对数的多少以及是否为机车交路的终点站就成为选择各类布置图型的主要条件。一般情况下选择横列式图型。如旅客列车对数较多及为客货机车交路始、终点站，运量较大，地形条件适宜时，宜采用或预留纵列式图型；有充分依据时，也可采用一级三场或其他合理图型。改建的区段站，如果横向发展受到限制，可采用客、货纵列式图型，并要留足牵出线的长度。

3.5　编组站布置图型

编组站的布置图型可分为单向和双向两类。编组站的调车系统按上、下行运行方向，分为上行系统和下行系统。上下行改编列车共用 1 套调车设备（包括驼峰、调车场及尾部牵出线）的编组站图型，称为单向编组站布置图型。按上下行调车系统分别设有 2 套调车设备，承担各自列车改编作业任务的编组站图型，称为双向编组站布置图型。

编组站的布置图型，按车场配列形式可分为横列式、混合式和纵列式三种。编组站到达场（到发场）、调车场、出发场（到发场）完全平行并列的布置图型称为横列式图型。编组站到达场、调车场、出发场按流水式作业顺序布置的图型称为纵列式图型。编组站到达场与调车场顺序布置而调车场与出发场并列布置的图型称为混合式布置图型。

习惯上称编组站图型为"几级几场"式编组站布置图。"级"可理解为车站中轴线上纵向排列的车场数，"几场"是指全站重要车场的总数。因此，横列式也称一级式，混合式也称二级式，纵列式也称三级式。例如，一级三场、二级四场、三级三场等编组站的布置图型。

3.5.1 单向横列式编组站布置图型

1. 一级二场编组站图型

1）结构特点

一级二场式编组站图型是一个调车场与一个到发场并列布置的单向横列式编组站布置图型。从图 3-18 可以看出，一级二场编组站与横列式区段站基本相同，但编组站与区段站的区别主要是作业性质和作业侧重。区段站作为牵引区段的分界点，主要任务是办理无改编中转列车的作业，并担任区段和摘挂列车的解编。编组站除了办理区段站同样的各项作业外，还担任直达、直通列车的解编，以解编作业为其主要任务。

由于一级二场编组站改编列车的比重较横列式区段站大，因此，一个方向列车到发与另一方向改编列车转线交叉的概率也加大。为了减少这种交叉，应将调车场设在靠近主要改编车流顺作业方向的一侧。

一级二场图型布置紧凑，用地少、工程省、作业灵活，两端牵出线易于协作，便于通过列车的甩挂作业和大组车进行坐编，发展为其他各种站型时的适应性较大。

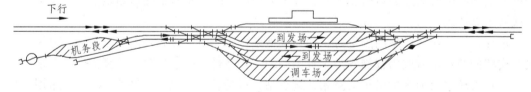

图 3-18　单向横列式一级二场编组站图型

2）存在问题

（1）作业交叉干扰多。

一级二场编组站的缺点是改编车辆需往返转线调车，在站内的作业行程长，在到发线有效长为 850 m 时，其作业路径约为 5.2 km。此外，一个方向的货物列车到发与相反方向的旅客列车到发有交叉。解编车列转线与列车到发、机车出（入）段有部分交叉。

（2）改编列车需要往返牵出转场调车，车列在站内走行距离长。

3）适用条件

一级二场站型一般适用于解编作业量为 2 300～2 700 辆/d 的小型编组站。

在编组站的发展过程中，不少大、中型编组站都经过一级二场的过渡阶段。无论是在路网主要铁路的新线建设时，还是既有路网增加一条次要线路在汇合点需要设置编组站时，都可以对一部分作业量小的编组站选用一级二场站型。

2. 一级三场编组站图型

1）结构特点

图 3-19 为单向横列式一级三场编组站布置图型。上、下行两个系统的到发场（含通过车场）分别并列布置于调车场两侧，设一个调车场供上、下行系统改编列车共同使用。与一级二场相比，消除了一个方向的货物列车到发与另一个方向列车转线的交叉，以及一个方向的旅客列车通过与另一方向货物列车到发的交叉。

驼峰、调车场与尾部牵出线设在一条纵轴线上，调车场两端可以设计 3~4 条牵出线，因此改编能力比一级二场大。

站内正线多采用外包形式，旅客列车由外包正线通过，无改编中转列车也由外包正线进入车站到发场外侧线路（通过车场）。

机务段宜设在驼峰一端无改编中转列车较多的到发场出口咽喉处，以缩短机车走行的距离，减少机车出入段与其他作业进路的交叉。

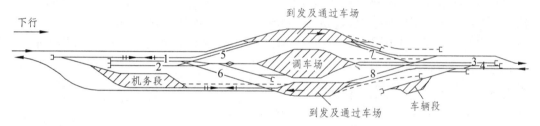

图 3-19　单向横列式一级三场编组站图型

驼峰牵出线的位置，应设在上、下行方向中，到达改编车流量较大的一端。

车辆段在调车场尾部一侧牵出线上出岔，设于尾部牵出线旁正线的外侧，利用尾部调机取送扣修车辆。虽然这种布置形式取送扣修车辆与正线行车有进路交叉，但是取送扣修车次数较少，因此出现交叉的概率较小。

车场间通过四条联络线相互联通，使车列能顺利实现转线作业。这四条联络线如图 3-19 中的 5、6、7、8 所示。

【例 3-4】　简述图 3-19 所示的单向一级三场编组站布置图型中，无改编中转列车、改编列车和机车出入段的作业流程及进路，并画出改编中转列车在站内的进路图。

解：上、下行无改编中转列车进入各自的通过车场，完成必要的技术作业后直接从通过车场发出，作业进路都很顺直。

到达解体列车接入到发场，摘下机车进行车列的技术作业，然后由驼峰调机牵出车列，经牵出线 1 或 2 进行推峰解体，车辆进入调车场。自编始发车列，在调车场完成车辆的集结后，由尾部调机在尾部牵出线 3 或 4 编组成列，经场间联络线转入到发场，进行出发技术作业后，挂上机车从到发场出发。

上行方向列车本务机车的出入段，经由上行到发场与机务段间的联络线（出入段线）进行。下行方向列车本务机车的出入段，经机走线出入机务段。

图 3-20 为单向一级三场编组站改编中转列车的作业流程图。

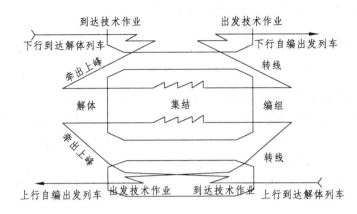

图 3-20　改编中转车辆在一级三场编组站的作业流程

2）存在的问题

（1）牵出转线困难。

一级三场编组站的到发场与调车场并列布置，距离较近，在驼峰头部一端，两者的标高差较大，因此驼峰牵出线与到发线间联络线的坡度较大，曲线半径较小。改编列车到达后，车列需由调车机车再转往驼峰牵出线进行解体，由于调车机车的牵引力小于本务机车牵引力，而且起动后要克服较大的曲线阻力和坡道阻力，故而车列向驼峰牵出转线有时会出现困难。如果衔接方向的牵引定数较大，设计时应注意改善一级三场的转线条件。

（2）解编能力不能充分发挥，改编能力较低。

由于一级三场编组站上、下行到发场分别对称布置于调车场两侧，解编作业分别由两侧相应的调机和牵出线担任。如果两侧车流到发不均衡或出现一侧的密集到达，当空闲一侧的调机去繁忙一侧的牵出线协助编组转线作业时，必将造成严重的进路交叉而收效甚微，解编能力不能充分发挥。因此一级三场的解编能力比二级式和三级式编组站的解编能力小。

为了保证两侧牵出线的作业能均衡地进行，某一方向到发场和衔接方向的进出站线路，应考虑相反方向列车到发使用的灵活性。一般可根据需要，在到发场设置一部分双方向使用的线路。

（3）改编列车折返走行距离长。

一级三场由于到发场分设两侧，改编列车需要往返牵出转线，为折角走行，增加了车辆的走行距离和作业停留时间。

3）适用条件

一级三场布置图型可适用于解编作业量为 3 200～4 700 辆/d 左右的编组站。在双方向改编车流量较均衡，解编作业量不大或者牵引定数较小，站坪长度受到限制，远期无大发展的中、小型编组站，可采用单向横列式一级三场编组站布置图型，也可以作为其他大、中型编组站的过渡图型。

3.5.2 单向混合式编组站布置图型

1. 二级四场编组站图型

1）结构特点

图 3-21 为二级四场编组站布置图型。上、下行系统共用一个到达场和一个调车场，且到达场与调车场顺序布置。上、下行方向两个出发场分别并列于调车场两侧（与一级三场编组站图型相似），形成了单向混合式的编组站布置图型。

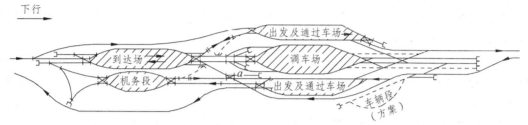

图 3-21 单向混合式二级四场编组站图型

上、下行方向的通过车场，分别设在出发场的外侧，供无改编中转列车使用，利用调车场尾部牵出线进行增减轴作业比较方便。

机务段设在到达场旁反驼峰溜车方向一侧为宜。可以保证大部分机车出入段走行距离近，进路交叉较少，且适合发展为双向编组站。

驼峰多为中能力驼峰。

反驼峰方向改编列车到达，从到达场出口咽喉处直接接入峰前到达场，这种方式被称为反接方式。如果反驼峰方向解体列车通过接车环线经到达场入口咽喉接入到达场，则被称为环接方式。

机务段同侧到发列车机车经由出入段线进出机务段，进路顺直。机务段另一侧到发列车机车经由峰下机走线出、入段。如不设峰下机走线时，机务段另一侧到达解体列车的本务机车可切到达场出口咽喉入段，或利用到达场的空闲线路从到达场的入口咽喉入段；出发列车的机车出段及通过列车机车的出、入段，切到达场入口咽喉和经由正线进行。

与一级三场编组站图型比较，二级四场增加了共用的峰前到达场，调机连挂车列和推峰作业受改编列车到达和本务机车进段的干扰较少。虽然反驼峰方向改编列车的行程略有增加，但是顺驼峰方向改编列车在站内行程节省较多，又避免了到达解体车列在牵引定数较大时转线的困难，总的来看，能力比一级三场的大。

车辆段在调车场尾部一侧牵出线上出岔，其位置与一级三场编组站布置图型相似。

二级四场与纵列式图型相比其站坪长度较短。

2）存在的问题

（1）头尾能力不协调。

在单向二级四场混合式图型中，到达场与调车场顺序布置，解体作业的流水性强，且到达解体列车集中在到达场进行作业，头部解体能力与纵列式相差不大。但是两个出发场分别布置在调车场两侧，具有横列式的特点，当上、下行编组作业量在阶段时间内出现一侧不均衡时，尾部调机和牵出线几乎不能相互协助，而且尾部编组列车转线往返的距离较长，因此尾部能力不足，往往编组能力小于解体能力。这就是所谓的二级式编组站头尾能力不协调。提高二级四场尾部编组能力的措施一般有如下几个。

① 采用编发线布置，使部分列车直接从编发线出发，减少编成车列向出发场的转线作业。

② 当摘挂列车和多组列车占有相当比重时，在调车场尾部设置小能力驼峰，或增设辅助调车场，以提高编组能力。

③ 将转场联络线设计成面向出发场的下坡，加速转场作业。

④ 在出发场设置一部分双方向使用的线路，可为反方向列车出发使用，并保证发车的通路，以保证尾部牵出线能力均衡使用。

⑤ 增加调机台数。当某台调机进行整备或去货场、工业企业线取送车时，由顶替的调机担任编组作业。但是这种方式调机的使用效率较低。

⑥ 增设牵出线，使用 3 条牵出线和 3 台调机同时进行编组。但由于出发场分设于调车场两侧，造成中间牵出线编成车列的转线与外侧牵出线的编组作业相互干扰，因此，使得中间牵出线的能力不能得到充分发挥。

⑦ 将两侧出发场向调车场尾部靠拢布置，尽量缩短车列的转线距离。但是，这种布置将会造成出发场部分线路在曲线上，对作业带来不利影响。

⑧ 调车场尾部按燕尾型布置，如图 3-22 所示。调车场分别与两侧出发场靠拢，以减少转线距离。这种布置图型由于每侧牵出线只连通调车场的半边，两侧作业出现阶段时间内的不均衡时，无法相互帮助，作业上的灵活性较差。此外，当货场及工业企业线在尾部一侧接轨时，另一侧的取送作业比较困难。

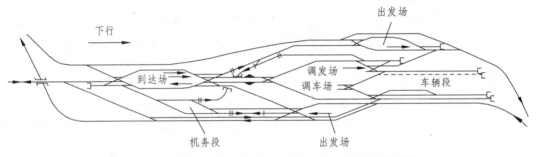

图 3-22　调车场尾部为燕尾式布置的二级四场编组站图型

（2）反驼峰方向到达解体列车到达与反驼峰方向的通过列车及自编始发列车的出发存在进路上的交叉。这是单向编组站上、下行改编系统共用一个峰前到达场所固有的缺点。

疏解这个交叉的原则是：当运量不太大时，采用平面疏解方式；当运量较大，交叉点负荷严重时，采用立体疏解形式。

① 平面疏解。

将反驼峰方向改编列车的接车进路分设两条（如图 3-22）：通过出发场外侧正线接入峰前到达场；经反向出发场内侧靠近调车场的线路接入峰前到达场。这样，车站值班员可根据咽喉区作业情况，合理安排进路，既保证行车优先，又减少进路交叉。

② 立体疏解。

如图 3-23 所示，为利用峰下跨线桥实现反向改编列车到达与反向列车出发交叉的疏解布置方案。由于反向出发场出场咽喉与到达场出场咽喉之间的距离很短，在原有图型上布置立交桥就很困难，因此将反向出发场设在调车场与顺向出发场之间，这样就形成了图3-23所示的疏解方式，但是，这种布置形式又造成了调车场尾部向一侧转线而产生的进路交叉。此外，还可用类似的方法把跨线桥设在站外到达场进场咽喉外端，如图3-22所示。

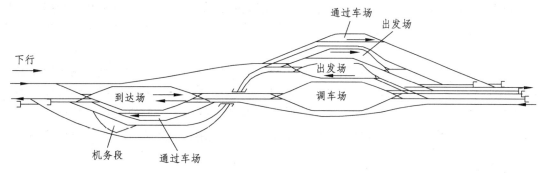

图 3-23　单向混合式编组站反向列车接发进路交叉的立体疏解方案

3）适用条件

二级四场编组站图型可适用于解编作业量为 4 500～5 200 辆/d 的大、中型编组站。

当顺驼峰方向改编车流较大，或顺、反方向改编车流较均衡而顺向为重车流时，在运营上都是有利的。反驼峰方向接发车进路采用反到反发平面疏解方式的适应性较好，只有在衔接方向较多时采用环到、环发方式。

2. 二级三场编组站图型

1）结构特点

将二级四场编组站图型中的顺驼峰方向出发场取消，顺向自编始发列车全部采用编发作业方式，就形成了二级三场编组站布置图型，如图3-24所示。

在到达场内增设顺向到发线的数量，其外侧线路可作为顺向通过车场使用。当办理的无改编中转列车数量和列车的增减轴作业较多时，可在原二级四场图型的顺向出发场位置设置专门的通过车场。

在调车场内，编发线一般布置在最外侧，调车线在编发线之下，在调车场内侧设置其他用途的线路。将机车走行线布置在紧靠编发线的外侧。

由于顺驼峰方向自编始发列车取消了转线作业，从而提高了调车场尾部编组和发车的效率，因此编组能力与解体能力较为协调。

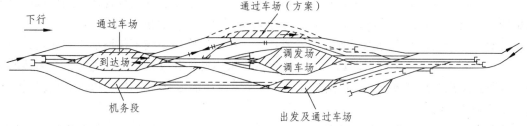

图 3-24　单向混合式二级三场编组站图型

2）存在的问题

（1）作业安全条件差。

在二级三场图型中，调发场出发一端的咽喉集中了车列编组、本务机车出入段和列车出发等项作业，作业安全条件差，增加了作业间进路的交叉和延误的概率以及出现续溜车的问题。因此，这种布置图型对于编组和出发作业较为简单的车流的车站来说，能充分发挥其优势。如车流量大的单组列车以及小运转列车。小运转列车编组站作业比较简单，牵引定数和运行线的安排，可以根据车流集结情况，灵活掌握，而且一般不进行列检作业，其集结、编组和出发的时间短，车辆周转快。

（2）线路的利用率较低，线路能力相对较小，作业灵活性较差。由于调车场集中布置了调车线与发车线，线路总数较多。但是，调发场内线路总数过多，尾部咽喉设计难度增加，而且咽喉区过长又会增加调车行程，因此尾部能力的提高受到了一定的限制。

（3）反向改编列车到达与反向列车出发进路的交叉。疏解这项交叉的措施与二级四场相同。

3）适用条件

单向二级三场编组站图型适用于顺向改编车流多为小运转车流或车流量大的单组车流的编组站，或者作为双向编组站的一个系统。其解编作业量可达到3500辆/昼夜左右。

3.5.3　单向纵列式编组站布置图型

1. 结构特点

如图 3-25 所示为单向纵列式三级三场编组站图型。

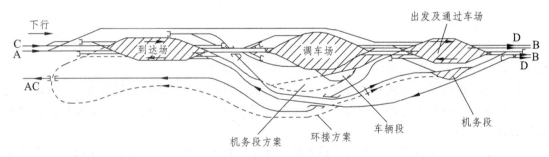

图 3-25　单向三级三场纵列式编组站布置图

三级三场编组站图型设有为各方向共用的到达场、调车场和出发场，三个车场依次纵向排列，上下行调车系统共用一套调车设备。

上、下行通过车场一般分别设在出发场外侧，也可分别设在到达场外侧，还可以一个方向的通过车场设在到达场外侧，另一个方向的通过车场设在出发场外侧。

反驼峰方向改编列车可以反到、反发或环到、环发。修建环线不仅增加工程投资，而且增加了列车到发的走行距离，所以，一般情况下宜采用反到和反发。当反驼峰方向衔接的线路方向及到发列车数较多时，应根据驼峰和尾部牵出线的能力分别对待，如能力受驼峰控制，可先修建到达环线。

机务段可设在反方向改编列车到、发进路立交疏解所形成的空地上。根据需要和地形条件，机务段也可设在顺驼峰方向到达场、出发场和调车场的内侧，从这三个方案中选择一个，这样有利于发展为双向时共用设备。

车辆段从尾部牵出线上出岔，布置在调车场尾部与机务段同侧，既便利取送车辆作业，又可利用立交疏解形成的空地。

与二级四场图型相比，三级三场布置图型中编成车列转至出发场的调车行程较短，而且调车场尾部牵出线多时转场作业相互间的干扰较少，因此尾部能力得到提高。

一般情况下驼峰使用两台机车，实行双推单溜。当解编作业量大，为保证双推作业不间断，可增加替班机车或使用 3 台调机。配备 2~3 台调机实行双推单溜时，如果调车场尾部使用两台调机，则头部能力较大，解编能力受尾部控制，解编能力约为 6 500~6 700 辆/日；如果调车场尾部使用 3 台调机，一般在作业不太复杂的情况下，尾部能力较大，解编能力受驼峰控制，解编能力约为 7 200~8 000 辆/日。

2. 存在的问题

（1）反向改编列车走行距离较长。三级三场图型中，顺驼峰方向改编车流在站内没有多余的行程，但反驼峰方向改编车流，在采用反到、反发布置时，设到发线标准有效长 850 m 计，则往返多走行距离 7.2 km，比二级四场多走行 0.7 km。相当于到达场中心至出发场中心距离的 2 倍。如采用环到、环发，则往返多余走行的距离更长。与双向编组站图型相比，这一点也是不足之处。

（2）反驼峰方向改编列车，无论采用反到、反发或环到、环发，其到达与出发进路不可避免地会发生交叉。由于三级三场编组站能力较大，为使各部分通过能力协调一致，并为安全行车创造有利条件，反驼峰方向改编列车到发的进路交叉宜采用立交疏解。当初期行车量不大，或发展为双向编组站的时间较短时，在保证行车安全的前提下（例如有良好的线路平、纵断面技术条件，先进的信、联、闭设备和必要的安全设施等），也可采用平交。

当平交点设在反向到发正线上并距离峰前到达场较近时；为避免反到列车在信号机外停车后起动困难，需要提前开放信号，因此每列反到列车占用平交点的时间较长；由于发车的走行距离较长，每列反发列车占用平交点的时间也较长。由此按交叉点的能力分析结果，要用这种平交点布置时，适应的反驼峰方向的行车量一般为 60 列/d 以下。如果将平交点移至靠近出发场出场端咽喉，使反到和反发列车占用交点的时间缩短，反驼峰方向的行车量可提高至 70~80 列/日。

（3）站坪长度较长。

三级三场站型占地较长，大约需要 6~8 km 的站坪长度。

3. 适用条件

三级三场编组站图型适用于顺驼峰方向改编车流较强，解编作业量大的大型编组站。三级三场编组站图型担任的解编作业量一般以 6 500~8 000 辆/日为宜。如果采用现代化的驼峰调车设备，解编能力还可进一步提高，达到 8 000~10 000 辆/d。

路网性编组站或区域性编组站，一般要求具有较大的解编能力，在顺向改编车流量占总改编车流量的 60%以上，且有 6~8 km 长的站坪时，采用单向三级三场纵列式布置图型较为有利。

当单向混合式编组站改建为到达场、调车场和出发场纵列配置的单向编组站图型时，根据作业需要，也可保留反驼峰方向到发及通过车场。

3.5.4　单向双溜放编组站布置图型

1. 结构特点

双溜放作业就是指驼峰在同一时间两台调机平行解体两个车列的作业方式，这种作业方式在国外一些单向编组站上得到推广。我国目前采用双溜放作业的较少，但在某些编组站也有双溜放的经验。

采用双溜放作业方式的单向编组站，由于顺、反方向的改编车流都大，为了保证作业的流水性和连续性，提高解编能力，宜将到达场、调车场和出发场纵列布置，如图 3-26 所示。

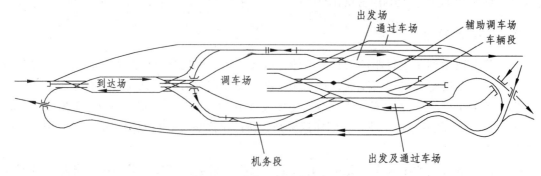

图 3-26　单向双溜放编组站图型

单向双溜放编组站图型中，反驼峰方向改编列车的到达进路，宜设计为环到；反驼峰方向改编列车的出发进路，根据出发场与调车场的配置形式和能力要求，可设计为环发或反发。

由于单向双溜放编组站的改编作业量大，其驼峰需要设计 3 条或以上的推送线。

根据折角改编车流作业的需要，调车场中间的部分线路，可设计为两侧驼峰溜放的共用线路。

调车场尾部的布置形式及调车设备的配置，应保证其编组能力与解体能力相适应。

单向编组站按双溜放的作业方式设计时，解体能力和单溜放编组站相比提高了约 45%～80%，同时到达场的通过能力也大大提高。

与双向编组站相比，当衔接方向改编车流发生变化时，顺、反方向两个系统便于相互调剂使用。此外，单向双溜放编组站，从到达场至出发场可以设计在一面坡的下坡道上，而双向编组站的两个驼峰相对，站内坡度起伏较大，因此选择前者更能适应地形的变化。

2. 存在的问题

单向双溜放编组站存在折角改编车流的重复分解问题，采用单溜放作业时，每条溜放线均连通调车场内每一条调车线，每钩车（包括折角车流）直接进入其固定使用的线路，无须重复解体。采用双溜放作业时，由于调车场的线路分上、下行系统使用，在平行溜放时折角改编车流不可能一次直接进入对侧调车线，只能暂时溜放至本侧调车线，因此需要再次上峰解体，才能溜放至对侧的调车线。

一般编组站折角车流的数量不大，如果在两个半场均设对应折角车流组号或去向的调车线，不仅各自集结成列的可能性较小，而且增加了车列集结的时间，调车线的利用率也较低，因此，对折角车流的处理一般不采用这种方法。在单向双溜放编组站布置图中，对于折角车流的处理问题，一般通过共用中间线束和适当的驼峰头部咽喉设计来解决，如图 3-27 所示，为双溜放作业调车场头部平面布置图。

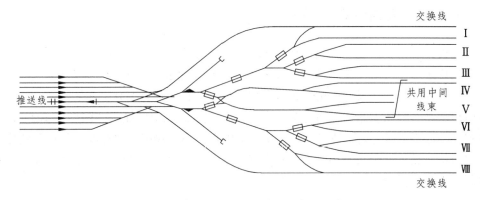

图 3-27　驼峰双溜放作业调车场头部平面布置图

图 3-27 中，有中间推送线，调车场内共用线束和外侧的两条交换线。

共用中间线束一侧的线群中，可以为对侧来的车流量较大的去向划出固定线路，一次入线，也可与对侧同一组号的车流合并在共用线束中使用一条线路。车流量较小的折角车流，可以溜入同侧或对侧共用线束中未固定组号的线路中暂时存放，然后再重复解体。同时溜往共用中间线束对侧去向的钩车，在时间上不能错开时，前行的钩车可直接溜入该去向的线路，后行的钩车则先溜入设在本侧调车场外侧的交换线，在交换线集结一定数量的车辆后，再经迂回线转上驼峰重复解体。

采用上述作业方法，溜放时敌对进路的保护要依靠道岔自动控制装置、设置溜放线与共用中间线束必要的联锁来保证。由于折角车流同时经由敌对进路溜放的概率很小（若折角车流比重为 20%，则折角钩车同时占用敌对进路溜放的概率为 4%），故绝大部分折角车流可直接溜入对侧线路，从而大大减少折角车流重复作业。

此外，在单向双溜放编组站布置图中，调车场以中间为共用线束对称布置。因此，在顺反方向改编车流量相差较大时，不便于均衡使用两个半场的调车线，如果顺反方向改编车流量相差较小时则比较有利。

另外，由于单向双溜放编组站布置图中，反驼峰方向较多采用环到和环发。因此，反方向改编列车的行程比双向纵列式站型增加很多，如到发线有效长为 1 050 m，采用环到和环发，反向每列改编列车的到发大约需要多走 14.6 km，同时增加进出站正线和跨线桥的工程费。

3. 适用条件

单向双溜放编组图型的适用性与顺、反方向改编车流比例和折角车流比重等因素有关。当顺、反方向车流比例为 1∶0.7 ~ 1∶1，折角车流比重为 0.2 ~ 0.1 时，采用双溜放布置图型较为有利，可担任的解体作业量约为 5 800 ~ 7 200 辆。如果驼峰进一步采用现代化设备，解体能力还可进一步提高。

因此，要求尾部设置相应数量的牵出线以保证编组能力与解体能力相适应。至于调车场尾部的布置，例如咽喉区是按线束联结成梭形布置还是按燕尾型布置，以及是否增设辅助驼峰用于部分或全部地分担交换车辆的重复解体和办理摘挂列车作业，都应在满足驼峰能力的前提下，根据技术经济比较和当地地形条件来决定。

3.5.5 双向编组站布置图型

双向编组站图型共同的特证是有两套调车系统，上、下行系统各自有独立的到发车场、调车场和驼峰等调车设备。编组站建设一般不会一次修建成双向图型，大多是由某种单向图型过渡发展为双向图型，因此车场的数目和排列形式多种多样且变化多端。

双向编组站布置图型基本上可分为两类：双向混合式和双向纵列式图型。编组站设计时要因地制宜，选用最适合当地情况和具体车流的图型，不可局限于"标准图"从而硬性套用。

在双向编组站设计中，必须注意对折角车流的妥善处理，否则将大大降低双向图型的效率，限制了它的适用性。

1. 双向混合式编组站图型

1）结构特点

双向混合式编组站布置图有两套独立的调车系统，至少有一个调车系统到达场与调车场纵列，并至少有一个调车系统是调车场与出发场横列的一类编组站布置图。

双向二级六场编组站布置图型，如图 3-28 所示。双方向均为到达场与调车场纵列，出发场及通过车场在调车场外侧横列的双向布置图，是双向混合式图型中有代表性的图型。

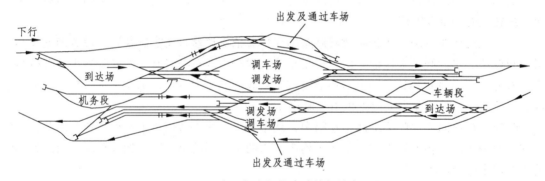

图 3-28 双向二级六场混合式编组站布置图

机务段一般设在两套调车系统之间，位于到达改编车流较大的到达场一端，使得本务机出、入段总的走行距离最短，而且能照顾到主要方向通过列车机车换挂的方便。

车辆段应配置在两调车系统之间，并靠近空车方向系统的调车场尾部。如果双向二级六场图型是由单向二级四场发展而成的，因机务段多位于原有到达场的一侧，车辆段则位于原有调车场的尾部。由于原有单向图型的驼峰方向多属于重车方向，扩建为双向图型后，将不利于照顾空车方向车辆的扣修。因此，如果原来未设车辆段时，新建的车辆段可以布置在新增系统车场尾部，与机务段设在同一端。

为了消除调车场尾部牵出线都向一侧转线造成对编组能力的不利影响，可在调车场内侧设置调发线群，使部分或全部自编列车能从调车场直接发车。按两个系统改编列车的出发全部或部分在调发线办理来区分，可设计成双向二级四场或双向二级五场两个图型，当两级式系统全部采用调发时，调发线宜设于靠近调车场外侧的线束。如有必要，也可以在调车场两侧的线束中设置调发线，使改编列车能从两侧发车，以减少牵出线的作业干扰。如果通过列车较少，可不设单独的通过车场，将通过列车的作业放在到达场办理。

若一个方向的改编车流量较小，且车流条件合适，次要的调车系统也可采用到发场与调车场横列的一级二场形式，并在调车场内设置编发线群，调车场头部设小能力驼峰。改编列车的出发全部或部分在编发线上办理，就设计成为双向二级四场或二级五场图型（如图3-29、图3-30所示）。一般情况下，一级二场系统的到发场设在调车场外侧；但是，当次要系统通过列车很多，折角车流又极少时，也可将次要系统的调车场设在到发场外侧，这样布置虽然会导致折角车流交换的进路不太顺畅，且产生与列车到发的进路交叉，但改善了本务机车出、入段的条件。

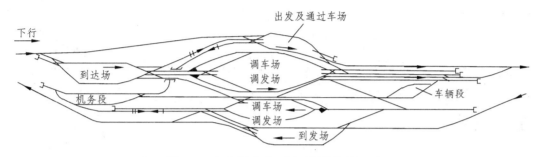

图 3-29　双向混合式二级五场编组站图型

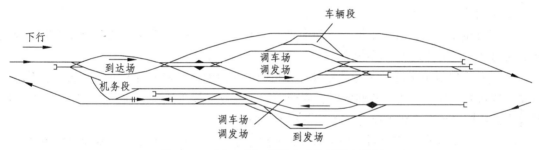

图 3-30　双向二级四场混合式编组站布置图

双向混合式编组站图型与单向纵列式图型相比，虽然增加了折角车流的重复作业、工程投资和运营支出等，但是其解编能力较大，两个系统的改编车流在站内往返走行的距离较短，便于进行通过列车的成组甩挂作业，而且还能结合地形，需要较少的站坪长度，根据车流性质组织调车场发车。

2）存在的问题

（1）折角改编车流的重复解体作业。

双向混合式编组站上、下行车流的解编作业是在两套调车系统中分别进行的，对于折角改编车流的处理，要么在两个调车场均设对应折角车流组号或去向的调车线，要么在一个系统集结之后交换到另一个系统重复解体，在双向混合式编组站图型中，一般采用后一种方式，因此不可避免地存在折角改编车流的重复解体。

与单向双溜放编组站图型不同的是，双向编组站上下行改编车流不在同一个调车场集结，而是在两个调车场集结，因此折角车流解决的办法也有些不同。

折角车流在站内分为折角直通车流和折角改编车流，折角直通车流不进行改编作业，但是需要变更列车运行方向，产生折返走行。折角改编车流需要在站内重复分解，可以分别采取不同的措施来处理这两种车流。

① 折角直通车流。

a. 在进站线路上增设渡线，通过车场的部分线路设置成为双进路，折角直通车流可以利用所增加的渡线反接到另一系统的通过车场内。如图 3-31 所示，利用增设的 a、b 渡线将 AB 间的直通车流反接入出发场 2 外侧的通过车场，可减少少车辆的转场作业，上行发车的进站线路具备反向接车条件。

b. 到达场和出发场之间设置环线，折角直通车流可以利用环线从本系统的到达场转至另一个系统的通过车场。如图 3-31 中的联络线 R，使折角直通车流经过此联络线由到达场转场至出发场外侧的通过车场。

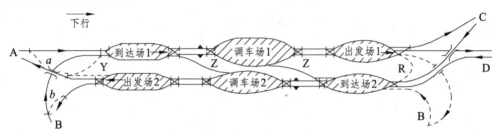

图 3-31　双向编组站处理折角直通车流方案示意图

② 折角改编车流。

a. 当折角车流较少时，根据车场的配置，一般设置由每一个系统的调车场（内侧部分线路）通到另一系统的到达场联络线。

b. 当某方向折角车流量大时，为减轻对驼峰作业的干扰，根据需要可增设从相应系统的出发场转到另一系统到达场的回转线。当回转线与反方向接车或反方向发车进路结合时，回转线不仅是折角车流的转场设备，还是接发车进路。

c. 在上、下行系统两个调车场中间设置共用车场。这一点类似于单向双溜放编组站中设置的中间共用线束，当然应保证两个方向的驼峰向共用场同一线路溜放时的作业安全。

d. 当折角车流量较大且在车流组织中要求有关的调车系统有灵活接、发车条件时，可在进出站线路布置方面增设疏解线，或有条件时结合进出站线路布置，将某些线路改成双方向使用，使该系统能接进反方向列车和将折角车流数量较大的组号单独集结、编组发往反方向。

（2）一个方向（主要方向）无改编中转列车的机车出入段不便。

当数量较多时，可修建峰下机车走行线，这时该方向的调发线应靠近出发场进行设置，以方便连挂机车。

3）适用条件

双向二级六场编组站图型，一般情况下可担任的解编作业量（包括折角车流的重复作业量）约为 9 000～10 000 辆/日。如果均采取调发等提高尾部编组能力的措施，可担任的解编作业量约可提高至 12 000～14 000 辆/日（包括折角车流的重复作业量）。

在设计中，当既有单向二级四场编组站解编作业量大幅度增加时，上、下行改编车流的比例又接近（约为 4∶6 或 5∶5），折角车流在总改编车流中的比重较小（不大于 15%），经过技术经济比较认为发展为单向纵列式并不有利时，可采用双向混合式编组站图型。此外，为大工业企业和港湾服务的工业、港湾编组站，双方向改编车流均较大，车流性质适合于采用调发线作业，同时折角车流量较小，又位于厂前区、港前区和城市边缘，站坪长度容易受到限制，采用双向混合式编组站图型更有利。

2. 双向纵列式编组站图型

1）结构特点

双向三级六场编组站图型如图 3-32 所示。双方向均为到达场、调车场和出发场纵列配置，是双向纵列式编组站的代表性图型，也是规模及能力最大的站型。

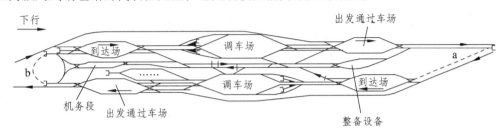

图 3-32　双向三级六场纵列式编组站布置图

办理无改编中转列车的通过车场，分别设在本系统出发场外侧，便于利用尾部牵出线办理甩挂作业。

机务段设于两系统之间，同时铺设两条机车走行线。当近期按双向纵列式编组站设计时，机务段以设在重车方向的到达场一侧为宜。当双向纵列式编组站是由单向纵列式发展而成时，近期先上的单向系统的驼峰方向一般与重车方向相同，顺驼峰方向的改编系统较大；而远期扩建的第二套系统，相应的属于空车方向，改编车流较小，但通过车流的比重则比原有系统的大。当机务段位置为照顾远期发展的双向设置时，近期单向系统的机务段宜设在到达场一端。由于通过车场一般位于出发场一侧，机务段位置对近期站型来说将是不利的，因此，双向三级六场站型的机务段位置，还应结合近、远期发展的需要来考虑。另外，为了减少编组站另一端列车的本务机车出、入段走行距离，当另一端机车出、入段数量较大或作业能力需要时，可在另一端设第二套整备设备。

双向三级六场编组站的车辆段，应设置在两调车系统之间，并靠近空车方向系统的调车场尾部。如果新建编组站采用电力和内燃牵引，具备机务段与车辆段共用机械修配、动力供应和管道等设备的有利条件时，也可以考虑将车辆段设在机务段的同一地点。

上、下行改编车流，除折角车流外均无多余的作业行程，两个方向作业流水性都很好。由于双方向各有一套独立的纵列式的调车系统，可以减少相互间在列车到发、机车出入段和调车作业的交叉干扰，如果双方向均装备有强大的调车设备时，拥有很大的解编能力。但是占地面积大、工程费用高、车站定员多。

2）存在的问题

（1）折角改编车流重复解体作业。

与任何双向编组站图型一样，双向纵列式三级六场编组站图型也存在折角改编车流重复解体作业，处理折角改编车流的措施与双向混合式编组站图型的几种措施基本一致。例如图3-32 中两个调车场与到达场间的折角车流的转场联络线，车站左端的虚线表示一个系统的出发场与另一系统到达场间的回转线；车站右端的牵出线，与出发出口咽喉和到达场进口咽喉都连通，便于转送集结成列的折角车辆。如图 3-33 所示，为设有共用调车场（交换车场）的双向三级六场编组站布置图型，很大程度上可以解决折角改编车流重复解体的问题。此外，当折角车流十分强大时，可在进站线路设计上，使折角车流多的方向具有分别引入两个系统到达场的两条进站通路，如图 3-34 所示。

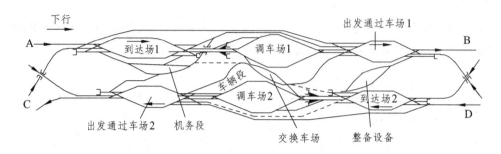

图 3-33　设置交换车场的双向编组站布置图

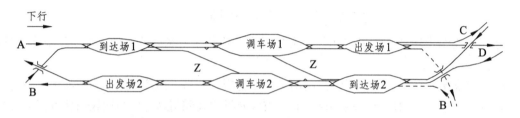

图 3-34　有双进站线路的双向编组站示意图

（2）站坪长度较长。

双向三级六场编组站图型，占地较多，需要较长的站坪长度，站坪长大约为 8～10 km。为了节省用地，必要时可将一个或两个系统的中轴线在调车场的尾部偏转一定的角度，使布置尽量紧凑，减少对站坪长度的需求。

3）适用条件

双向三级六场编组站图型，一般情况下可担任的解编作业量（包括折角车流重复作业量）约为 14 000～16 000 辆/日。如果采取增设辅助调车场等提高尾部编组能力的措施，担任的解编作业量可提高至约 20 000～22 000 辆/日（包括折角车流的重复作业量）。

当路网性编组站按合理的编组分工需要担负很大的解编作业量，而且上、下行改编车流量比较均衡，其他站型又担当不了，地形条件又不受限制时，可采用双向三级六场图型。但是在车站和线路疏解布置时应注意尽量减少折角车流的数量，以利车站作业和提高实际的解编能力。

3.5.6　编组站布置图型的选择

选择合理的编组站布置图型，是编组站设计的首要任务。各类编组站布置图型实现的解编作业量及适应的车流性质往往各不相同，因此选择编组站的布置图型是一项复杂而细致的工作。图型选择是否合理，将直接影响到编组站的工程投资和运营效果，而且还会影响到将来编组站的改建和扩建。

虽然在选择编组站布置图型时，涉及的因素很多，但是在诸多因素中起决定作用的因素是解编作业量、作业性质和地形条件。此外，还需要考虑与远期发展的配合。图型选择时，应通过技术经济比较的方式进行方案比选，最后确定较适合的编组站布置图型。

在选择编组站布置图型时，需要考虑的主要内容有如下几个。

1. 单向或双向图型的选择

在选择编组站图型时，首先应该确定是单向还是双向图型。

单向编组站较双向编组站具有管理集中、工程投资少、节约用地等优点。由于现代化驼峰调车设备的发展，进一步提高了单向编组站的作业能力，扩大了它的适用范围。新建编组站一般采用单向图型，只有当单向纵列式布置图型的能力不能满足需要时，才考虑双向图型。

如果编组站的折角车流在总改编车流中的比重较大（大于 15%）时，一般不应采用双向布置图型。这时，虽然解编作业量很大，也不能选择双向图型，甚至可以在枢纽内通过增设另一个辅助编组站来分担一部分解编作业量。

如果编组站的折角车流在总改编车流中的比重较小（不大于15%），同时上、下行车流均衡，在选择单向或双向均能保证需要的改编能力的情况下，应考虑车流性质和特点，通过方案比较，选择一个单向或双向图型。例如，在单向纵列式图型和双向混合式图型均能满足设计要求的前提下，如果地区车流较多，便于采用编发线作业，通过技术经济比较可以选择双向混合式布置图型。

2. 同一调车系统内各车场相互位置的选择

从运营条件来看，各车场顺序排列以横列或混合布置为好。但也不尽如此，特别是反驼峰方向改编车流较强时，单向三级三场并不理想。从工程投资的角度来看，纵列式要比混合式的投资大得多。

因此，一般应优先采用二级式图型。如果二级式图型和三级式图型均基本满足解编能力要求时，要根据车流性质并结合技术经济比较，选择一个二级式或三级式图型。一般来讲，衔接方向较少，地区车流较强，上、下行改编车流量较均衡，地形比较困难，应优先采用二级式图型。当衔接方向较多，总改编量大，编组远程车流去向较多，上、下行改编车流相差悬殊，地形不受限制，可以采用三级式图型。

3. 驼峰方向的选择

驼峰方向指驼峰溜车的方向。驼峰方向的选择也就是驼峰设在调车场哪一端的问题。在单向编组站布置图型中，上、下行系统共用一套驼峰调车设备，驼峰的位置确定以后，驼峰溜车只能顺着其中一个系统的方向进行。在选择单向编组站图型的驼峰方向时，主要考虑以下三点的要求。

（1）应与主要改编车流方向一致。

（2）应与地面标高相适应。

（3）应顺着控制风向。

这个问题看起来简单，但处理不好影响很大，而且以上三点要求有时很难统一，因此在具体处理时，应首先考虑主要改编车流方向，再兼顾其他方案进行比选。

4. 正线位置选择

正线指在编组站图型中通过编组站的客货列车的运行正线，客货列车正线分开设置时，主要指旅客列车运行的正线。

编组站内通过正线的布置形式可分为一侧式、外包式和中穿式。应根据客货列车行车量、客运站位置、货场和工业企业线的衔接、编组站的站型等因素，选择不同的布置形式。

1）外包式正线

采用外包式正线时，客车通过和编组站内作业完全分开，双方向客、货列车运行径路互不交叉；当客、货纵列配置时，不需要立体疏解布置。但是，上、下行正线分开设置，需设单独路基，相对增加了工程量，且不利于在编组站一侧并列设置客运站；当编组站的一侧衔接有货场和工业企业线时，取送车作业与正线交叉。因此，如客、货纵列配置且通过客车对数不多，只有作业较少的货场和工业企业线衔接于编组站；或虽通过客车较多，而货场和工业企业线不直接在编组站上接轨等情况时，在双线铁路上的编组站一般以采用正线外包的布置方式为宜。

2）一侧式正线

采用一侧式正线时，有利于客运设备的集中设置和客运工作管理。当正线对侧衔接有货场和工业企业线时，取送作业与正线行车无干扰，由于两正线共用路基，工程量较少。但是相对方向客、货列车到发进路有交叉（即客货交叉），必要时需增设立体疏解。因此，当客运站与编组站要求并列配置，或有较大作业量的货场和工业企业线在正线对侧衔接时，以采用正线一侧式的布置较合适。

3）中穿式正线

正线从编组站中间穿过，两边设有到发场和调车场。这种布置，虽然正线顺直，与货场、工业企业线取送作业进路不交叉，但正线将上、下行到发场和调车场分割，转场车辆、机车出入段都与正线交叉。因此，新建车站时一般都不采用这种方案，大多是在改建扩建时才采用这种布置形式。

【例 3-5】 某铁路车站在城市中的位置及衔接线路的方向如图 3-35 所示。AB 干线为既有双线铁路，为新建单线铁路支线方向，从该站的 A 端引入，现决定在该站建成一个编组站，其设计年度的行车量如表 3-1 所示，已知列车平均编成辆数为 50 辆。试选择合理的编组站的布置图型。

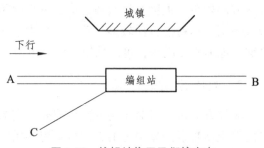

图 3-35　编组站位置及衔接方向

表 3-1 行车量表 [单位：列/日（通过/改编）]

自 \ 往	A	B	c	枢纽	合计
A		3/12	0/6	0/2	3/20
B	5/10		4/8	0/2	9/20
c	0/6	1/8		0/2	1/16
枢纽	0/2	0/2	0/2		0/6
合计	5/18	4/22	4/16	0/6	13/62

解：（1）解编作业量。

到达解体列车数为 62 列/d，自编始发列车数为 62 列/d，解编作业量为

$$(62+62)\times 50 = 6\ 200\ （辆/d）$$

（2）折角改编车流。

到达改编折角列车为（A—C 和 C—A）

$$6+6=12\ （列/d）$$

始发改编折角列车数为（A—C 和 C—A）

$$6+6=12\ （列/d）$$

折角改编车流辆数为

$$(12+12)\times 50 = 1\ 200\ （辆/d）$$

折角改编车流占总改编车流的比重为

$$\frac{1\ 200}{6\ 200} = 19.4\% > 15\%$$

因此采用双向编组站图型不利。

（3）地区车流。

到达枢纽的车辆数为

$$6\times 50 = 300\ 辆/d$$

由枢纽发出的车辆数为

$$6\times 50 = 300\ 辆/d$$

地区车流与总改编车流的比重为

$$\frac{600}{6\ 200} = 9.7\%$$

可见地区车流较少。

（4）上下行系统改编车流比。

由 A、C 到达列车数为

$$20+16=36 \text{ （列/d）}$$

发往 B 方向的列车数为 22 列/d，所以下行系统改编车流为 58 列/d。

由 B 到达列车数为 20 列/d，发往 A、C 方向列车数为

$$18+16=34 \text{ （列/d）}$$

所以上行系统改编车流为 54 列/d。上、下行系统改编车流之比为 54∶58。

可见上下行改编车流基本均衡。

综合分析以上各种因素可知，该站不宜选择双向图型，单向图型也完全能保证所需的解编作业能力。虽然上、下行车流比较均衡，对于单向三级三场不是十分有利，但是如采用二级四场布置形式，则能力偏小，且地区车流量较小，不便于组织调车场直接发车，因此建议采用单向三级三场编组站布置图型，驼峰的方向应顺着改编车流较大的下行系统方向。

3.6　客、货运站布置图型

3.6.1　客运站和客车整备所

1. 客运站

客运站的主要任务是组织旅客安全、迅速、准确、方便地上下车；行包、邮件的装卸及搬运；组织旅客列车安全正点到发和客车车底的取送。

客运站的图型分为通过式、尽头式和混合式 3 种。

通过式客运站如图 3-36 所示。正线及到发线是通过式的，站房在到发线的一侧，客运站与整备所和机务段纵列配置。其中，图 3-36（a）图客车整备所和机务段设置在站房同侧。图 3-36（b）客车整备所和机务段设置在两条正线之间。

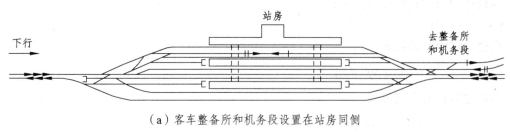

（a）客车整备所和机务段设置在站房同侧

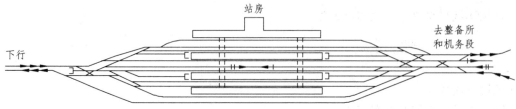

（b）客车整备所和机务段设置在两条正线之间

图 3-36　通过式客运站布置图

尽头式客运站如图 3-37 所示。正线和到发线是尽头式的，站房位于到发线一端或一侧，机务段和整备所与客运站纵列布置。

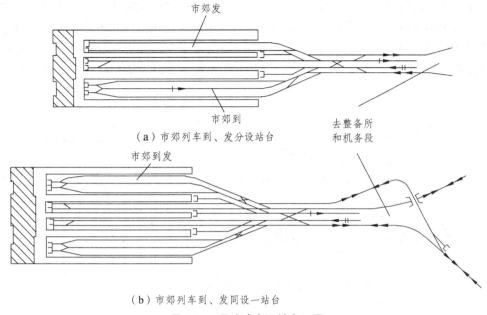

（a）市郊列车到、发分设站台

（b）市郊列车到、发同设一站台

图 3-37　尽头式客运站布置图

通过式客运站图型与尽头式客运站相比，有如下优点：在引入线路方向相等的条件下，由两个咽喉区分担列车接发、客车车底取送和机车出、入段等作业，减少咽喉交叉干扰，通过能力较大；除折角列车外，通过列车无须变更列车运行方向；便于组织旅客进出站和行包搬运，相互干扰较小；旅客进出站走行距离短；便于枢纽直经线和联络线的衔接，并有利于枢纽内部线路通过能力调节。但是也有如下缺点：与城市道路交叉干扰较大、不易伸入市区、站坪较长。需设旅客跨线设备，增加投资，旅客走行需克服高程。

一般应优先采用通过式站型。以始发终到列车为主的客运站，当采用通过式图型将引起巨大工程或当地条件不允许时，可采用尽头式图型。改建既有客运站时，有充分依据可设计成有部分尽头式站台线的混合式图型。

双线铁路上的客运站，当客车整备所与客运站纵列配置且位于站房一侧时，两正线应分别设在站房对面最外侧和第二、三站台之间；当客车整备所与客运站纵列配置于两正线之间时，两正线应分别设在站房对面最外侧和第一、二站台之间。单线铁路上的客运站，货物列车通过的正线宜设在站房对面最外侧。

在始发、终到列车较多的客运站，一般应设置客车车辆段，与客车整备所相邻且横列布置。

2. 客车整备所

客车整备所位于客运站附近，为需要入所的始发、终到旅客列车（不含市郊列车）6 对及以上或配属客车 90 辆及以上的客车车底进行技术和客运整备的场所，是客运整备和技术整备的总称。

客车整备所的位置：客车整备所可纵列配置于客运站到发列车较少一端的咽喉区外方，靠站房同侧，如图 3-38（a）所示。如客货列车对数较多，客车整备所应配置在旅客列车到发较少一端的两正线之间，如图 3-38（b）所示。始发终到旅客列车对数较少，货物列车不经过客运站或改建工程为充分利用既有设备时，客运站与客车整备所也可横列配置，如图 3-38（c）所示。

客车整备所的作业有以下 3 种：① 客车车底的取送，包括车底的取送（或到发）、改编、停留待发及个别车辆的转向作业；② 客车车底的技术整备，包括对入所旅客列车车底进行检查、修理和试验，辅修，摘车临修，包括当整备所与客车车辆段合并设置时，还要进行客车的段修作业等；③ 客车车底的客运整备，包括客车车底的洗刷、清扫、消毒、供应等。

（a）客车整备所纵列配置于客运站到发车较少一端的咽喉区外方

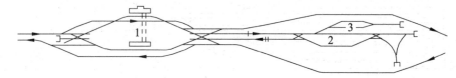

（b）客车整备所配置在旅客列车到发较少一端的两正线之间

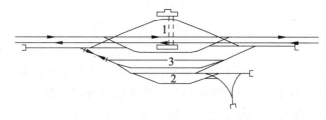

（c）客车整备所与客运站横列配置

1—客运站；2—机务段；3—客车整备所

图 3-38　客运站与客车整备所等设备的相互位置图

客车整备所的作业方式分为定位作业和移位作业两种。采用定位作业时，客车车底由客运站送到整备所，除改编作业外，一直停留在同一股道上进行检修、整备及等待。采用移位作业时，客车车底由客运站送到客车整备所以后，按照作业顺序分别在几个车场进行整备、检修及等待。

采用定位作业时，客车整备所的整备线与库检线应按横列布置；采用移位作业时，客车整备所的整备线与检修线可按纵列布置，也可按横列布置。

3.6.2　货运站和货场

1. 货运站

货运站是以办理货运作业为主的车站。

按车场的布置形式，货运站可分为通过式和尽头式两种。通过式货运站，是铁路通过式车站的一种特定形式；尽头式货运站是在城市内为了运输的需要，将车站伸入市区或工业区而设置的。

按车场与货场的相互配列型式，货运站可分为横列式与纵列式两种。

图 3-39 为尽头式货运站布置图。图 3-39（a）为车场与货场横列配置，图 3-39（b）为车场与货场纵列配置。

尽头式货运站的到发线是专为接发小运转列车、机车走行而设置的，而通过式货运站的到发线，还要办理正规客、货列车通过、到发作业。

货运站的调车线，主要进行小运转列车、摘挂列车的解编作业，以及为货场各货区挑选车辆。

为了加速车辆周转和节省机车小时，一般车站与货场之间的取送作业应尽量按送空取重或送重取空办理。有条件时还应尽量组织双重作业，做到送重取重，为办理这一作业，在货场内应根据具体情况设置存车线，以便临时停放车辆之用。存车线一般可设在货场进口处，并与货场的联络线相连接。

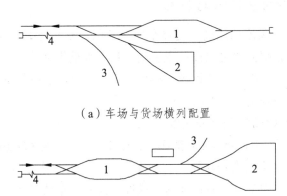

（a）车场与货场横列配置

（b）车场与货场纵列配置

1—到发及调车场；2—货场；3—专用线；4—牵出线

图 3-39　尽头式货运站布置图

2. 货场

货场是铁路车站的组成部分，其主要任务是办理货物的承运、保管、装车、卸车和交付等作业。

货场按办理货物的品类可划分为专业性货场和综合性货场。办理单一品类货物的货场为专业性货场，这类货场如危险货物货场、专业性石油货场、专业性煤炭货场、集装箱货场和零担货场等；办理两个以上品类货物的货场为综合性货场。

综合性货场按运量可分为大型、中型、小型三种，年运量不满 0.3 Mt 时为小型货场；年运量为 0.3 Mt 与 1 Mt 之间时为中型货场；年运量大于 1 Mt 时为大型货场。

综合性货场可以根据货物品类、作业量和作业性质划分为包装成件货区、长大笨重货区、集装箱货区、散堆装货区、危险品货区、牲畜装卸货区及其他货物作业区等。在有的大型货场内还可以按货物的到达、发送和中转划分作业区。综合性货场内各货区的相互位置，应根据货物性质、作业量、使用的装卸搬运机械、地形气象条件、城市规划要求等进行合理布置。

大、中型货场宜采用尽头式布置。货物线为尽头式且尽量采用平行或部分平行布置。这种布置的优点是用地省、布置紧凑、有利于货物装卸及搬运作业的机械化、便于布置排水和道路。

中间站小型货场的运量较小，取送作业一般由摘挂列车的本务机车担当，为了方便本务机调车，此时货场宜采用通过式或混合式布置。如中间站设有中型及以上的货场，作业量较大，并配有专用调机取送车辆时，也可根据具体情况，采用尽头式布置。

3.6.3 铁路物流中心

铁路物流中心是依托铁路、具有完善信息网络、为社会提供物流活动的场所，并具有为社会或企业自身提供物流服务、物流功能健全、集聚辐射范围大和存储吞吐能力强等功能和特点。主要任务是办理货物的承运、保管、装车、卸车、交付和延伸服务等作业。

1. 铁路物流中心功能区布局原则

铁路物流中心包括有物流功能区、运转车场和其他物流配套服务设施。其中，物流功能区为核心。物流功能区根据需要可以设置集装箱、长大笨重货物、包装成件货物、商品汽车、散堆装货物、仓储配送、快件、危险货物、冷藏货物、流通加工包装及交易展示区等功能区。功能区的布置应符合如下规定。

（1）长大笨重功能区宜靠近集装箱功能区。

（2）商品汽车功能区宜邻近集装箱功能区，通往商品汽车功能区的道路和大门宜单独设置。

（3）有扬尘污染的散堆装货物功能区宜独立设置。必须与其他功能区合设时，应布置在物流中心的外侧、主导风向下方，宜远离包装成件、商品汽车功能区。

（4）危险货物功能区应远离其他功能区和生产办公及生活设施，并位于主导风向下方。

（5）不需邻靠铁路装卸线的仓储配送功能区、加工功能区宜远离装卸线，并靠近门区布置；必要时可单独设置大门。

（6）商贸、交易、展示区宜布置在邻近物流中心外主要通道上，并与装卸、仓储作业区域相对隔开。综合服务楼、社会停车场应靠近门区设置，客车、货车停车场宜分开布置。

（7）海关监管作业区宜集中设置，并实行封闭式管理。

各功能区的具体布置形式可以根据物流需求、管理模式、规划、用地、功能等因素综合比选确定。

2. 铁路物流中心车场布置图型

1）运转车场与装卸车场布置形式

铁路物流中心内可以设置运转车场和不同物流功能区的装卸车场。运转车场包括了到发场和调车场等。运转车场的到发场和调车场宜采用横列式布置的形式。按照到发场、调车场及装卸场之间的相互配置可以形成横列式和纵列式两种布置图型。如图 3-40 所示。图 3-40（a）为横列式图型，设备集中、管理方便，但调车作业不利；图 3-40（b）为纵列式图型，优缺点与横列式相反。设计时可根据当地地形和作业条件进行选择。

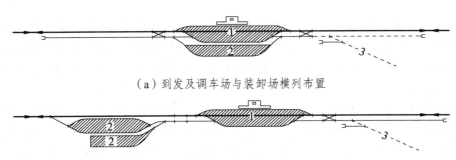

（a）到发及调车场与装卸场横列布置

（b）到发及调车场与装卸场纵列布置

1—到发及调车场；2—装卸场；3—专用线

图 3-40　通过式铁路物流中心车场配置图型

2）装卸车场布置形式

装卸场的布置形式根据装卸作业区之间的设置关系分为贯通式、尽端式和混合式 3 种。如图 3-41 所示。

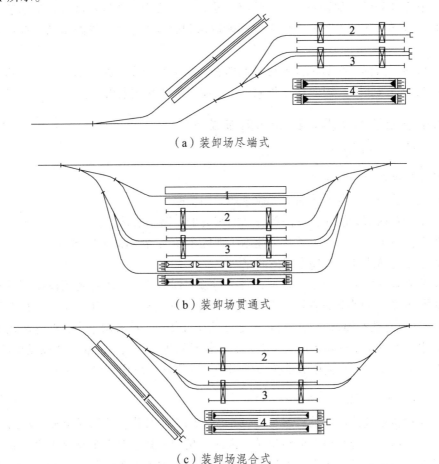

（a）装卸场尽端式

（b）装卸场贯通式

（c）装卸场混合式

1—散堆装装卸场；2—长大笨重装卸场；3—集装箱装卸场；4—包装成件装卸场

图 3-41　装卸场布置形式示意图

装卸线采用贯通式，装卸线两端与正线全部贯通，其优点是两个方向均具有直接发车、接车的条件，在不影响装卸机械作业效率的条件下，可以在装卸线上进行集装箱列车的接发作业，增加车站作业的灵活性，满足集装箱列车整列到发的需要，减少在站内的停留时间。缺点是由于在装卸线上进行接发作业，场内人员多，不便于箱场管理，影响机械效率，站内道路与装卸线交叉多。

装卸线采用尽端式，装卸线一端与正线连接，其优点是用地较少，工程投资较小，站内道路与装卸线交叉较少，安全性较好；缺点是装卸线有效长度为整列长度时，装卸线只有一端具有直接接发车条件，另一端到发集装箱列车需要转场才能进入装卸线，作业时间较长，对作业效率有一定影响，远期适应性较差。

各装卸场通过对作业量、货物品类、作业性质、地形条件、城镇规划、工程情况等比较，选择不同的布置形式。

3.6.4　工业站和港湾站

位于工业企业和港口的铁路与国有铁路接轨处，主要为工业区和港口大量的装卸作业服务，办理企业或港区车流的到发、解编、车辆取送和交接等作业的铁路车站，被称为工业站或港湾站。

钢铁、煤炭、石油、矿藏和大型机械制造企业，大都依靠铁路运输，港口水陆联运货物经由铁路运输的占大多数，因此在这些地区一般需设工业站或港湾站。

1. 工业企业铁路及港口铁路总图布置

1）工业企业铁路设备包括以下内容

（1）位于铁路线上的工业站。

（2）连接工业站与企业站之间的工业企业专用线路。

（3）位于企业内部为解编企业内部各站间车流的铁路编组站。

（4）为企业各工厂、车间服务的作业站（地区车场）、装卸站（装卸线）。

（5）连接企业站或地区车场之间的联络线。

根据工业企业的性质、规模、地形条件、运输组织方式等，上述各项设备可以分别设置或合并。如图 3-42 所示为某钢铁联合企业铁路总布置图。该工业区引入 A、B、C 三条铁路线路，A、B 方向设有铁路编组站，负责与工业站的交接作业。设有两个为企业外部运输服务的工业站，其中，工业站 1 以输入原料（石灰石、铁矿石等）为主，工业站 2 以输出产品为主。企业内设有专为企业内部运输服务的企业编组站、轧钢站、焦化站和烧结站。

2）港口铁路总图布置

港口铁路设备由港湾站、港口站、港区车场、码头线及货物装卸线组成。港湾站主要办理列车到发、解编、选分车组和向港口站、港区车场和装卸地取送车辆等作业。港口站主要为港口内部铁路运输服务，与港湾站进行车辆交接，办理港内车场分组、集结及向港湾站和港区车场的取送车作业等。港区车场分担港口站的部分作业，办理本区内车辆分组、集结及向码头、仓库或堆场的取送车作业等。是码头线及货物装卸线水陆联运的作业联系地点。

吞吐量较大的港口，一般均设置有上述设备。若作业量不大，且与路网的编组站或区段站距离较近时，可以不设置港湾站，其作业由路网编组站或区段站承担。吞吐量较小的港口，若货物种类单一，且距离港湾站或路网的编组站、区段站距离较近时，可不设港口站，其作业由港湾站（或编组站、区段站）承担。如图 3-43 所示，为某一港口铁路布置示意图。

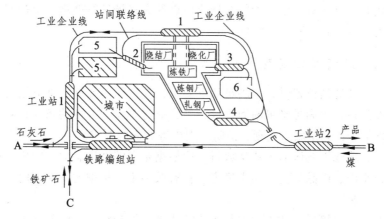

1—企业站；2—烧结站；3—焦化站；4—轧钢站；5—贮矿场；6—储煤场

图 3-42　某钢铁联合企业铁路枢纽总布置图

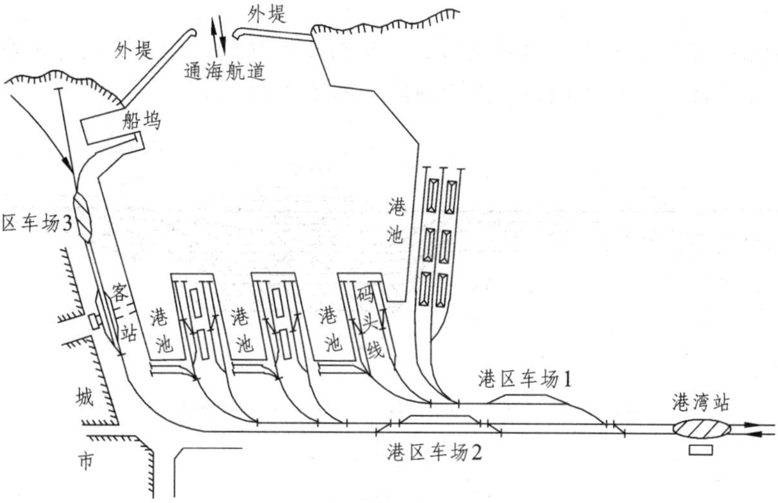

图 3-43　港口设备示意图

2. 工业站及港湾站作业交接方式

铁路与企业、港口之间的交接方式的不同，对企业、港口的总图布置以及车站布置图型、设备配置等均有重大影响，因此，交接方式的选择是涉及工业站、港口站的前提条件之一。

铁路与企业及港口之间的交接方式分货物交接、车辆交接以及货物交接与车辆交接并存三种。货物交接是铁路仅将到达企业（港口）和从企业（港口）发出的货物交给对方的一种交接方式。到达企业的货物一般由铁路机车送到企业的卸车点或翻车机卸车，从企业发出的货物由铁路机车将空车送至企业的装车点装车，重车再由铁路机车取回。车辆交接是铁路与企业及港口之间将货物及车辆一并交给对方的交接方式。由铁路到达企业（港口）的重空车，双方在一定地点办理交接作业后，由企业的机车在企业站进行分解，然后送至各装卸点，由

- 65 -

企业（港口）发往铁路的重空车，在企业站集结，双方在一定地点办理交接作业后，由铁路机车在工业站（港湾站）按列车编组计划解编后进入铁路网运行。

选择交接地点的原则为：当实行货物交接时，交接作业地点宜选在装卸线上进行办理；当实行车辆交接时，可在双方中一方的车场或专设的交接场进行办理。交接方式和地点要根据技术经济比较并与企业或港口协商后确定。

3．工业站、港湾站位置及布置图型

选择工业站、港湾站位置时，应满足如下要求：使铁路工业站、港湾站与工业区、港口的联络线的长度最短，并满足平纵断面设计条件；取送车应有方便的条件；对铁路正线行车和车站作业干扰最少；满足城市规划、消防、卫生等方面的要求。

服务于同一企业或工业区的工业站数目，应根据企业的性质、生产规模、作业流程、工业布局、原材料来源、产品流向等因素确定。在有较多工厂集中的工业区内，可以设地区性的多企业共用的工业站。

根据交接方式、交接地点和工业站与企业站或港湾站与港口站的相互配置，图型分为以下四类。

1）Ⅰ类图型

铁路与企业、港口之间实行货物交接，或实行车辆交接，且工业站与企业站或港湾站与港口站分设，交接场不设在工业站、港湾站内。如图 3-44 所示。

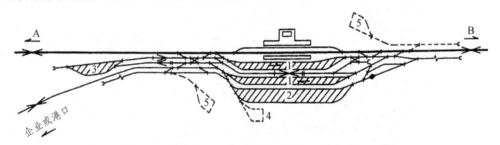

1—到发场；2—调车场；3—机务折返段（所）；4—站修所；5—货场

（a）图　到发场设于正线一侧

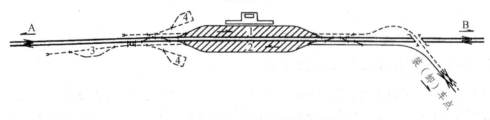

1、2—到发场；3—机务整备所；4—货场

（b）图　到发场分设正线两侧

图 3-44　Ⅰ类车站布置图型

图 3-44（a）适合于作业简单、日解编量为 2 300 辆及以下的工业站、港湾站。当有大量散装货物整列出发、装车采用环线、卸车采用翻车机车场（或环线）、工业站和港湾站无解编作业时，可以采用 3-44（b）图所示的布置图。

2）Ⅱ类图型

铁路与企业、港口之间实行车辆交接，工业站与企业站或港湾站与港口站分设，且交接场设在工业站、港湾站内。

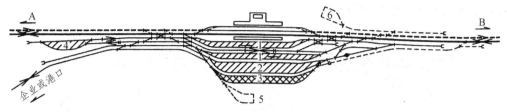

1—到发场；2—调车场；3—交接场；4—机务折返段（所）；5—站修所；6—货场

图 3-45　Ⅱ类车站布置图型

如图 3-45 所示，工业站、港湾站设有交接场，交接作业在交接场进行。交接场设在调车场外侧，站修所可设在交接场外侧。

3）Ⅲ类图型

铁路与企业、港口之间实行车辆交接，工业站与企业站或港湾站与港口站联合设置。

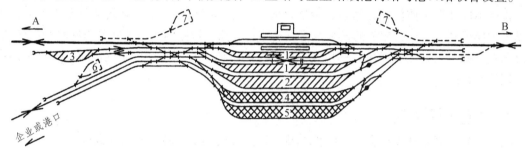

1—铁路到发场；2—铁路调车场；3—铁路机务折返段（所）；4—企业、港口到发兼交接场；
5—企业、港口调车场；6—站修所；7—货场

（a）图　双方车站联设横列式

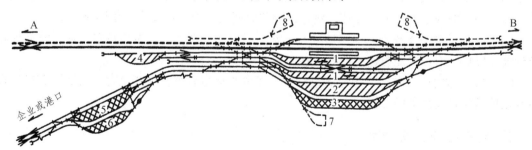

1—铁路到发场；2—铁路调车场；3—交接场；4—铁路机务折返段（所）；
5—企业、港口到发场；6—企业、港口调车场；7—站修所；8—货场

（b）图　双方车站联设纵列式

图 3-46　Ⅲ类车站布置图型

当工业站、港湾站距离企业站、港口站较近时，可以采用双方车站联设横列式或纵列式图型。站修所设在铁路调车场尾部牵出线附近（联设横列式），如图 3-46（a）所示，或交接场外侧（联设纵列式），如图 3-46（b）所示。

4）Ⅳ类图型

货物交接与车辆交接并存。当多企业共用一个工业站，铁路与企业之间为货物交接与车辆交接并存，可以采用图 3-47 的图型。站修所可以设在调车场或交接场外侧。若解编量大于 2 100 辆，可以采用其他合理的图型。

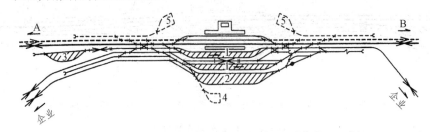

1—到发场；2—调车场；3—机务折返段（所）；4—站修所；5—货场

图 3-47　Ⅳ类车站布置图型

3.6.5　换装站

设在不同轨距铁路的衔接地点，为货物换装和旅客换乘或更换车辆转向架等作业服务的车站称为换装站。与铁路相关的换装主要有铁路与公路、铁路与水运、铁路与铁路间的换装。铁路与铁路间的换装主要发生在国境上不同轨距的铁路、相同轨距但不同国家的车辆和国内的不同轨距铁路。

1. 换装站的特点

（1）设有口岸管理委员会、边防检查站、海关、出入境检验检疫局等机构。

（2）设有宽（窄）轨、准轨旅客列车到发场、宽（窄）轨、准轨货物列车到发场、调车场、换装场、机务段、车辆段、换轮场等，配置两种轨距的调机。

（3）口岸管理机构特定的工作方式为运输组织工作带来一定的影响，由于海关、出入境检验检疫局一般晚上不放关，致使车辆在站停留时间长，对车站能力产生影响。

（4）口岸运输易受政治、经济形势的影响，运量波动性大、稳定性较差；而平时亦受季节性波动影响，对运输能力适应性要求较高。

（5）口岸运输还会受到市场经济的影响，当主要货物品类发生变化时，需要既有换装设备与场地适应货物品类的变化。

2. 换装站作业及分类

换装站除办理一般客、货运站所有的技术作业外，旅客列车还办理的作业有：与旅客列车有关的各项边防检查作业；客车转向架的更换及乘客的换乘作业；餐车及行包车不过轨时，需要办理餐车、行包车的摘车作业和行李与邮件的交接换装作业等。货物列车还需要办理的作业有：进出口货物的海关、边检、检验和检疫；货物和车辆的交接、检斤和验收作业；货运票据的翻译、签收以及各项费用的核收；办理个别特大货物车辆更换转向架作业等。

根据设置地点及作业性质，换装站可以分为两类。

1）国境换装站

设于两国国境轨距不同的铁路衔接地点，办理两国之间进出口货物的交接、换装以及客运作业。

国境换装站有单向换装和双向换装两种设置作业方式，单向换装是货物从一种轨距的车辆上换装到另一种轨距的车辆上，为此在两国境内国界附近各自设置一个换装站，主要承担本国进口货物的换装；双向换装是只在某一方国境附近设置一个换装站，承担双方进出口货物的换装。通过双方协议及当地条件来确定换装站的设置方式。按照国际惯例，我国换装站采用的是第一种设置方式。

2）国内换装站

设在国内两种铁路轨距不同的衔接地点，办理换装业务。

3. 换装站的布置图型

换装站一般设有宽（窄）轨和准轨旅客列车到发场、宽（窄）轨和准轨货物列车到发场、调车场、换装场、机务段、车辆段和换轮场等设备，并配有两种轨距的调机。根据这些设备的相互位置，换装站可以分为横列式、纵列式和混合式 3 种布置图型。

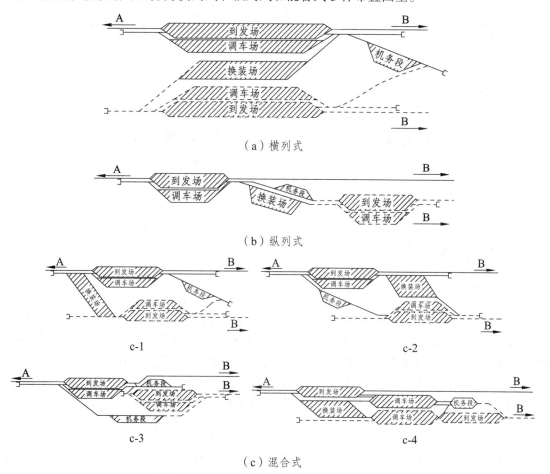

（a）横列式

（b）纵列式

c-1   c-2

c-3   c-4

（c）混合式

图 3-48　换装站布置图

图 3-48（a）为横列式布置图型，两种轨距的到发场、调车场和换装场平行横列布置。这种布置设计设备集中，布置紧凑，便于管理、联系和统一指挥，到发场和调车场一端主要用于解编作业，另一端主要进行换装场取送作业，调车干扰少，但其调车行程大，换装线长度较短，横向发展受到限制。

图 3-48（b）为纵列式布置图型，两种轨距的到发场、调车场都与换装场纵列布置。这种设计可进行整列取送，对整列换装有利，但其设备分散，管理、联系和指挥不便，对非整列货物列车换装作业不利。

图 3-48（c）为混合式布置图型，主要有 4 种。同时具备横、纵列式两种布置图型的优缺点。

国境换装站组成部分较多，占地多，一般受地形影响较大，应结合当地地形条件进行图型的选择，如条件允许，宜选择横列式。

国内换装站，一般可以采用图 4-49 的布置形式。当准轨铁路为中间站时，换装设备与货场设于一处，作为货场的一部分，位于站对侧，减少取送车与旅客列车的交叉干扰。

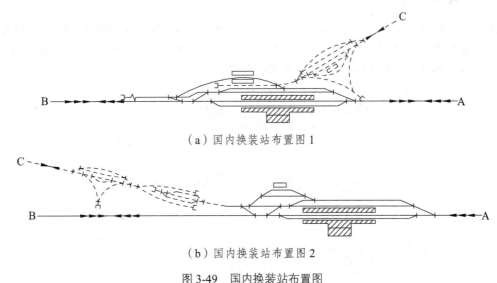

（a）国内换装站布置图 1

（b）国内换装站布置图 2

图 3-49　国内换装站布置图

3.6.6　重载铁路车站

1. 重载铁路列车编组形式

牵引质量大于等于 10 000 t，轴重大于等于 300 kN（改建铁路轴重大于等于 250 kN），年运量大于 50 Mt，以上条件三者具备其二的铁路称为重载铁路。重载运输同普通铁路运输相比，具有轴重大、列车编组辆数多、牵引质量大等特点，一般不运行旅客列车或旅客列车很少，也不考虑开行摘挂列车。根据运输特点、货流特性、装卸站分布、线路主要技术标准等因素，重载列车一般有重载单元列车、重载组合列车和重载混编列车三种形式。

1）重载单元列车

列车由同型大型专用货车及大功率机车固定编组，货物品种单一，运量大而集中，中途不进行改编作业，在装车地和卸车地之间循环往返运行。这种列车的重量一般都在 6 000 t 以上，适用于大宗散装货物运输。其特点是在货源集中、方向固定的情况下，可以最大限度地减少运营支出，大幅度地降低运输成本。

2）重载组合列车

列车由符合运行图规定的重量和长度、开往同一方向的两列或两列以上的单个列车首尾相接连挂而成，追踪间隔的时间为零，机车分别挂于列车头部和中部，占用一条运行线。由最前方货物列车的机车担任本务机车，运行至前方某一技术站或终到站后，分解为普通货物列车。其特点是在线路通过能力紧张的区段，利用一条运行线行驶两列及以上的普通货物列车，来扩大铁路线路的运输能力。

3）重载混编列车

列车由单机或多机重联牵引，由不同型式和载重的货物车辆混合编组达到规定的重载标准，采用普通货物列车的作业组织方法，从始发地通过编组站改编到达装车地。其特点是能够缓解繁忙干线运输能力的紧张。

2. 重载运输车站

重载运输车站应能保证重载列车的停靠和作业，并配有先进的装卸设备。如重载混合列车的到、发、解、编和途中越行及技检作业；重载组合列车的合并、分解和途中越行及技检作业；重载单元列车的到发和装卸作业等。

为满足不同列车的作业，重载运输车站在普速铁路划分为会让站、越行站、中间站及区段站、编组站的基础上，增加组合分解站、装车站和卸车站。车站一般采用横列式布置。

1）组合分解站

当重载铁路衔接多条既有铁路时，由于既有铁路牵引质量和重载线路不同，需要进行组合分解作业，为减轻枢纽技术作业站组合分解作业的压力，在其后方的通路上可以设置一定数量的组合分解站，满足列车组合、分解作业的需要。

如图3-50为组合车站布置图，正线两侧的到发线3、4道承担接发通过列车作业。7和8道为机走线，最外侧5、7、9道和6、8、10道的布置采用在两条重车线或两条空车线的中间夹一条机走线的形式，进行组合分解作业。按组合分解列车的长度，在线路的有效长度范围内，重车线或空车线与机走线之间设置腰岔，使得第一列列车接入到发线后，后续的第二列列车可按行车办理接入站内，避免在站外停车，提高运输效率。

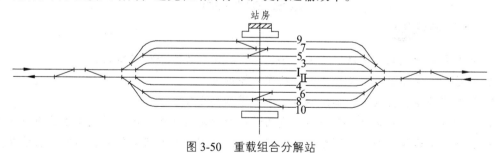

图3-50　重载组合分解站

2）装车站

图3-51为采用环线装煤漏斗仓装车的装车站布置型式，装车环线长度不小于远期重载单

元列车的长度，设为直线和平坡。设有动态电子空车轨道衡、自动计量空车重量、受煤坑、皮带输送机、储煤场、装煤漏斗仓等储装系统。

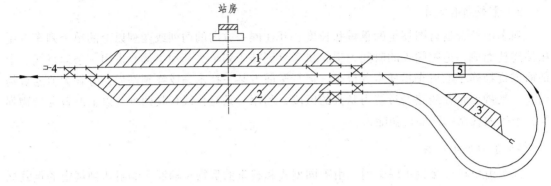

1—重车场；2—空车场；3—机务段；4—机待线；5—装车漏斗仓

图 3-51　环线装煤漏斗仓装车的装车站

3）卸车站

图 3-52 为卸车站布置图，重、空车场横列布置，两个车场的一侧通过环线连接在一起。使列车到发和翻卸作业有机结合起来，在铁路和港方的紧密配合下，通过流水作业，能够充分发挥各自设备的能力。卸车主要采用翻卸的方式。使用列车定位器将专用敞车固定在翻车机内旋转倾覆卸车，由于专用敞车（每辆或两辆一组）的一端装有高强度旋转式车钩，可保证能够不摘钩连续作业。

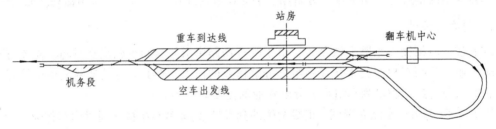

图 3-52　重载单元列车卸车站（港口站）布置图

思考与练习题

1. 什么是作业流程、进路、交叉进路、平行进路、最大平行进路数？

2. 简述车站作业量、车流性质与车站布置图的关系。

3. 说明中间站、区段站、编组站各有哪些基本的布置图型。

4. 说明客运站、货运站、工业站、港湾站以及铁路物流中心各有哪些基本的布置图型。

5. 说明在双线铁路中间站图型中，货场设于站房同侧与站房对侧时，各有什么优缺点。

6. 分别考虑在企业线运量较大和较小的两种情况下，如何选择企业专用线接轨点的位置及方向。

7. 双线横列式区段站图型存在的主要交叉点是什么？如何进行疏解。

8. 二级式编组站，为了提高编组站尾部编组能力，一般可采取哪些措施。

9. 单向纵列式编组站图型中，双溜放布置图型有什么特点？双溜放作业为什么会产生折角车流重复改编作业？

10. 双向编组站图型与单向编组站图型相比，存在的主要问题是什么？一般可采取哪些措施？什么情况下不宜采用双向编组站图型？

11. 什么情况下宜采用调发线布置？

12. 如图 3-53 所示，为国外某编组站图型，试说明其属于哪种基本型式。

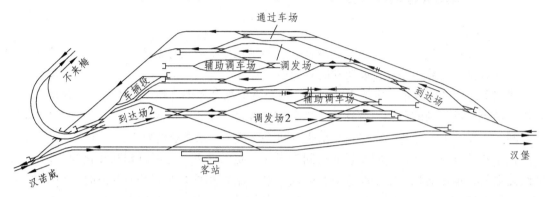

图 3-53

13. 某新建编组站所在地势平坦，冬季主导风向为西北风，设计年度的改编车流量和通过车流量如下表所示。A、B、C 方向均为双线，C 方向从 A 端引入。试选择合理的编组站的布置图型。

车流表 [注：改编量/通过（单位：辆）]

自 \ 往	A	B	c	枢纽	合计
A		60/400	40/50	790/0	890/450
B	60/450		0/200	100/0	160/650
c	30/50	30/100		400/0	460/150
枢纽	790/0	100/0	400/0		1 290/0
合计	880/500	190/500	440/250	1 290/0	2 800/1 250

第4章 车站设备数量

4.1 基本原理和方法

车站的设备数量，决定了车站的规模，在满足运量需要的前提下，应保证一定的服务水平，良好的投资效益，并留有远期发展的余地。

研究车站设备的数量，应从空间和时间两个方面综合考虑。各种车场线路的数量，候车、仓库、站台和堆放场的面积，统称为车站系统的容量，属于空间变量。列车的到发和调车作业时间、旅客上下车时间、货物装卸作业时间等反映了车站作业的效率，属于时间变量。

在车站系统设计中，空间变量和时间变量在一定条件下，是可以相互转化的。例如，增加线路数量、场库面积，将会减少等待时间，减少旅客及货物在车站内的停时。另一方面，如果采用先进的机车、车辆、信号及自动化作业的设备，提高作业效率，将会减少作业中的排队现象，从而降低车站设计中对车站系统容量的需求数量。

旅客的服务水平，与客运设备数量的关系很大。要求的服务水平较高时，同样需要较多的候车空间和站台面积，以及较为先进的上、下车和进出站设备。

运输系统的两个特性是：在时间上存在运量的波动性和在容量上使用的有效性。往往是在高峰期的运量大于平均的运量，需要的总的面积大于有效的面积。这两个特性，在设计车站系统的设备数量时，必须予以考虑，才能保证最终能取得较为准确的计算结果。

车站设备数量的计算方法已有多种，但是在实际工作中常用《站规》查表的方法，或查表与计算方法结合起来使用，来确定车站的各项设备数量。有关方法内容分述于后。

4.1.1 车站系统的容量

车站系统的容量指车场线路数或场库面积，车站系统是一个客流和货流的流动系统，既有输入过程，也有输出过程，但是决定系统设计容量大小的是滞留在作业场地上的运量，即滞留量的大小。

设 $x(t)$ 表示滞留量，R 表示平均输入率，D 表示平均滞留时间，则输出率 $y(t)$ 可用式（4-1）表示

$$y(t) = \frac{x(t)}{D} \tag{4-1}$$

由系统输入输出平衡关系导出如式（4-2）所示的滞留量的状态微分方程

$$\frac{d}{dt}x(t) = R - \frac{x(t)}{D} \tag{4-2}$$

这是一个线性负反馈系统，滞留量的稳态解如式（4-3）所示：

$$X = RD \tag{4-3}$$

系统的设计容量可用式（4-4）表示：

$$M = \alpha X / P \tag{4-4}$$

或

$$M = \alpha RD / P$$

式中　M——车站系统设计容量；

　　　α——运量波动系数，$\alpha > 1$；

　　　R——平均输入率，表示每单位时间输入的运量单位数；

　　　D——平均滞留时间；

　　　P——容量系数，表示平均每单位总容量对应的运量单位数。

容量的单位可以是线路的条数，或场库面积的平方数。运量的单位可以是到达列车的列数，旅客人数，或货物的吨数，时间单位为 d、h 或 min。

在计算线路数量时，容量系数表示每条线路容纳的列车数，单位是列/条，一般取值为 1。在计算场库面积时，容量系数表示单位面积的堆货量，单位是 t/m^2。如表 4-1 所示，为单位面积堆货量及有关尺寸，可供设计时参考。

表 4-1　各类货物的货车平均净载重、单位面积堆货量、货位宽度和占用货位时间表

序　号	货物品类		货车平均净载重/t	单位面积堆货量/（t/m^2）	货位宽度/m	占用货位时间/d	
						到　达	发　送
1	整车怕湿货物		39	0.5	5.5	3	2
2	普通零担货物	到达	26	0.20	9.0	3	—
		发送	26	0.25	9.0	—	2
8	中转零担货物		23	0.15	11.0	1.5	
4	混合货物		34	0.30	8.0	3	2
5	零担危险货物		25	0.15	12.0	3	2
6	整车危险货物		38	0.50	5.5	3	2
7	整车笨重货物		48	1.00	4.0	4	2
8	零担笨重货物		36	0.40	6.5	4	2
9	散堆装货物		54	1.00	4.0	3	2
10	集装箱货物		25	0.26	7.0	3	2
11	露天站台货物		48	0.25～0.45	6.5～12	3	2

注：①单位面积堆货量的计算：库棚内包括纯堆货面积、叉车或人行通道、货盘间作业和堆货间隔等面积；笨重货物和散堆装货物场地包括纯堆货面积和堆货间隔的面积，但不包括汽车通道和辅助机械走行场地的面积。

　　②散堆装货物如为多年重码，单位面积堆货量和货位宽度应另行计算。

　　③对在河港、码头转驳的货物，其占用货位的时间可适当增加。

【例 4-1】某到达场每昼夜到达列车 110 列，每列平均滞留时间为 65 min，波动系数为 1.35。试计算需要的线路数量。

解：$\alpha = 1.35$，取 $P = 1$ 列/条，$D = 65$ min，

$$R = \frac{110 \text{列}}{1\,440\,\text{min}} = 0.076\,\text{列/min}$$

代入式（4-4），得设计线路数

$$M = \frac{\alpha RD}{P} = 1.35 \times 0.076 \times 65 / 1 \approx 7 \text{（条）}$$

【例 4-2】 某货物堆放场年到达运量 20 万 t，单位面积堆放量为 0.9 t/m²，运量波动系数为 1.05，货物平均滞留天数为 2 t，试计算需要的货物堆放面积。

解：$\alpha = 1.05$，$P = 0.9\,\text{t/m}^2$，$D = 2\,\text{d}$，

$$R = \frac{20 \times 10^4}{365} = 547.95\,\text{t/d}$$

代入式（4-4），得设计的堆放场面积

$$M = \frac{\alpha RD}{P} = \frac{1.05 \times 547.95 \times 2}{0.9} = 1\,278.55\,\text{m}^2$$

4.1.2 客运场所的服务水平

旅客在客运场所的徒步活动具有流动式的排队等待特点，因此应有供旅客等待的候车空间和供旅客行走的流动空间。

旅客服务水平的等级，代表了对旅客服务环境的一种质的测量。通过对人体各类平均尺寸的测量研究，已经提出了旅客在行走和排队空间的服务水平及服务水平模数，如表 4-2 和表 4-3 所示。

表 4-2 通道的服务水平、服务水平模数和流量

服务水平	服务水平模数/（m²/人）	流 量/（人/min·m）	说 明
A	3.2 以上	23 以下	自由流 无冲突
B	2.3 ~ 3.2	23 ~ 33	一般的步行速度 较小的冲突
C	1.4 ~ 2.3	33 ~ 49	受限制的流 一定程度的冲突 步行速度受到限制
D	0.9 ~ 1.4	49 ~ 66	冲突 步行速度受到限制 难于通行
E	0.5 ~ 0.9	66 ~ 82	常常调整步子，步行 速度受限制
F	0.5 以下		步履艰难，行人成堆 速度极大地受到限制 人流中断

表 4-3　排队场所服务水平、服务水平模数和人与人的间隙

服务水平	服务水平模数/（m²/人）	人与人的间隙/m	说　明
A	1.2 以上	1.2 以上	自由地流动 人与人间隙很大 不拥挤
B	0.9～1.2	1.1～1.2	很小程度的拥挤 人与人间隙充足
C	0.7～0.9	0.9～1.1	流动受限制 人与人间隙小 步行速度受限制
D	0.3～0.7	0.6～0.9	局部地限制流动 人与人间隙有限 人与人没有接触
E	0.2～0.3	0.6 以下	完全是旅客站立的场地 人与人之间几乎没有间隙 没有流动的可能
F	0.2 以下	挨肩接踵	旅客只能站立 人与人间没有间隙 场地完全由人塞满

时空概念代表时间和空间的乘积。应用时空概念，可以简便地计算和确定旅客站台、广场等场所的旅客服务水平。应用时空方法时，假定流动的旅客和候车的旅客占有不同的空间，各种数据可用摄像机观测部分旅客流动场所求得，其计算过程通过以下六个步骤完成。

1. 计算总有效时空（TS）

$$TS = A \times T \tag{4-5}$$

式中　TS——总有效时空，$\mathrm{m^2 \cdot min}$；

　　　A——观测部分的面积，$\mathrm{m^2}$；

　　　T——观测活动时间，min。

2. 计算候车场地需求时空（TS_h）

$$TS_h = S_1 \times T_1 \times G \tag{4-6}$$

式中　TS_h——候车场地需求时空，$\mathrm{m^2 \cdot s}$；

　　　S_1——候车旅客人数，人；

　　　T_1——平均等车时间，s；

　　　G——候车旅客服务水平模数，$\mathrm{m^2/人}$。

在计算过程中，可以选用一个假想的（或观测的）旅客服务水平模数，和观测的旅客平均等待时间。

3. 计算流动场地的时空（TS_c）

$$TS_c = TS - \frac{TS_h}{60} \tag{4-7}$$

式中　TS_c——纯属流动场地时空，$\text{m}^2 \cdot \text{min}$；

4. 计算总流动时间（Z）

$$Z = S_2 \times T_2 \tag{4-8}$$

式中　Z——总流动时间，人$\cdot$min；

S_2——流动旅客总数，人；

T_2——平均流动时间，min。

5. 流动旅客的服务水平模数（MOD）

MOD 通过下式计算：

$$MOD = TS_c / Z \tag{4-9}$$

6. 确定服务水平等级

将计算的旅客服务水平模数与表 4-2 的模数进行比较,确定所观测场地的流动服务水平等级。

【例 4-3】某地铁站台，用摄像机搜集数据时，以 8 h 为一个时间段，包括了上午和下午的高峰期，由于摄像机观察角的限制，观测被限制在站台的一部分，观看录相带后，分别整理出下车期间和发到间隔的数据如表 4-4 所示。下车期间指从列车到达至旅客下车完毕开始上车这段时间，发到间隔指列车离去至下趟列车到达这段时间，试分别确定地铁站台在下车期间和发到间隔的流动旅客服务水平。

表 4-4　流动旅客服务水平模数计算表

分析时间	下车期间 （观测的等待旅客服务水平 D）		发到间隔 （观测的等待旅客服务水平 C）	
	流动旅客服务 水平模数（m^2/人）	流动旅客 服务水平	流动旅客服务 水平模数（m^2/人）	流动旅客 服务水平
早晨 1	1.01	D	4.62	A
早晨 2	1.08	D	8.84	A
早晨 3	0.99	D	16.80	A
下午 1	1.86	C	15.90	A
下午 2	1.39	D	17.00	A
下午 3	1.13	D	21.22	A

解：计算过程及结果见表 4-4。

下车期间流动旅客服务水平为 D 级，这表明站台上的状况对于下车旅客来说，不是非常便利或舒适的，必须穿过候车的人群才能挤出去。

发到间隔内的流动平均服务水平为 A 级，服务水平高。这项服务水平之所以高是因为这个计算服务水平事实上是一个加权平均的服务水平，而人流高峰出现在该项间隔的后期；另外，地铁站台一般是按照解决异常情况下的客流问题设计的，出现异常情况时客流比平时增大，甚至达到平时的两倍。

4.2 客运业务设备

4.2.1 旅客站房

旅客站房的位置应与城市规划和车站总布置相配合。通过式车站的站房应设于靠近居民区一侧，以方便旅客集散。尽头式车站的旅客站房应设于站台线尽端，使得旅客集散不需跨线设备，避免修建天桥和地道。但当客运量、行包量很大且有条件时，为避免旅客和行包之间的交叉干扰，可设于靠近居民区一侧。旅客站房的规模，通常以旅客最高聚集人数（H）作为主要依据。按旅客最高聚集人数，旅客站房分为以下 4 个等级。

（1）$50 \leqslant H \leqslant 400$ 人，为小型站房。

（2）$400 \leqslant H \leqslant 2\,000$ 人，为中型站房。

（3）$3\,000 \leqslant H \leqslant 10\,000$ 人，为大型站房。

（4）$H \geqslant 10\,000$ 人，为特大型站房。

小型站房比较简单，通常采用定型设计，站房布局采取综合候车形式。客流量大的大、中型旅客站房，应专门设计，一般应具有下列 3 类房室。

（1）客运用房。

由候车部分（各种候车室），营业部分（包括售票厅、行李房、小件行李、寄存处、问讯处、服务处等）以及交通联系（广厅、通廊、过厅）等三部分组成。

（2）技术办公用房。包括运转室、站长室、办公室、会议室、公安室等。

（3）职工生活用房。

4.2.2 旅客站台

旅客站台分为基本站台和中间站台两种。靠近站房一侧的为基本站台，设在线路中间的为中间站台。

任何车站均应设置基本站台，中间站台按需要设置。通常是两站台间布置 2~3 条旅客列车到发线。

客运站的旅客站台长度应按 550 m 设置；特殊困难条件下，有充分依据时，个别站台长度可采用 400 m。尽头式客运站的旅客站台长度，应较上述规定增加机车及供机车出入的必要长度。其他车站的旅客站台长度，应按近期客流量和具体情况确定，但不宜小于 300 m。

旅客基本站台的宽度：在旅客站房和其他较大建筑物范围以内，由房屋突出部分的外墙面至站台边缘，客运站宜采用 20~25 m；其他站宜采用 8~20 m；在困难条件下，中间站也可采用较小的宽度，但不应小于 6 m。在旅客站房和其他较大建筑物范围以外，不应小于中间站台的宽度；但在困难条件下，中间站不应小于 4 m。基本站台的宽度可按照表 4-5 选取。

旅客中间站台的宽度：设有天桥、地道并采用双面斜道时，位于大城市的客运站不应小于 10.5 m，其他站不应小于 8.5 m；采用单面斜道时，位于大城市的客运站不应小于 10 m，其他站不应小于 9 m；不设天桥、地道但需设雨棚时不应小于 6 m；不设天桥、地道和雨棚时，单线铁路中间站不应小于 4 m，双线铁路中间站不应小于 5 m。路段设计行车速度为 120 km/h及以上时，邻靠有通过列车正线一侧的中间站台应按上述宽度再增加 0.5 m。旧站改建困难时，可根据具体情况确定。中间站台的宽度可按照表 4-5 选取。

表 4-5　站房范围以内基本站台宽度表　（单位：m）

站房规模（人）	基本站台宽度	中间站台宽度				
		设置天桥、地道		设雨棚	不设置天桥、地道、雨棚	
		单斜道	双斜道		单线	双线
50～400	8～12				4.0	5.0
400～1 000	12～20	9.0	8.5	6.0		
1 000～2 000	12～20		10.5			
>2 000	20～25		11.5			

旅客站台上如设有天桥或地道的出入口、房屋和其他建筑物时，站台边缘至建筑物边缘的距离，客运站上不应小于 3 m，其他站上不应小于 2.5 m。

旅客站台的高度：非邻靠正线或不通行超限货物列车的到发线一侧宜采用高出轨面 1 250 mm，必要时也可采用 500 mm；邻靠正线或通行超限货物列车的到发线一侧的旅客站台应高出轨面 300 mm，与其相邻的不通行超限货物列车的到发线所夹中间站台的高度可采用 500 mm。

4.2.3　跨越线路设备

跨越线路设备是站房与中间站台间或站台之间的来往通道。跨越线路设备按与站内线路检查方式的不同可分为平过道、天桥和地道。按照用途不同分为供旅客使用和供行包、邮件以及工作人员和售货车使用的跨线设备。

中间站一般采用平过道，其宽度不小于 2.5 m。

站房规模在 3 000 人以下的客运站，天桥、地道可设置不少于 1 处；站房规模在 3 000 人及其以上至 10 000 人以下的客运站，设置不少于 2 处；站房规模在 10 000 人及其以上的客运站，设置不少于 3 处；设有高架跨线候车室时，出站天桥（地道）不少于 1 处；当站房规模在 10 000 人及其以上、行包和邮件数量都很大时，可设置或预留行包邮件地道 1～2 处。

天桥、地道的宽度：站房规模在 3 000 人及以上时，天桥、地道宽度不应小于 8 m；站房规模在 3 000 人以下时，不应小于 6 m；行包地道的宽度不应小于 5.2 m。

地道的净高：旅客地道不应小于 2.5 m；行包、邮件地道不应小于 3 m。

天桥和地道出、入口阶梯或斜道的宽度一般应与天桥、地道的宽度相同。旅客天桥、地道通向各站台宜设双向出入口，其宽度为：客运站为 3.5～4.0 m，其他站台不小于 2.5 m；单向出入口宽度不小于 3.0 m。

行包、邮件地道通向各站台应设单向出入口，其宽度不宜小于 4.5 m，当条件所限且出、入口处有交通指示灯时，其宽度不应小于 3.5 m。

4.2.4　站前广场

站前广场是联系铁路与城市交通的纽带，是客流、车流和货流集散的地点，是旅客活动和休息的场所。有的车站还利用站前广场作为候车和排队进站的地方，在个别情况下，站前广场还可作为迎宾和集会之用。为了保证城市交通的安全和旅客通行的便利，在修建站房时，必须对站前广场进行统一规划，使站前广场的布置，既能突出车站的站容，又能与其他建筑物和环境构成完美的建筑群体。

4.3 货运业务设备

货运站和货场应根据货物品类、作业量和作业性质，结合生产需要和当地条件，设置线路、仓库、雨棚、站台、堆货场地、装卸机械和检斤、量载、装卸机械修理、篷布修理等设备。

1. 货物装卸线

货物装卸线的装卸有效长度和货物堆积场（包括仓库、站台，长大笨重货物和散堆装货物场地）的长度，应根据货运量、各类货物车辆平均净载重、单位面积堆货量、货场占用货位时间、每天取送车次数和货位排数确定。

2. 货物仓库

货物仓库的宽度宜选用 9 m、12 m、15 m 和 18 m，长度根据所需堆货面积通过计算确定。当仓库的总长度较长时，应划分为若干节。

仓库应设在货场站台上，仓库外墙轴线至站台边缘的距离：当使用叉车作业时，铁路一侧宜采用 4.0 m，场地一侧宜采用 3.5 m；作业量大的零担仓库宜采用 4.0 m；使用人力作业时线路一侧可采用 3.5 m，场地一侧可采用 2.5 m。

为了避免货物装卸和搬运时受到湿损，仓库两边的屋檐应伸出至站台边缘。

3. 货物站台

普通货物站台边缘顶面，靠线路一侧应高出轨面 1.1 m，靠场地一侧应适应汽车底板高度，宜高出地面 1.1 ~ 1.3 m。

货物站台的宽度，如有仓库时，按仓库宽度加两边走道考虑；如无仓库时，一般不宜小于 12 m。

货物站台长度按需要通过计算确定，站台端坡度，有人力车上站台者，不宜陡于 1∶10。

4. 堆货场

货物堆货场的面积可根据运量分品种计算确定。货堆之间的通路宽度一般为 0.5 ~ 0.7 m，货堆边缘距离公路边缘一般应有 0.5 m 的安全距离。货堆边缘距装卸线钢轨外侧距离，装车时为 2 m，卸车时为 1.5 m，有装有卸时为 2 m。纵横向车道宽为 3.5 ~ 4 m。

5. 装卸机械

装卸机械按照技术特性可以分为两类：一类是间歇性作业的装卸机械，包括手推车、叉车装卸机、门式起重机、轮胎起重机、汽车起重机、轨道起重机、斗式产车等；另一类是连续作业的装卸机械，包括斗式联合卸煤机、螺旋卸煤机、装砂机、皮带输送机等。在规模较大的货场内，应按货物品类、作业量及作业性质，合理配备相应的装卸机械，并按年装卸货物数量，计算确定各类装卸机械的需要台数。

4.4 运转设备

运转设备主要指车站各车场的线路。车站各车场的线路数量是根据行车组织设计的有关资料进行确定的。

4.4.1 中间站

1. 到发线

中间站的到发线应设 2 条，作业量较大的应设 3 条。作业量不大的中间站可设 1 条，但这样的中间站不应连续设置。

枢纽前方站，铁路局（集团公司）之间的分界站、补机始终点站和长大下坡的列车技术检查站、机车乘务员换乘站、有两个以上线路引入方向的车站及摘挂列车需要进行整编作业的车站，办理机车折返或客车立折作业的中间站，其线路数量可较以上规定酌情增加。

在单线铁路上，到发线一般均应按双进路设计。在双线铁路上，原则上按上、下行分别设计为单进路，但根据作业需要，个别到发线也可按双进路设计。

换挂机车的区段站和编组站等大站以及区段内选定的 3 ~ 5 个中间站应满足超限货物列车会让与越行的要求。因此，这些车站除正线应通行超限货物列车外，单线铁路车站应另有一条线路，双线铁路上、下行应各另有一条线路能通行超限货物列车。

2. 牵出线

当单线铁路中间站平行运行图列车对数在 24 对以上，或双线铁路和路段设计行车速度大于 120 km/h 时，应设置牵出线。个别中间站，虽然平行运行图列车对数低于上述规定，但调车作业量很大，也应设置牵出线。设有物流中心的中间站应设置牵出线。

不设牵出线的中间站可以利用正线、支线、工业企业线进行调车。调车时，该线路的平、纵断面应满足调车要求。为了避免调车作业越出站界，进站信号机可适当外移，但原则上不应超过 400 m。

中间站牵出线的有效长度不宜小于该区段运行的货物列车长度的一半，在特别困难条件下不应短于 200 m。

3. 安全线和避难线

1）安全线

安全线是进路隔开设备之一，是防止列车或机车进入已有另一列车或机车进入的线路的一种安全设备。安全线的有效长度一般不应小于 50 m。纵断面的坡度设计为平道和面向车挡的上坡道。

需要设置安全线的情况有：在区间内两条铁路线路平面相交；各级铁路线、工业企业线与区间或站内正线接轨；进站信号机向站外列车制动距离内进站方向，有一个超过 6‰换算坡度的下坡时，应在接车方向到发线的末端设置安全线，如图 4-1 所示。

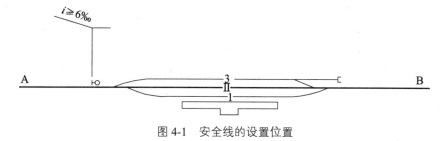

图 4-1　安全线的设置位置

2）避难线

在山岳或丘陵陡峻地区，区间线路纵断面特别不利时，列车在陡长下坡道上可能失去控制从而发生冲突或颠覆，因此需要在陡长下坡道的下方设置避难线。避难线的作用：一方面是防止陡长下坡道上失去控制的列车溜入车站或区间与其他列车发生冲突，另一方面是为防止列车在陡长下坡道上超速颠覆。

避难线的平面形式有尽头式避难线、砂道（套线式）避难线和环形避难线。尽头式避难线主要依靠逐渐升高的坡度来抵消失控列车的动能。砂道和环形避难线主要依靠砂道和曲线的阻力抵消动能。

设置避难线时，应根据情况计算确定在区间或站内设置避难线。避难线的长度和坡度可根据区间坡道、列车总重、行车速度及制动能力等进行计算和设计。

4.4.2　区段站

1. 到发线

区段站客货列车到发线的总数，可以按照《铁路车站及枢纽设计规范》（简称站规）的规定通过查表确定，如表 4-6 所示。

表 4-6　区段站列车到发线数量

列车的换算对数	双方向到发线数量（条） （正线及机车走行线除外）
12 及以下	3
13～18	4
19～24	5
25～36	6
37～48	6～8

列车的换算对数	双方向到发线数量（条） （正线及机车走行线除外）
49～72	8～10
73～96	10～12
96 以上	12～14

注：① 对表中到发线数量的幅度，可按换算对数的大小对应取值。

② 两个方向以上线路引入（包括按行车办理的工业企业线引入）的区段站，为考虑列车的同时到发，到发线数量可适当增加。

③ 列车换算对数少于 6 对的个别区段站或对数较少的尽端式区段站，到发线数量可减为 2 条。

④ 采用追踪运行图时，区段站的到发线数量可增加 1 条。

⑤ 区段站的尽头式正线按到发线计算。

⑥ 区段站上有大量通过列车在本站不进行列检，列车乘务组也不换班时，到发线数量可适当减少。

⑦ 客货纵列式区段站的货车到发线数量，应扣除旅客列车的换算对数后按本表采用；客车到发线数量和有效长度可参照《铁路车站及枢纽设计规范》确定。

⑧ 区段站某一方向的列车换算对数，等于该方向各类客、货物列车对数（可按该方向接发的各类列车列数除以 2 求得）分别乘以相应的换算系数后相加的总数。查表确定到发线数量时，尽端式区段站按发车一端的各个方向相加后总的换算对数确定到发线数量，但可适当减少；贯通式区段站按各个方向相加后总的换算对数的 1/2 确定到发线数量。换算系数可采用：直通、直达、小运转为 1；有解编作业的直达、直通、区段、摘挂和快零货物列车为 2；始发、终到的旅客列车为 1；立即折返的小编组旅客列车为 0.7；停车的旅客列车为 0.5；机车乘务组换班不列检的货物列车为 0.3；不停站的客、货列车不计。

旅客列车到发线分场设置时，到发线的数量根据站台面的需要考虑。

【例 4-4】某区段站衔接两个方向，其设计年度的车流资料如图 4-2 所示。试确定该区段站需要的客货列车到发线数量。

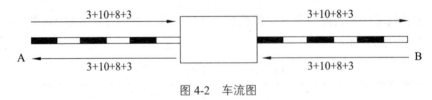

图 4-2　车流图

注：停客+直+区+摘挂

解：A 方向客货列车换算对数：

$$N_A = 3 \times 0.5 + 10 \times 1 + 8 \times 2 + 3 \times 2 = 33.5 （对）$$

B 方向客货列车换算对数：

$$N_B = 3 \times 0.5 + 10 \times 1 + 8 \times 2 + 3 \times 2 = 33.5 （对）$$

$$\frac{1}{2}\sum N = \frac{N_A + N_B}{2} = \frac{33.5 + 33.5}{2} = 33.5 （对）$$

查表 4-6 得客货列车到发线总数为 6 条。

2. 机车走行线、机待线、机车出入段线

机车走行线指专供远离机务段的列车机车和其他机车走行的线路。不设机车走行线时可利用空闲的到发线出入段。每昼夜通过机车走行线的机车在 36 次及以上的横列式区段站应设 1 条机车走行线，由于纵列式区段站机务段位于中部咽喉，出入段较方便，因此不需设机车走行线。

机车走行线的位置应根据车站布置图确定，减少作业交叉，尤其避免到达交叉。单线横列式区段站布置图，当机务段位于站对右时，机车走行线应设在到发线之间，如图 4-3（a）中 I 方案；当机务段位于站对左时，机车走行线应设在到发场和调车场之间，如图 4-3（a）中 II 方案。双线铁路横列式区段站布置图，如图 4-3（b）所示，当机务段位于站对右时，无论正线是否外包机务段，均应将机车走行线设在上、下行到发场之间，如图 4-3（b）中 I 方案；当机务段设在站对左时，如正线外包机务段，则机车走行线仍应设于上、下到发场之间；如正线不外包机务段，则机车走行线应设在调车场与到发场之间，如图 4-3（b）中 II 方案。

机待线是供本务机车出入段时进行停留和交会的线路，新建横列式区段站在非机务段一端的咽喉区，和纵列式区段站上机务段对侧到发场出发一端的咽喉区应设机待线。对未设机待线的既有区段站改、扩建时，当不引起较大改建工程时，也可设置机待线。

机待线的布置形式有尽头式和贯通式两种。图 4-4（a）中 j 线为尽头式机待线，图 4-4（b）中 j 线为贯通式机待线。贯通式机待线的进路比较灵活，在到发线数量相同的条件下，咽喉区长度较尽头式短，但机车出入如果与接发列车无隔开进路时，安全性差。一般以采用尽头式机待线为好。

机待线宜位于直线上，其有效长度：尽头式采用 45 m，困难条件下不应小于牵引机车长度加 10 m；贯通式应采用 55 m，困难条件下不应小于牵引机车长度加 20 m。双机牵引时，上述有效长度应另加 1 台机车长度。

机车出入段线指机务段与到发场之间的联络线路。横列式区段站：机车出、入段线，一般各设 1 条，当出、入段机车每昼夜不足 60 次时，可缓设 1 条。其他图型的机车出入段线路数量可以遵循以下原则：一般情况下，客、货纵列式可比照横列式区段站办理；一级三场区段站可比照横列式编组站办理；纵列式其到发、调车场一侧，如果没有第三方引入，则决定机车出入段线路数量的机车出入段次数可以适当提高。

3. 调车线和牵出线

区段站调车线的数量和有效长度，应根据衔接线路的方向数、有调作业车数量、调车设备类型和车流组号等确定，一般原则为：每一衔接方向不少于 1 条，车流量大的方向可适当增加，其有效长度不应小于到发线的有效长度；此外，本站作业车停留线不少于 1 条，待修车和其他车辆停留线 1 条，如车数不多可共用 1 条；如有工业企业线接轨且车辆数多时可增加 1 条；有危险品车辆停留时，应设危险品车辆停留线 1 条，线路有效长度按照线路所集结的最大车辆数来确定。

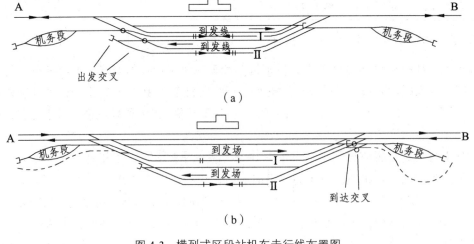

（a）

（b）

图 4-3　横列式区段站机车走行线布置图

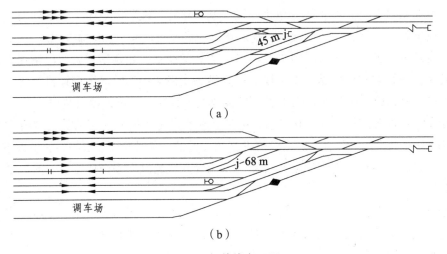

（a）

（b）

图 4-4　机待线布置图

区段站的调车场两端应各设 1 条牵出线，如每昼夜实际解编作业量不超过 7 列时，次要牵出线可缓设。主要牵出线的有效长度不应小于到发线的有效长度，仅进行加减轴作业时可适当缩短。次要牵出线的长度不宜小于到发线有效长度，当调车作业量不大时，不应小于到发线有效长度的一半。作业量不大时，也可采用平面牵出线，调车作业量较大时（调车线数量不小于 5 条，每昼夜解体车数不小于 200 辆），可设驼峰牵出线。如货场位于站房同侧，装卸作业量较大，且区间列车对数较多时，宜设专用的货场牵出线。

4.4.3　编组站

1. 到发线

编组站到达场、到发场和出发场的到发线数量，应根据办理的列车数、车流性质、列车密集到发和车站技术作业过程等因素确定，一般情况下可按《站规》的规定取值，如表 4-7 所示。

表 4-7 到达场、到发场和出发场线路数量

到、发列车数（列）	线路数量（条）
18 及以下	3
19～30	3～4
31～42	4～5
43～54	5～6
55～66	6～7
67～78	7～8
79～90	8～9

注：① 表中的到发列车数，是指车场各方向到、发列车的总和。

② 有一定数量的小运转列车的到达场、到发场和出发场，其线路数量可按表中数值适当减少。

③ 通过车场的到达和出发按 1 列计算，线路数量按表中数值的下限或上限取值。

④ 车场衔接方向在 3 个及其以上时，线路数量可增加 1 条；峰前到达场，尚考虑每一衔接方向不少于 2 条；如办理列车数较少时，到达场线路总数可适当减少。

⑤ 机车走行线可根据需要另行设置。

2. 机车走行线

表 4-7 中未包括机车走行线数量，因此应根据作业需要另行增加。纵列式编组站布置图型的到达场和出发场另加调机走行线 1 条。另外，根据不同的站型、机务段位置、有无峰下跨线桥等具体情况，设置本务机车走行线。

3. 调车线

调车线一般采用分区作业方法：头部集结车辆，尾部选编车辆。在头部和尾部两个作业区之间保持一定的安全距离。集结单组列车的调车线，当编成辆数与到发线有效长容许的编成辆数一致时，调车线的有效长度按列车长度加 10.6%～12.6%确定，约为到发线有效长度加 7.4%～8.5%，其他调车线有效长度可以小于这个长度。

调车线数量是根据线路用途、列车编组的到站（或组号）数和车流量及其他要求确定的，一般按照以下原则确定：集结编组直达、直通和区段列车和调车线，按编组计划每一个到站（或组号）设 1 条。当某个到站（或组号）的车流量较大，单组号车流量超过 200 辆/日，可酌情增加调车线数 1 条。若车流量较小，两个组号车流量之和还不足 100 辆/日，可以共用 1 条调车线。集结编组摘挂列车的调车线，每一衔接方向可设 1 条；集结编组小运转的调车线，若每昼夜车流量在 250 辆以上设 2 条，在 250 辆及以下可设 1 条；集结编组空车的调车线至少设 1 条，若空车较多，可按车种和车流量确定线路数量。其他调车线路包括：倒整装线、危险品车停留线、本站作业车、待修车辆等。

编组站的调车线在设计时，采用短而多的方案是有利的，这样有便于解体照顾编组，也有利于降低峰高，从而减少土石方工程，减少自动化设备的投资。当自动化驼峰采用双推单溜时，解体能力可达 5 000～6 000 辆/日，调车线数量应为 36～48 条才能与之相适应。

4. 牵出线

在编组站设计中，调车场头部采用驼峰牵出线，一般设 2 条牵出线，考虑进行双推单溜或双推双溜作业。尾部牵出线数量要考虑与驼峰解体能力相协调。横列式一级三场布置图，一般在头、尾各设 2 条牵出线；在二级式布置图中，尾部牵出线一般应设 3 条，作业量小时，也可暂设 2 条；三级式编组站图型的尾部牵出线设 3 条或 4 条。

牵出线的有效长度可按到发线有效长加 30 m 设计；地形困难时，也不应小于到发线有效长度的 2/3，以保证车列分两次牵出完成转场作业。

4.4.4 客运站

旅客列车到发线的数量，应根据旅客列车对数及其性质、引入线路数量和车站技术作业过程等因素确定，一般情况下可通过表 4-8 确定。

表 4-8　旅客列车到发线数量

始发、终到旅客列车对数	到发线数量（条）
12 及以下	3
13—24	3～5
25—36	5～7
37—50	7～9

注：① 对表中到发线数量的幅度，可按列车对数的大小对应取值。
　　② 办理通过旅客列车的客运站到发线数量，可将通过旅客列车折合始发、终到列车后采用表中数字，每对通过列车可按折合 0.5 对始发、终到列车计。
　　③ 始发、终到旅客列车在 50 对以上时，到发线数量可按分析计算确定。
　　客运站具有旅客列车到发不均衡和到发线利用率低的特点，故在节假日增开一定数量的旅客列车时，可利用旅客列车到发线空闲时间增开旅客列车。但如增开旅客列车对数很多，可适应增加旅客列车到发线。

4.5　机车业务设备

机务设备按作业分为以下 5 类。

1. 机务段

配属有机车，担任邻近区段机车的运转、整备及检修等作业。按检修与运用还可分为检修机务段和运用机务段。

2. 机务折返段

担任邻近区段机车的运转和整备作业，以及乘务员管理，一般不进行检修作业。为机务段下属机构。

3．机务整备所

担任补机、调机、小运转列车机车等的整备作业。

4．机务折返所

担当枢纽小运转机车和补机折返作业，不需整备作业。为机务段下属机构。

5．机务换乘段（所）

为担任长交路轮乘制的乘务员中途换乘，负责安排乘务员的出乘班次和生活。

肩回运转时，机车的主要整备设备应在机务段内；循环运转时，机车的主要整备设备可设在机务折返段内，如经过技术经济比较认为合理时，也可在机务段所在站到发线上设置必要的整备设备。

整备设备的布置方式依不同机车类型和机车运转制而异，图 4-5 为内燃机车架修机务段布置图，它的整备线群与检修线路纵向错列布置。

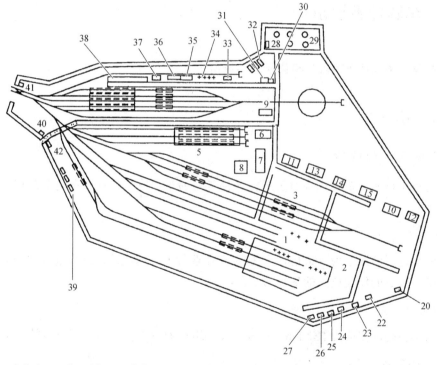

1—架修库；2—修配车间；3—轮修间；4—油漆库；5—中检棚；6—段办公室；7—运动场；8—食堂；
9—动转整备办公室；10—技术教育室；11—浴室；12—乘务员候班室；13—锅炉房；14—煤场；
15—汽车库；16—配电间；17—材料库及棚；18—易燃品仓库；19—检修办公室；20—锻工间；
21—热处理间；22—厕所；23—空压机间；24—设备维修车间；25—冷却器间；26—蓄电池间；
27—电镀间；28—油库；29—油库值班及消防室；30—棉丝清洗室；31—油脂再生间；
32—机油罐、废机油罐及再生机油罐；33—油泵房；34—卸油柱；35—冷却水间；
36—油脂发放间；37—千砂室；38—晒砂及储砂场；39—水阻试验操纵间及水阻箱；
40—传达室；41—闸楼；42—自行车棚；

注：机务段长 930，宽 290。

图 4-5　内燃架修机务段平面布置图

图 4-6 为采用循环运转制交路时，到发线上内燃机车机务整备设备的布置图。将整备设备分别布置在两个行车方向到发线的机车停车地点，当这样布置储砂室时，要求将到发场顺着行车方向移动 150 m 左右。

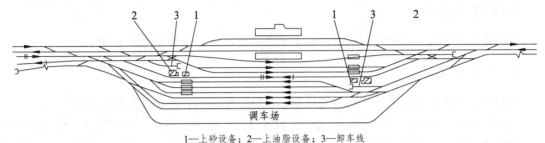

1—上砂设备；2—上油脂设备；3—卸车线

图 4-6　循环运转制到发线范围内整备设备的布置示意图

4.6　车辆业务设备

车辆业务设备包括车辆段、检修所和站修所。

4.6.1　检修所

1. 货物列车检修所

货物列车检修所（简称列检所）承担各种货物列车的技术检查和不摘车修理，分为以下 3 类。

1）主要列检所

保证列车运行区段应为 500 km，一般设在作业量大的编组站，有大量装卸作业的车站，或距离编组站较远的作业量大的尽头站。

2）区段列检所

保证列车运行区段应为 250 km，一般设在编组作业量小，中转列车较多的车站。

3）一般列检所

可根据需要设在作业量较少的区段站，线路尽头站，以及通往厂矿、港口，工业企业线的车站上。

2. 旅客列车检修所

旅客列车检修所承担旅客列车的技术检查和不摘车修理。应设在始发、终到旅客列车 6 对以上和有特殊需要的客运站。若站内设有货物列车检修所且能兼顾客车列检作业时，可以不设置专门的旅客列车检修所。

4.6.2 车辆段

车辆段按修理车辆的种类，可以分成客车车辆段、货车车辆段、客货混合车辆段、罐车车辆段和机械保温车车辆段等。

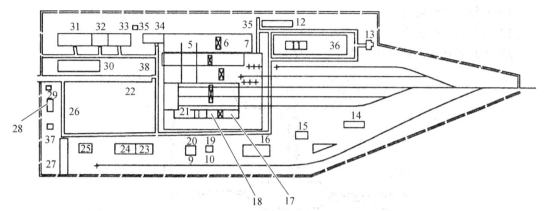

1—修车库；2—轮对存放场；3—转向架车间；4—配件加修间；5—轮对轴箱互换间；6—轮轴间；7—机械钳工间；8—熔焊间；
9—空气压缩机间；10—变电间；11—油线间；12—设备维修间；13—乙炔间；14—金属利材间；15—锅炉房；
16—锻工弹簧间；17—钩缓间；18—制动间；19—备品间；20—油漆间；21—木工间；22—干燥库；23—材料棚；
24—材料库；25—湿材棚；26—木材干燥室；27—木工利材间；28—汽车库；29—传达室；30—办公室；
31—食堂；32—浴室；33—修车库更衣学习室；34—挂瓦间；35—厕所；36—储油罐；
37—易燃品库；38—转向架冲洗间；

注：车辆段长 600 米，宽 180 米。

图 4-7 货车车辆段平面布置图

货车车辆段一般由修车库、转向架间、辅助车间、办公生活房屋和配线五部分组成。车辆段配线一般设修车线、存车线、装卸线，并根据需要设牵出线、整备线、机车走行线、洗罐线等，货车车辆段的平面布置如图 4-7 所示。

4.6.3 站修所

货物列车的站修所是货车日常维修的主要基地，应设在每月有辅修 9 辆以上及摘车临修 3 辆以上且设有列检所的车站。当站修所所在车站有货车车辆段时，站修所宜与货车车辆段合建。

思考与练习题

1. 为什么要从空间和时间两个方面综合考虑设备的数量？
2. 客运业务设备主要有哪些？如何确定？
3. 货运业务设备主要有哪些？如何确定？
4. 车站到发线、调车线和机车走行线的数量与哪些因素有关？如何确定？

5. 什么是安全线？在什么情况下需要设置安全线？

6. 某新建区段站衔接 A、B 两个方向，设计年度的设计行车量如图 4-8 所示，牵引类型为内燃机车，机车交路如图 4-8 所示。专用线车辆由本站调机负责取送，30 辆/d。列车平均编成辆数为 50 辆，试确定如下设备的数量及位置。

（1）客货列车到发线。

（2）调车线和牵出线。

（3）机车走行线，机待线、机车出入段线。

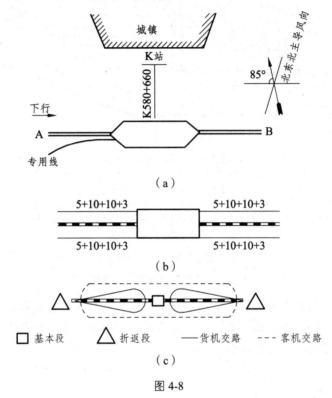

（a）

（b）

（c）

□ 基本段　△ 折返段　—— 货机交路　--- 客机交路

图 4-8

7. 某编组站到达场情况如图 4-9 所示，仅办理到达改编列车的技术作业，各方向到达的列车数为：A 方向 30 列，B 方向 16 列，C 方向 20 列。试确定到达场的到达线数量及机车走行线数量。

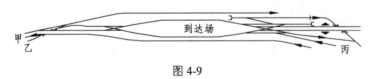

图 4-9

第 5 章 车站线路的连接

5.1 车站线路的种类

在铁路车站内要有与区间线路直接连通的线路，称这条线路为车站的正线。此外，还设有各种用途的车站站线。车站站线主要包括以下 5 种用途的线路。

（1）到发线。

供接发旅客列车或货物列车用的线路。

（2）调车线和牵出线。

这两种线路都是供解体、编组货物列车或办理甩挂车辆用的线路。

（3）办理其他运转作业的线路。

如机车走行线、机待线、机车出入段线、存车线、检修线等。

（4）货物线。

办理整车货物装卸作业的线路。

（5）特殊需要的线路。

如安全线、避难线、禁溜线等。

还有一些线路，不属于车站管辖范围，但与车站线路连接，如通向工矿企业或仓库的工业企业专用线，机务段、工务段和车辆段所属的段管线等。

车站线路如图 5-1、图 5-2 所示。

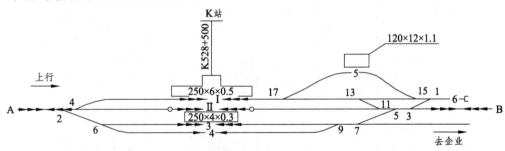

图 5-1　中间站线路图（单位：m）

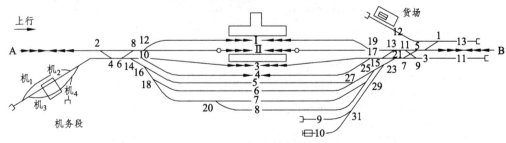

图 5-2　车站线路详图

Ⅱ—正线；1、3、4—到发线；5、6、7、8—调车线；9、10—站修线；11、13—牵出线；
12—货物线；机₁—机车走行线；机₂、机₃—整备线；机₄—卸油线

5.2　线间距离

相邻两条线路中心线间的距离，被称为线间距离，简称线间距。

线间距离既要保证作业人员的安全和作业的便利，又要保证两条线路之间行车的安全，布设一定宽度的建筑物和设备。

线间距和铁路限界有关。铁路限界如图 5-3 所示，是和线路中心线垂直的横断面轮廓线。其中最基本的是机车车辆限界、建筑限界。机车车辆沿车身所有一切突出部分，除升起的受电弓外，都必须容纳在机车车辆限界轮廓之内，严禁超出。除机车车辆及与机车车辆有相互作用的设备（接触电线、车辆减速器、路签授受器等）外，其他设备及建筑物不得侵入建筑限界。

在线路的直线地段上，站内建筑物及设备至相邻线路中心线的距离见书末附录七的附录表 10。在曲线地段时，须按国家现行的《标准轨距铁路建筑限界》的有关规定进行加宽。

在《铁路车站及枢纽设计规范》（简称《站规》）中规定了一些常见的直线地段的线间距离，见书末附录八的附录表 11。

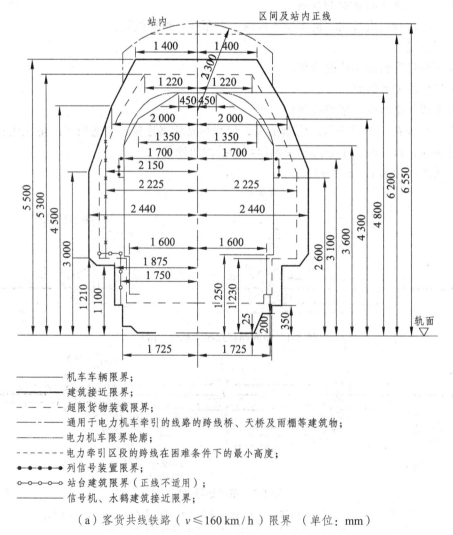

——————	机车车辆限界；
———————	建筑接近限界；
— — —	超限货物装载限界；
——————	通用于电力机车牵引的线路的跨线桥、天桥及雨棚等建筑物；
——————	电力机车限界轮廓；
- - - - -	电力牵引区段的跨线在困难条件下的最小高度；
●—●—●—●	列信号装置限界；
○—○—○—○	站台建筑限界（正线不适用）；
——————	信号机、水鹤建筑接近限界；

（a）客货共线铁路（$v \leqslant 160\,\mathrm{km/h}$）限界　（单位：mm）

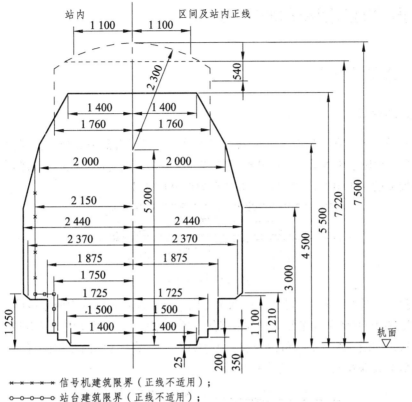

信号机建筑限界（正线不适用）；
站台建筑限界（正线不适用）；
各种建筑物的基本限界；
适用于电力牵引区段的跨线桥、天桥及雨棚等建筑物；
电力牵引区段的跨线桥在困难条件下的最小高度；

（b）客货共线铁路（160 km/h＜v≤200 km/h）建筑限界（单位：mm）

图 5-3　限界示意图

确定线间距的方法有两种：查表法和计算法。首先采用查表法，当线间距的值不能通过查表确定，或查表确定的值不能满足需要时，应该进行计算确定。在计算确定线间距时，应综合考虑铁路限界和设备计算宽度等因素，然后将需要的各项距离加总，计算出需要的线间距离。

【例 5-1】确定图 5-1 所示车站的线间距离。

解：（1）1 和 Ⅱ，3 和 4，6 和 Ⅱ 的线间距离，可以查附录八的表 11，得

$$S_{1,II} = 5.0 \text{ m}，\quad S_{3,4} = 5.0 \text{ m}，\quad S_{II,6} = 5.0 \text{ m}$$

（2）Ⅱ 和 3 的线间距离应该由计算确定。

站台宽 4 m，站台边缘至相邻线路中心线的距离由附录八得为 1.75 m，因此得 Ⅱ、3 道线间距为

$$S_{II,3} = 1.75 + 4.0 + 1.75 = 7.5$$

（3）货物线 5 和到发线 1 的距离，按线间有装卸作业考虑时为 15 m，线间无装卸作业时为 6.5 m（参见货场设计的有关资料），因此取

$$S_{5,1} = 15.0 \text{ m}（按线间有装卸作业考虑）$$

5.3 道岔的选用及岔心距离

5.3.1 道岔的选用

1. 道岔的种类

道岔的种类很多，常用的有单开道岔、对称道岔、三开道岔和交分道岔四种。

单开道岔，如图5-4所示。可以开通两个方向，主线开通直向，侧线开通侧向。它是线路连接中采用最多的一种道岔，约占各类道岔总数的90%以上。

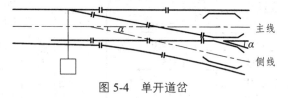

图 5-4 单开道岔

对称道岔，如图5-5所示。可以开通两个方向，由主线向两侧分为两条线路，无直向或侧向之分。一般在调车场头部或尾部铺设对称道岔，必要时可以将对称道岔与单开道岔混合使用。

三开道岔，如图5-6所示。可以开通三个方向，一个直向和两个侧向。有两个普通辙叉。一般用于调车场头部及调车场内的箭翎线等。

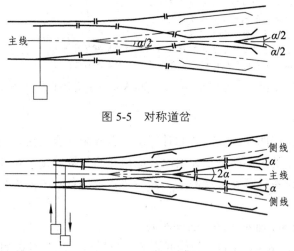

图 5-5 对称道岔

图 5-6 三开道岔

交分道岔如图5-7所示。可以开通四个方向，两个直向和两个侧向，并有两个钝角辙叉和两个锐角辙叉。它代替了两个单开道岔的作用，连接平行线路时比单开道岔的连接长度更短，但由于其维修困难，一般仅在长度受限制的车站咽喉区，或车站改建时采用。

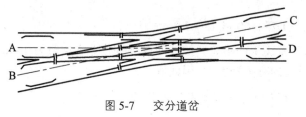

图 5-7 交分道岔

2. 道岔的辙叉号码

道岔的辙叉号码唯一地确定了各种道岔的尺寸和几何要素。也就是说，道岔的辙叉号码标明了道岔的规格和大小。道岔的辙叉号码有时也简称为道岔的号码或道岔的号数。我国常见的道岔有 9 号、12 号、18 号、38 号、41 号、42 号等单开道岔，6 号对称道岔，9 号、12 号交分道岔等。其中 9 号、12 号、18 号单开道岔为我国常用的道岔。常用道岔的主要尺寸见附录一中的附录表 1 至表 4。

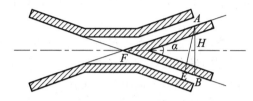

图 5-8　道岔的辙叉号码

如图 5-8 所示，道岔的辙叉号码与辙叉角的关系可用式 5-1 表示为

$$N = \frac{FE}{AE} = \cot\alpha \qquad (5\text{-}1)$$

式中　　N——道岔的辙叉号码；

　　　　FE——辙叉跟端长；

　　　　AE——辙叉跟端支距；

　　　　α——道岔的辙叉角。

3. 道岔的选用

道岔的选用包括选择道岔的种类和号码两个方面。在一般情况下均选用单开道岔，根据需要选用对称道岔和交分道岔等其他类型的道岔。道岔的号码根据其侧向允许的过岔速度进行确定。

道岔是由尖轨、导曲线、辙叉等部件组成的，当机车车辆经过时，必然发生一系列的震动和冲击，震动和冲击的程度与速度有关。辙叉号码越大，辙叉角 α 越小，导曲线半径越大，侧向允许的过岔速度越高，但同时道岔全长越长，占地长度越大，工程费用越多。

《铁路车站及枢纽设计规范 TB10099—2017》对道岔辙叉号码的选用有如下规定。

（1）正线道岔的列车直向通过速度不应小于路段设计行车速度。

（2）跨线列车联络线与正线连接的道岔应根据联络线的设计速度确定，侧向通过列车速度 80 km/h 以上至 160 km/h 时单开道岔可采用 42 号，接轨于车站且列车均停站时可采用 18 号道岔。

（3）用于侧向通过列车，速度 50 km/h 以上至 80 km/h 的单开道岔不得小于 18 号，速度不大于 50 km/h 的单开道岔不得小于 12 号。

（4）用于侧向接发旅客列车的单开道岔不得小于 12 号。

（5）用于侧向接发货物列车并位于正线的单开道岔，在会让站、越行站、中间站不得小于 12 号，在其他车站不得小于 9 号。

（6）正线不应采用复式交分道岔，困难条件下需要采用时，不应小于 12 号。

（7）正线跨区间无缝线路及设计速度 160 km/h 及以上的路段，不应采用交叉渡线。困难条件下，路段设计速度小于 160 km/h 时，可采用交叉渡线。

（8）其他线路的单开道岔不得小于 9 号。

（9）驼峰溜放部分应采用 6 号对称道岔；改建困难时，可保留其他对称道岔。当调车场外侧线路连接特别困难时，可采用 9 号单开道岔。到达场出口、调车场尾部、货场（物流中心）及段管线等站线上，可采用 6 号对称道岔。

在具体站场设计及以后的练习中，确定单开道岔的辙叉号码时，可根据如下符合《站规》规定的简化的五条原则：

（1）位于接发列车进路，侧向有旅客列车经过的道岔，采用 12 号。

（2）位于接发列车进路，侧向没有旅客列车经过的道岔，采用 9 号。

（3）位于接发列车进路以外其他线路上的道岔，采用 9 号。

（4）渡线上的道岔，采用相同的号码。

（5）正线上的道岔，侧向接发货物列车，中间站采用 12 号，其他车站采用 9 号。

【例 5-2】确定图 5-1 所示中间站两端咽喉区的道岔的辙叉号码。

解：经过分析接发列车的进路及旅客列车的进路，根据五条简化的原则，确定道岔的辙叉号码如下：

右端咽喉：5、7、11、13 为 12 号辙叉；1、3、9、15、17 为 9 号辙叉。

左端咽喉：2、4、6 为 12 号辙叉。

道岔的辙叉号码在图上标注时，为了与道岔的编号区分清楚，习惯上用分数的形式表示。如 12 号辙叉用 1/12 表示。

4. 道岔的中心线表示法

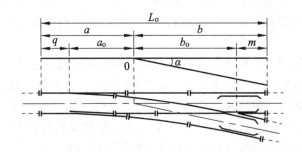

q—从道岔基本轨始端轨缝中心至尖轨始端的距离（简称尖轨前基本轨长）；

a_0'—从尖轨始端至道岔中心的距离；

a—从基本轨始端轨缝中心至道岔中心的距离；

b_0'—从道岔中心至辙叉理论尖端的距离；

m—从辙叉理论尖端至辙叉后跟轨缝中心的距离（简称辙叉跟距）；

b—从道岔中心至辙叉后跟轨缝中心的距离；

$L_全$—从道岔基本轨始端轨缝中心至辙叉后跟轨缝中心的距离（简称道岔全长）

图 5-9　道岔的几何要素

在车站图中，道岔是用道岔处的两个支分线路中心线及其交点表示的。这种表示方法绘图比较简便，而且也能满足设计和施工的需要，因此在站场设计中被广泛采用。为了进一步明确道岔用中心线表示法，必须明确道岔的几何要素。单开道岔的几何要素如图 5-9 所示。在已知道岔的两条线路中心的交点（简称岔心），辙叉号码和道岔类型时，可按选定的比例尺用道岔的中心线表示法把道岔表示出来（如图 5-9 的中上半部分）。

例如画一个 9 号单开道岔。首先画出道岔主线的中心线，在主线上定出岔心的位置，然后规定一个单位长度，由岔心开始沿主线中心线向辙叉方向量取 9 个单位长度的线段，从线段末端画一条主线的垂直线，按照道岔的左开或右开方向在垂直线上量取一个单位长度的线段，将垂直线段的终点与岔心相连，就确定了 9 号单开道岔侧线的方向；最后按给定的比例换算出道岔的前长 a 和后长 b 在图上的距离，分别从岔心开始向两端量取，就可在图上确定并画出 9 号单开道岔的范围。对称道岔也可以用同样的方法绘出。如图 5-10 所示。

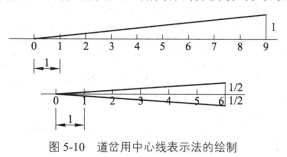

图 5-10　道岔用中心线表示法的绘制

5.3.2　相邻道岔的最小岔心距

两相邻道岔中心之间的距离，称为岔心距离或简称为岔心距。

设计车站时，为了缩短车站咽喉长度以及机车车辆在站内的走行距离，并节省工程投资及运营费用，相邻道岔力求排列紧凑。但如果岔心距离太短，则大型机车经过时产生扭力和摇摆，会影响行车的安全、平稳及道岔使用年限。为此规定了两相邻道岔中心间的最小距离，即最小岔心距。

最小岔心距与道岔配列的形式、道岔间插入钢轨长度、道岔的辙叉号码、相邻线路的距离及其办理的作业性质有关。常见的配列形式及两道岔间插入钢轨的最小长度如表 5-1 至 5-3 所示。两道岔间插入钢轨也称为夹直线段，用符号 f 表示，其规定的最小值用 f_{min} 表示。插入夹直线的目的一是为了减缓列车过岔时的冲击振动，以提高旅客的舒适度；目的二是满足道岔结构的要求。

表 5-1 至表 5-3 中所列数值是按 I、II 级铁路标准考虑得出的，III 级铁路也可参照办理。正线速度高，夹直线段 f_{min} 要求长些。如果道岔顺向布置，则机车车辆经过时会影响行车平稳和对道岔的损害程度，没有对向布置那样严重，因此夹直线段 f_{min} 可短些，由于工务养护规则规定钢轨最短不能小于 4.5 m，所以规定在困难条件下可采用 4.5 m。到发线夹直线可短一些。在其他站线上，机车车辆通过的速度较低，夹直线段可以不设，则 $f_{min} = 0$。

下面分别对三类不同的配列形式说明决定最小岔心距的因素，并举例说明最小岔心距的计算方法。

1. 对向单开道岔配列形式

两个道岔的岔尖相对，布置在基线的异侧或同侧，如表 5-1 所示。

表 5-1 两对向单开道岔间插入钢轨的最小长度表（单位：m）

道岔布置	线别		有列车同时通过两侧线		无列车同时通过两侧线
			一般情况	困难情况	
	正线	直向通过速度 $v>120$ km/h	—	—	12.5（25.0）
		直向通过速度 $v\leqslant120$ km/h	—	—	6.25（25.0）
	正线	直向通过速度 $v>160$ km/h	25.0（50.0）	12.5（32.0）	12.5（25.0）
		直向通过速度 160 km/h$\geqslant v>120$ km/h	12.5（25.0）	12.5（25.0）	12.5（25.0）
		直向通过速度 $v\leqslant120$ km/h	12.5（25.0）	6.25（25.0）	6.25（25.0）
	到发线	客车	12.5（25.0）	12.5（12.5）	0（-12.5）
		货车	6.25	6.25	0
	其他站线	客车	12.5	12.5	0
		货车	—	—	0

注：括号内的数字为股道采用 18 号单开道岔时插入的最小钢轨长度。

最小岔心距由两个道岔的前长及最小夹直线段长组成。则最小岔心距为

$$l_{岔\min} = a_1 + a_2 + f_{\min} + \varDelta \tag{5-2}$$

2. 顺向单开道岔形式

两个道岔的岔尖和辙叉后跟相对，布置在基线的异侧或同侧，如表 5-2 所示。

表 5-2 两顺向单开道岔间插入钢轨的最小长度表（单位：m）

道岔布置	线别		混凝土岔枕岔道	
			一般情况	困难情况
	正线	直向通过速度 $v>160$ m/h	25.0（25.0）	12.5（25.0）
		直向通过速度 160 km/h$\geqslant v>120$ km/h	12.5（25.0）	12.5（25.0）
		直向通过速度 $v\leqslant120$ m/h	12.5（25.0）	8.0（25.0）
		到发线	12.5（25.0）	8.0（12.5）
	其他站线	客车	12.5	8.0
		货车	8.0	6.25
		到发线	12.5（25.0）	8.0（12.5）
	其他站线	客车	12.5	8.0
		货车	8.0	6.25

注：括号内的数字为股道采用 18 号单开道岔时插入的最小钢轨长度。

最小岔心距由两个道岔的前长和后长及最小夹直线段长组成。则最小岔心距为

$$l_{\text{岔min}} = a_1 + b_2 + f_{\min} + \Delta \qquad\qquad (5\text{-}3)$$

3. 其他道岔配列形式

如表 5-3 所示的两种道岔配列形式。表 5-3 中的（a）形式为两个道岔顺向布置在基线同侧，梯线上两相邻道岔亦属此种布置形式。这类布置形式的最小岔心距离 L，决定于相邻线路的最小容许间距 S，其长度可按表 5-3 中的（a）计算公式确定。两道岔间夹直线段（插入钢轨）的长度，可以由岔心距离减去一个道岔的前长和另一个道岔的后长及一个轨缝的长度确定。

表 5-3 中的（b）形式为两个道岔的辙叉尾部相对，布置在基线异侧。两平行线间渡线道岔的布置亦属此种形式。这种布置形式的最小岔心距离 L，决定于两条线路的最小容许间距 S，可按表 5-3 中（b）的公式确定。两道岔间夹直线段（插入钢轨）的长度，可以由岔心距减去两个道岔的后长及一个轨缝的长度确定。

表 5-3　其他道岔配列插入钢轨的最小长度表（单位：m）

 （a）	$L = \dfrac{S}{\sin\alpha}$ $f = L - (b_1 + a_2)$
 （b）	$L = \dfrac{S}{\sin\alpha_{\min}}(S' > S)$ $f = L - (b_1 + b_2)$

4. 特殊要求

两相邻道岔间插入钢轨的最小长度除了应符合表 5-1、表 5-2 和表 5-3 中的规定以外，还应按道岔结构的要求适当进行调整。其他特殊要求如下。

（1）正线、站线采用无缝线路或通行动车组列车时，道岔间插入钢轨的最小长度不应小于 12.5 m。

（2）相邻两道岔轨型不同，插入应采用异型轨。

（3）客车整备所线路采用 6 号对称道岔连续布置时，插入钢轨长度不应小于 12.5 m。

（4）正线及站线均应采用混凝土岔枕的道岔。

【例 5-3】计算图 5-1 中 3、5 和 9、7 道岔间的最小岔心距。列车直向通过速度按 120 km/h 设计，选用图号为专线 4249 的 12 号道岔，CZ2209A 的 9 号道岔（以下例题均按照此设计条件确定岔心距）。

解：道岔 3、5 和 9、7 均属于对向单开道岔配列形式。

（1）3、5 间的最小岔心距。

3 号道岔侧线开通的是货场牵出线，因此无正规列车同时通过两侧线。插入钢轨的最小长

度可通过查表 5-1 得到，$f_{\min} = 6.25$ m。

道岔 3 为 9 号辙叉、5 为 12 号辙叉，前长 $a_5 = 16.592$ m，$a_3 = 13.839$，插入钢轨时的轨缝长为 $\Delta = 0.008$ m。

道岔 3、5 间的最小岔心距为

$$
\begin{aligned}
L_{3,5} &= a_3 + a_5 + f_{\min} + \Delta \\
&= 13.839 + 16.592 + 6.25 + 0.008 \\
&= 36.689 \,(\text{m})
\end{aligned}
$$

（2）9、7 两个道岔间的最小岔心距。

9 号道岔侧线开通 4 道，有正规列车同时通过两侧线。根据 4 道的进路设置，$L_{7,9}$ 所在进路，为接发旅客和货物列车，插入钢轨的最小长度可通过查表 5-1 获得，$f_{\min} = 12.5$ m。

道岔 9 为 9 号辙叉、7 为 12 号辙叉，前长 $a_7 = 16.592$ m，$a_9 = 13.839$ m

插入钢轨时的轨缝长为 $\Delta = 0.008$ m。

道岔 3、5 间的最小岔心距为

$$
\begin{aligned}
L_{7,9\min} &= a_7 + a_9 + f_{\min} + \Delta \\
&= 16.592 + 13.839 + 12.5 + 0.008 \\
&= 42.939 \,(\text{m})
\end{aligned}
$$

【例 5-4】计算图 5-1 中 5、11 两个道岔间的最小岔心距。列车直向通过速度按 120 km/h 设计。

解：5 和 11 属于在基线异侧顺向布置的两个道岔。通过查表 5-2 可得道岔间插入钢轨的最小长度 $f_{\min} = 12.5$ m。

道岔 5 和 11 均属 12 号辙叉，前长为 16.592 m，后长为 21.208 m，插入钢轨时的轨缝长为 $\Delta = 0.008$ m，因此，得 5、11 两道岔间的最小岔心距为

$$
\begin{aligned}
L_{5,11\min} &= b_5 + a_{11} + f_{\min} + \Delta \\
&= 21.208 + 16.592 + 12.5 + 0.008 = 50.308 \,(\text{m})
\end{aligned}
$$

【例 5-5】计算图 5-1 中 2、6 两个道岔间的最小岔心距。

解：道岔 2 和 6 属于梯线上两相邻道岔布置形式，最小岔心距离由线间距决定。

Ⅱ、3 道线间距离为 7.5 m，2、6 道岔所在梯线的倾角为一个 12 号辙叉角，因此岔心距为

$$
L_{2,6\min} = \frac{7.5}{\sin 4°45'49''} = 90.312 \,(\text{m})
$$

夹直线段（插入钢轨）的长度为

$$
\begin{aligned}
f_{\text{实}} &= L_{2,6\min} - (b_2 + a_6) - \Delta \\
&= 90.312 - (21.208 + 16.592) - 0.008 \\
&= 52.504 \,(\text{m})
\end{aligned}
$$

【例 5-6】计算图 5-1 中 13、15 两个道岔间的最小岔心距。

解：道岔 13 和 15 属两个辙叉尾部相对，布置在基线异侧的布置形式，最小岔心距离由线间距决定。两个线路间的最小容许间距一般按 5 m 考虑，由于两个道岔的辙叉号码不同，

在计算最小岔心距时应按较小的辙叉角来进行计算。计算如下：

$$L_{13,15\text{min}} = \frac{S}{\sin \alpha_{\text{min}}} = \frac{5}{\sin 4°45'49''} = 60.208 \text{ (m)}$$

$$f_{\text{实}} = L_{13,15\text{min}} - (b_{13} + b_{15}) - \varDelta$$
$$= 60.208 - (21.208 + 15.009) - 0.008$$
$$= 23.983 \text{ (m)}$$

以上 4 个示例中，前两种情况的相邻道岔间最小岔心距的确定可以通过附表一中所提供的道岔几何要素计算来确定。后两种情况的最小岔心距与线间距有关，可以查附表六的附录表 9，或通过计算来确定。

3. 咽喉区道岔间的实际岔心距

车站（或车场）的咽喉区是道岔汇集的区域。各个道岔有机地排列在一起，组成一个整体，保证各项作业进路的畅通。

在确定咽喉区各相邻道岔的岔心距时，首先应按最小岔心距取值，但是遇到复杂的咽喉区结构时，如咽喉区道岔构成一个回路或存在封闭的图型等，就不能保证最小岔心距离能够满足线路连接设计的要求，因此需要进行检算。检算后如可以取最小岔心距，则按最小岔心距取值；如果不能，则适当调整个别道岔间的岔心距，使其大于最小岔心距，其余道岔间仍按最小岔心距取值，最后确定出满足咽喉区线路连接设计要求的实际岔心距。

【例 5-7】确定图 5-1 中道岔 1、3、5、11、13、15 等六组道岔间的岔心距离。

解：这六组道岔构成了一个封闭的图形，即咽喉区存在一个回路，如图 5-11 所示。

因此按最小岔心距取值后，应该进行检算和调整。

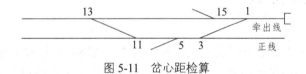

图 5-11　岔心距检算

（1）查表（附录表 1 和附录表 10）确定最小岔心距：

$$L_{1,3} = 45.276 \text{ m} \ ; \quad L_{5,3} = 36.689 \text{ m} \ ;$$
$$L_{5,11} = 50.308 \text{ m} \ ; \quad L_{11,13} = 60.208 \text{ m} \ ;$$
$$L_{1,15} = 36.856 \text{ m} \ ; \quad L_{15,13} = 60.208 \text{ m}$$

（2）检算。

建立如图 5-11 所示的坐标系，以正线方向为 X 轴方向，原点 O 与 1 号岔心对齐。

沿道岔 1、15、13 这条路线推算 13 号岔心的坐标 X'_{13}：

$$X_1 = 0.00$$
$$X_{15} = X_1 + X_{1,15} = 0.00 + 36.856 = 36.856$$
$$X'_{13} = X_{15} + X_{15,13} = 36.856 + 60.208 = 97.064$$

沿道岔 1、3、5、11、13 这条路线推算 13 号岔心的坐标 X''_{13}：

$$X_1 = 0.00$$

$$X_3 = X_1 + 45 = 0.00 + 45 = 45.00$$

$$X_5 = X_3 + L_{3,5} = 45.00 + 36.689 = 81.689$$

$$X_{11} = X_5 + L_{5,11} = 81.689 + 50.308 = 131.997$$

$$X_{13}'' = X_{11} + X_{11,13} = 131.997 + 60 = 197.997$$

上述计算结果可知 X_{13}' 与 X_{13}'' 的差值为

$$\Delta = X_{13}'' - X_{13}' = 191.997 - 97.064 = 94.933$$

这个差值不为 0，说明按最小岔心距确定道岔间的实际岔心距时，不能保证这六组道岔组成所需的封闭图型。

（3）调整。

调整时，应该考虑将差值 Δ 这段长度加到 1、15 或 15、13 道岔之间。其余道岔间仍按最小岔心距取值。

按实际作业考虑，这段长度加到 15、13 道岔之间较好，使得摘挂车辆的取送作业走行距离短，因此调整后的 15、13 道岔间的实际岔心距离应为：

$$L_{15,13} = 60.208 + 94.933 = 155.141\,(\mathrm{m})$$

（4）最后，汇总这六组道岔间岔心距的实际距离：

$$L_{1,3} = 45.276\,\mathrm{m}\,; \quad L_{5,3} = 36.689\,\mathrm{m}\,;$$

$$L_{5,11} = 50.308\,\mathrm{m}\,; \quad L_{11,13} = 60.208\,\mathrm{m}\,;$$

$$L_{1,15} = 36.856\,\mathrm{m}\,; \quad L_{15,13} = 155.141\,\mathrm{m}$$

5.4 线路连接形式

车站线路连接的主要形式有线路终端连接、渡线、线路平行错移和梯线等 4 种。

各种连接形式，一般是由道岔、圆曲线和插入直线段（夹直线段）所组成，插入的直线段有道岔与圆曲线间的夹直线段，两个圆曲线间的夹直线段。插入直线段的长度应不小于规定的最小长度。

5.4.1 线路终端连接

1. 普通式线路终端连接

将相邻两平行线路中一条线路的终端，与另一条线路连接起来，便构成最常见的线路终端连接。

如图 5-12 所示，为普通式线路终端连接。

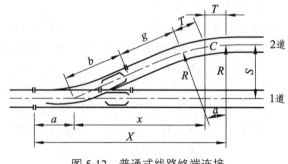

图 5-12 普通式线路终端连接

1）组成

普通式线路终端连接的组成要素如下。

（1）道岔。

一般为单开道岔。

（2）圆曲线。

曲线的半径（R）不应小于相邻道岔的导曲线半径（$R_导$）。通常采用 200 m、300 m、400 m 等。

（3）夹直线段。

夹直线段的长度 g 应大于或等于轨距加宽所要求的最小长度 g_{min} 值。为了标定曲线及全部连接长度，应确定角顶 C 的坐标如下：

$$x = (b + g + T)\cos\alpha \qquad (5\text{-}4)$$

$$y = (b + g + T)\sin\alpha = S \qquad (5\text{-}5)$$

全部连接长度在水平方向的投影为

$$X = a + x + T \qquad (5\text{-}6)$$

以上各式中，a 为道岔的前长，b 为道岔的后长，S 为线间距离，T 为切线长。

圆曲线的切线长 T，与其转角 α 和半径 R 满足如下关系：

$$T = R\tan\frac{\alpha}{2} \qquad (5\text{-}7)$$

当曲线转角为某个辙叉角的一定倍数时，切线长 T 的值可查书后附录四的附录表 7 和 8。

道岔与圆曲线间的直线段长度 g 可用式（5-8）计算：

$$g = \frac{S}{\sin\alpha} - (b + T) = \frac{S}{\sin\alpha} - \left(b + R\tan\frac{\alpha}{2}\right) \qquad (5\text{-}8)$$

2）g_{min} 的取值

道岔与圆曲线间夹直线段 g 的长度，决定于线路间距 S、曲线半径 R 及道岔有关要素，但其最小长度 g 应符合连接曲线对轨距加宽的要求。轨距加宽值及夹直线最小长度 g_{min} 的值如表 5-2 所示。

表 5-4　道岔与曲线间直线段最小长度

道岔前（后）圆曲线半径 R（m）	轨距加宽（mm）	最小直线段长度/m		直线段最小长度‰/m	
		一般		困难	
		轨距加宽递减率 2‰		轨距加宽递减率 3‰	
		岔前	岔后	岔前	岔后
$R \geq 350$	0	2	$0 + L'$	0	$0 + L'$
$350 > R \geq 300$	5	2.5	$2.5 + L'$	2	$2 + L'$
$R < 300$	15	7.5	$7.5 + L'$	5	$5 + L'$

注：L' 为道岔跟端至末根岔枕的距离。

【例 5-9】计算图 5-1 中右端咽喉处 3 和 4 两到发线连接时的夹直线段长度 g，并检验是否满足线路连接的要求。

解：3 和 4 两到发线的连接属普通式线路终端连接形式，如图 5-13 所示。9 号道岔为 9 号辙叉，线间距为 5.0 m，半径按要求定为 300 m。

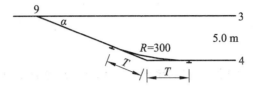

图 5-13　线路终端连接计算

通过查附录表 7，得切线长 $T = 16.615\,\text{m}$，由式（5-8）得

$$g = \frac{S}{\sin\alpha} - (b + T)$$

$$= \frac{5.0}{\sin 6°20'25''} - (15.009 + 16.615)$$

$$= 45.276 - (15.009 + 16.615) = 13.652\ (\text{m})$$

查表 5-4 可得 $g_{\min} = 2.5 + 8.1 = 10.6\,\text{m}$，可知 $g > g_{\min}$，因此线路连接满足设计要求。

2. 缩短式线路终端连接

当平行线路的线间距离很大时（如货场、机务段、车辆段等地），如按普通式线路终端连接，则全部连接长度会很大，如图 5-14 所示。为了缩短连接部分的长度，可将道岔岔线向外转一个角度 $\varnothing$，从而形成缩短式线路终端连接，如图 5-15 所示。

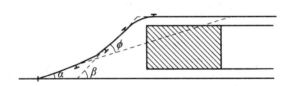

图 5-14　缩短式与普通式线路终端连接比较

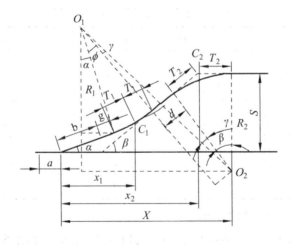

图 5-15　缩短式线路终端连接

1）组成

缩短式线路终端连接的组成要素如下。

（1）道岔。

一般是单开道岔。

（2）两个反向曲线。

曲线的半径 R_1、R_2 不应小于相邻道岔的导曲线半径（$R_导$）。

（3）道岔与圆曲线间的夹直线 g，$g \geqslant g_{min}$。

（4）两个反向曲线间的夹直线 d，$d \geqslant d_{min}$。

缩短式线路终端连接计算公式及资料见书末附录的相应附表九。

2）g_{min} 和 d_{min} 的取值

直线段 g 应根据连接曲线对轨距加宽的要求确定，其最小长度 g_{min} 见表5-4中数据。曲线之间的夹直线段 d，应满足曲线轨距加宽、曲线超高、列车运行平稳和工务养护的要求。在客车到发进路上，设置缓和曲线时，夹直线最小长度 $d_{min} = 25\,m$，不设缓和曲线时，夹直线最小长度 $d_{min} = 20\,m$，采用 12 号道岔困难条件下 $d_{min} = 10\,m$；其余站线的夹直线最小长度 $d_{min} = 15\,m$，困难条件下，$d_{min} = 10\,m$。

【例5-10】图5-1中5道为货物线，与相邻线路的线间距按15 m设计，货物站台长120 m，要求站台设于直线地段，因此站台端与切点对齐布置。试确定货物线采用缩短式线路终端连接的有关参数，并计算出17号道岔岔心与13号道岔岔心的实际距离。

解：首先确定半径 $R_1 = R_2 = 200\,m$，夹直线段 $d = 10\,m$。然后查附录九的附录表12，得有关参数为

$$\varphi = 7°30'15''\,;\quad T_1 = 13.116\,m\,;\quad X_1 = 32.522\,m\,;$$

$$Y_1 = 3.658\,m\,;\quad T_2 = 24.281\,m\,;\quad X_2 = 78.942\,m\,;$$

$$X = 103.223\,m\,;\quad L_1 = 26.194\,m\,;\quad L_2 = 48.326\,m$$

道岔15、17的岔心距为

$$L_{15.17} = 2X + 120 = 2 \times 103.223 + 120 = 326.446\,(m)$$

又因为15、13的岔心距 $L_{15.13} = 155.141\,m$，所以道岔17、13的岔心距为

$$L_{17.13} = L_{15.17} - L_{15.13} = 326.446 - 155.141 = 171.305\,(m)$$

5.4.2　渡线

为使机车车辆能从一条线路进入另一条线路，应设置渡线。

1. 普通渡线

普通渡线一般设在两平行线路之间，由两副辙叉号码相同的单开道岔及两道岔间的直线段组成。如图5-16所示为普通渡线。

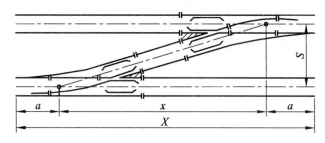

图 5-16　普通渡线

若两道岔辙叉号码 N 及线间距离 S 均为已知，则渡线在水平及垂直方向的投影为

$$x = (2b+f)\cos\alpha = \frac{S}{\tan\alpha} \approx NS \qquad (5\text{-}9)$$

$$y = (2b+f)\sin\alpha = S \qquad (5\text{-}10)$$

$$f = \frac{S}{\sin\alpha} - 2b \qquad (5\text{-}11)$$

全部连接长度在水平方向的投影为

$$X = 2a + x \qquad (5\text{-}12)$$

渡线常用数据计算参见书末附录六的附录表 9。

2. 交叉渡线

在两平行线路间需要连续铺设两个方向相反的普通渡线，而又受地面长度限制时，可将两个相反的渡线铺设在同一长度范围内从而形成交叉渡线。交叉渡线如图 5-17 所示。

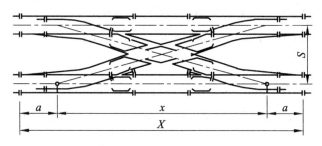

图 5-17　交叉渡线

交叉渡线由四副普通单开道岔和一副菱形交叉组成。
交叉渡线的计算与普通渡线相同。

5.4.3　线路平行错移

在车站两平行线路的某一段，需要修建站台或其他建筑物，以及某种作业需要变更线间距离时，其中一条线路须平行移动，移动后的线路与原线路之间用反向曲线连接。这种线路连接形式称为线路平行错移，如图 5-18 所示。

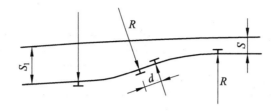

图 5-18　线路平行错移

在站内正线上设置反向曲线时：反向曲线的半径 R 应根据铁路等级、旅客列车速度及地形条件比选确定，但不应小于附录十二中附录表 15 的相关数据；两反向曲线的缓和曲线间应设置夹直线段 d，其最小长度的数据见附录中的附录表 16。

在站内其他线路上设置反向曲线时：反向曲线的半径一般应不小于 250 m；反向曲线间的夹直线段 d，与缩短式线路终端连接的要求相同。

反向曲线计算公式及资料见书末附录中的附录表 14。

【例 5-11】如图 5-1 中车站图型，若取货场牵出线 6 道与正线 Ⅱ 的线间距为 6.5 m，到发线 1 道与正线 Ⅱ 道的线间距为 5.0 m。考虑牵出线需要向外平行移动 1.5 m。如果在 1 号道岔外设反向曲线进行连接，试确定反向曲线的有关参数，并计算两个角顶与 1 号岔心的水平距离。

解：首先确定反向曲线的半径 $R = 300$ m，夹直线段 $d = 10$ m。查附录十一中的附录表 14，得 $S = 1.5$ m 时的其他各项参数为

$$\varphi = 3°12'30''\,;\quad T = 8.401\,;\quad K = 16.798\,;\quad L = 43.563$$

第一个角顶与岔心 1 的水平距离为

$$X_1 = a + g + T$$

查表 5-4 得 $g_{\min} = 2.5$ m，取 $g = g_{\min} = 2.5$ m。道岔 1 为 9 号辙叉，所以 $a = 13.839$ m。代入上式得

$$X_1 = a + g + T = 13.839 + 2.5 + 8.401 = 24.740\,(\text{m})$$

第二个角顶与岔心 1 的水平距离为

$$X_2 = a + g + L - T = 13.839 + 2.5 + 43.563 - 8.401 = 51.501\,(\text{m})$$

5.4.4　梯线

在车站线路连接设计中，往往需要使某一条线路的机车车辆能够转线到平行布置的若干条线路中的任一条线路上去，如正线与几条到发线，或牵出线与几条调车线间的连接。因此，就需要采用梯线的连接形式。将几条平行线连接在一条公共线上时，这条公共线叫作梯线。梯线按各种道岔布置和线路结构不同，可分为直线梯线、缩短梯线及复式梯线三种。

1. 直线梯线

直线梯线的特点是，各个道岔依次排列在一条直线上，如图 5-19 所示。

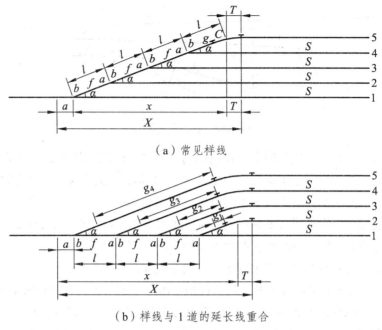

（a）常见样线

（b）样线与 1 道的延长线重合

图 5-19　直线梯线示意图

图 5-19（a）是常见的梯线，该梯线与各条平行线路倾斜成一个道岔角 α，如各道岔的辙叉号码相同时，其全长的投影 X 为

$$X = a + (n-1)l\cos\alpha + T \tag{5-13}$$

式中　n——平行线路数；

　　　L——两相邻道岔的岔心距离。

图 5-19（b）中梯线与 1 道的延长线重合，如各道岔的辙叉号码相同，各线间距相等，各连接曲线半径也一样，则各部分都是平行的，各曲线与其道岔间的直线段为

$$g_{(n-1)} = \frac{S(n-1)}{\sin\alpha} - (b+T) \tag{5-14}$$

梯线全长的投影为

$$X = a + (n-2)l + (b+g+T)\cos\alpha + T \tag{5-15}$$

梯线连接时，道岔间的夹直线段 f 及道岔与曲线间的夹直线段 g 的计算方法和最小长度的规定，与线路终端连接的要求基本一致。

直线梯线上扳道员作业比较安全和方便。但线路较多时，梯线较长，占地较多，内外侧线路长度和经过的道岔数目相差很大（如 1 道与 5 道）。因此，直线梯线仅适用于线路较少的到发场与调车场。

2. 缩短梯线

平行线路间距离较大时，为了缩短梯线的长度，将直线梯线再向外转一个 γ 角，而与平行线路成 β 角（$\beta = \alpha + \gamma$），如图 5-20 所示，这样就形成了缩短梯线。

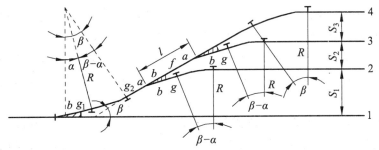

图 5-20 缩短梯线示意图

从图中可以看出，倾斜角 β 越大，则梯线越短。

由于 $\beta > \alpha$，梯线与各平行线路的连接要用圆曲线。有关计算参见上面的有关内容。缩短梯线适用于需要线路数量较少，而且线路间距较大的地方，如货场、车辆段及机务段燃料场等处。

3. 复式梯线

将几条与基线成不同倾角的梯线组合起来，连接较多的平行线路，这种连接方法叫复式梯线连接，如图 5-21 所示。

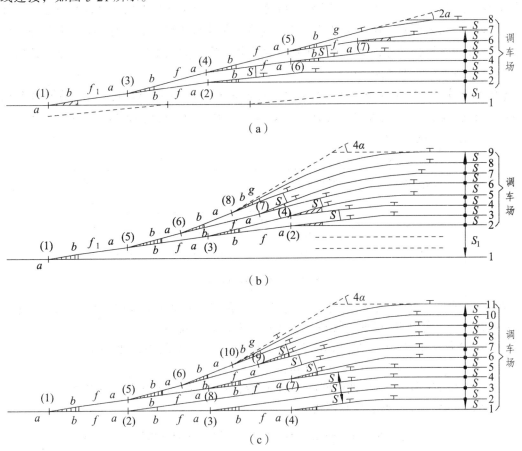

图 5-21 复式梯线示意图

图 5-21（a）中连接 4~8 道的梯线是从 3 道的梯线外侧分出去，所以它与 1 道成 2α 角。

又从它内侧分出两条梯线，一条连接 4、5 道，另一条连接 6、7 道，由于这两条梯线相互平行，而且线间距为 S，故第（4）（5）两道岔的岔心距离为 $L = S / \sin \alpha = a + b + f$。各有关线路的曲线转角，除第 8 道为 2α 外，3、5、7 道均为 α。图中 1 道和 2 道线间距 $S_1 > S$，S_1 的大小决定于加铺线路（图中虚线）的数目；第（1）（3）两道岔间的插入直线段 f_1 的长度主要视 S_1 而定。

图 5-21（b）中，复式梯线的构造特点是 8 条调车线每两条为一组，车辆进入各条线路（1 道除外）所经过的道岔数相等，都是 4 个，3、4 道，5、6 道，7、8 道及 9 道的曲线转角分别为 α、2α、3α 及 4α。图中 1 道和加铺线路（两虚线）可以是调车线或到发线。

图 5-21（c）中线路分组具有一定规律：11 条线路为 4 组，$4 + 3 + 2 + (1 + 1) = 11$。如果是 16 条线路可分为 5 组，$5 + 4 + 3 + 2 + (1 + 1) = 16$，其余类推。

复式梯线既可缩短梯线的长度，又可使各平行线路的长度和经过的道岔数目均匀，但也使道岔布置分散，曲线多且长。当调车线数较多时，常用复式梯线连接。有时，线路数目不多，但用直线连接不能保证各条线路需要的有效长度时，也可采用复式梯线。

复式梯线变化很多，可根据线路数目及各条线路需要的有效长度选定结构形式。

复式梯线连接设计时，夹直线段 f、g 的计算及最小长度 $f_{\min}$、$g_{\min}$ 的取值，与线路终端连接相同。从实际经验来看，采用直线梯线连接，一般情况下均能保证夹直线长度大于规定的最小长度；而采用复式梯线连接时，各条线路，尤其是外侧的线路的连接，需要经过计算才能确认其夹直线长度是否大于或等于规定最小的长度。如果不满足要求时，就应该修改连接的方式，确保线路连接的正确性。

【例 5-12】某区段站的调车场一端道岔区布置如图 5-22 所示。线间距均为 5 m，半径均为 300 m，道岔的辙叉号码为 9 号。检算道岔 47 至 JD_1 和 JD_2 处的线路连接是否满足技术要求。

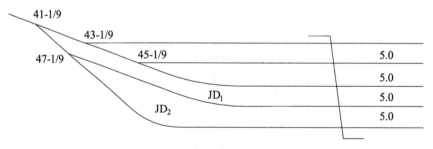

图 5-22　复式梯线检算

解：这种连接形式属于复式梯线连接。角顶 JD_1 的曲线转角为 1 个 9 号辙叉角（$\alpha = 6°20'25''$），角顶 JD_2 的曲线转角为 2 个 9 号辙叉角（2α）。

查表 5-4 得，道岔 47 至 JD_1 和 JD_2 处圆曲线间的夹直线段最小长度均为
$$g_{\min} = 2.5 + 8.1 = 10.6 \text{（m）}$$

道岔 47 至 JD_1 和 JD_2 处圆曲线间的实际夹直线段长度 g_1 和 g_2 的值的计算如下：

道岔 41、43、47 的相邻岔心距离为
$$L_{41,43} = b_{41} + a_{43} + f_{\min} + \varDelta = 15.009 + 13.839 + 8.0 + 0.008 = 36.856 \text{ m}$$

$$L_{41,47} = \frac{5.0}{\sin \alpha} = 45.276 \text{（m）}（最小间距取 5 m）$$

道岔 41、43 的垂直距离为

$$H_{41,43} = L_{41,43} \sin \alpha = 36.856 \sin \alpha = 4.070 \text{ (m)}$$

道岔 41 至 JD_2 的垂直距离为

$$H_{41,JD_2} = H_{41,43} + 20 = 4.070 + 20 = 24.070 \text{ (m)}$$

道岔 47 至 JD_1 和 JD_2 的距离为

$$L_{47,JD_2} = \frac{H_{41,JD_2}}{\sin 2\alpha} - L_{41,47} = 109.651 - 45.276 = 64.375 \text{ (m)}$$

$$L_{47,JD_1} = \frac{H_{41,JD_2} - 5 - L_{41,47} \sin 2\alpha}{\sin \alpha} = \frac{24.070 - 5 - 45.276 \sin 2\alpha}{\sin \alpha} = 82.684 \text{ (m)}$$

夹直线段 g_1 和 g_2 的长度为

$$g_1 = L_{47,JD_1} - (b - T_1) = 82.684 - (15.009 + 16.615) = 51.060 \text{ (m)}$$
$$g_2 = L_{47,JD_2} - (b - T_2) = 64.375 - (15.009 + 33.333) = 16.033 \text{ (m)}$$

因为 $g_1 > g_{\min}$ 且 $g_2 > g_{\min}$，所以线路连接满足技术要求。

5.5　车　场

将办理同一种作业的几条平行线路的两端用梯线连接起来，便成为车场。如到发场、到达场、出发场及调车场等。

车场按其形状不同可分为以下几种。

1. 梯形车场

如图 5-23（a）和（b）所示。

2. 异腰梯形车场

如图 5-23（c）所示。

3. 平行四边形车场

如图 5-23（d）所示。

4. 梭形车场

如图 5-23（e）所示。

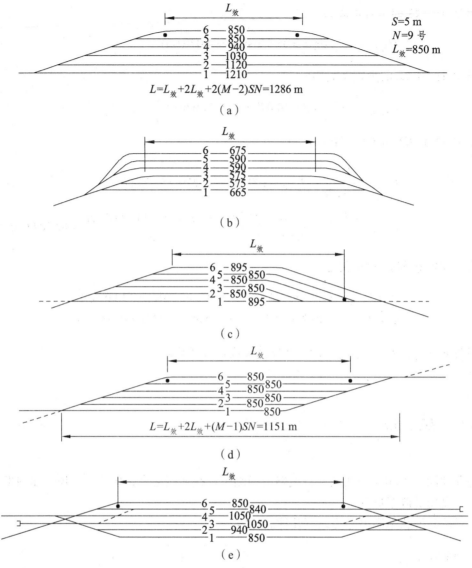

图 5-23 车场的种类（单位：m）

上述各种车场各有其特点，选用时应根据车场的用途、线路数目、车站地形及整个车站的布置等因素来决定。

5.6 线路的有效长度

5.6.1 线路有效长的概念

从一般意义来讲，车站线路的有效长度，是指线路长度范围内可以停留机车车辆而不妨碍邻线行车的部分。但是在实际应用中，线路有效长的概念，根据不同的需要，具有三种不同的意义，分别指线路的需要有效长、标准有效长、实际有效长。

1. 需要有效长

线路的需要有效长，指在铁路线路的规划和可行性研究阶段，由线路的用途和运输需要确定的有效长度。线路的需要有效长反映了运输量对线路长度的要求。

到发线有效长与线路的运输能力密切相关，又是确定牵出线、调车线等线路有效长的依据，对站坪长度影响最大，因此确定到发线需要有效长是非常重要的。

货物列车到发线需要有效长可按式（5-16）计算确定

$$L_{效} = \sum L_{机} + \frac{Q}{W} + L_{附} \qquad (5\text{-}16)$$

式中　$L_{效}$——到发线需要有效长度，m；

　　　$\sum L_{机}$——机车长度，m；

　　　Q——重车方向的货物列车牵引重量（质量），t；

　　　W——列车平均每单位长度的重量（质量），t/m；

　　　$L_{附}$——进站停车时的附加距离，取 30 m。

列车平均每单位长度的重量 W，按预计期内可以达到的车辆比来确定。

【例 5-13】根据有关资料预测，货车平均长度为 13.914 m，车辆平均总重为 78.998 t，机车长度按电力和内燃机车取 20 m。试分别计算牵引定数为 4 500 t 和 5 500 t 的铁路线上到发线的需要有效长度。

解：$L_{机} = 20\,\text{m}$，$L_{附} = 30\,\text{m}$，$L = 13.914\,\text{m}$，$q = 78.998\,\text{t}$，

$$W = q / L = 78.998 / 13.914 = 5.678\,(\text{t}/\text{m})$$

（1）当 $Q = 4\,500\,\text{t}$ 时，

$$L_{效} = L_{机} + \frac{Q}{W} + L_{附}$$

$$= 20 + \frac{4\,500}{W} + 30 = 842.52\,(\text{m})$$

（2）当 $Q = 5\,500\,\text{t}$ 时，

$$L_{效} = 20 + \frac{5\,500}{W} + 30 = 1\,018.7\,(\text{m})$$

旅客列车到发线需要有效长度主要根据旅客列车长度确定，计算公式为

$$L_{效} = \sum L_{机} + \sum L_{车辆} + L_{附} \qquad (5\text{-}17)$$

式中　$L_{车辆}$——编挂车辆的长度，m。

《站规》规定，旅客到发线有效长度不应小于 650 m。

2. 标准有效长

到发线的标准有效长，指由线路的等级和运输量确定的线路有效长度的标准，保证各条到发线的有效长度大于或等于这个标准长度。只有到发线有标准有效长的意义。

我国铁路采用的货物列车到发线有效长的标准系列，在 I、II 级铁路上为 1 050 m，850 m，

750 m 或 650 m；在Ⅲ级铁路上为 850 m，750 m，650 m 或 550 m。开行重载列车为主的铁路可采用大于 1 050 m 的到发线标准有效长度。

在建设一条铁路线时，根据线路等级、运输量及牵引定数等因素，确定一个统一的到发线标准有效长，作为沿线各车站设计的一项技术标准和依据。

3. 实际有效长

线路的实际有效长度，指在一定的车站布置图型中，由线路两端起止控制点确定的长度范围，如图 5-24 所示。

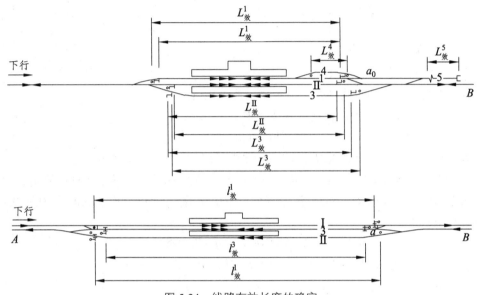

图 5-24　线路有效长度的确定

线路实际有效长度的起止范围由下列各项因素确定。

（1）警冲标。

（2）道岔尖轨始端（无轨道电路时）或道岔基本轨接头处。

（3）出站信号机（或调车信号机）。

（4）车挡（为尽头式线路时）。

（5）减速器末端（调车线）。

上述各项因素怎样确定线路有效长度，视线路的用途及连接形式而定，如图 5-24 所示。

各到发线的实际有效长度是各不相同的，也没有必要使其完全相等，但是最短的到发线的有效长度应等于到发线标准有效长。

5.6.2　警冲标、信号机的位置

为了确定线路实际有效长度，必须先确定影响有效长度各因素的具体位置，现分述如下。

1. 警冲标

警冲标应设于道岔辙叉后两汇合线路之间，保证当警冲标内方停留机车车辆时，列车可沿邻线安全通过。因此在作业中要求机车车辆必须停留在警冲标以内。

当警冲标位于两直线之间时，如图 5-25（a），警冲标至线路中心线的距离为 $P_1 = P_2 = 2\,\text{m}$，这是根据机车车辆限界 3.4 m，再加一些富余间隙确定的。当警冲标位于直线与曲线（包括道岔的导曲线）之间时，如图 5-25（b）所示，警冲标与直线的距离仍为 $P_1 = 2\,\text{m}$，与曲线的距离则为 $P_2 + W_1$（W_1 为曲线内侧限界加宽值）。

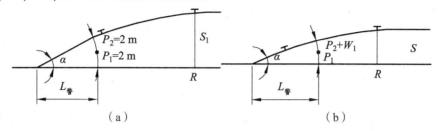

（a）　　　　　　　　　　　　（b）

图 5-25　警冲标位置示意图

道岔中心至警冲标的水平距离 $L_警$ 与辙叉角 α、线间距离 S 及连接曲线半径 R 等因素有关，其数据见书末附录中的附录表 19。

【例 5-14】确定图 5-1 中右端咽喉区 2、4、6 道岔辙叉后警冲标的位置。

解：根据已知资料，辙叉号码均为 12 号，1、Ⅱ、3、4 道线间距离分别为 5.0 m，7.5 m，5.0 m；连接曲线半径均为 400 m。查附录表 19 得各警冲标对应道岔中心的水平投影距离如下

（1）警冲标④。

$$S = 5.0\,\text{m}，\quad \alpha = 4°45'49''，\quad R = 400\,\text{m}$$

查表得 $L_④ = 49.857\,\text{m}$。

（2）警冲标⑥与警冲④同。

即　　　　　　$L_⑥ - L_④ = 49.857\,\text{m}$

（3）警冲标②。

$$S = 7.5\,\text{m}，\quad \alpha = 4°45'49''，\quad R = 350\,\text{m}（导曲线半径）$$

查表得 $L_② = 48.084\,\text{m}$。

2. 出站信号机

出站信号机的位置除应满足限界要求外，还决定于信号机处道岔的方向（逆向或顺向），信号机类型、有无轨道电路及警冲标等。出站信号机布置在线路运行方向的左侧。

1）出站信号机前为逆向道岔

这种布置方式，如无轨道电路时，出站信号机应与道岔尖轨尖端并列，如图 5-26（a）所示，如有轨道电路时，出站信号机应与道岔基本轨接头处并列，如图 5-26（b）所示。

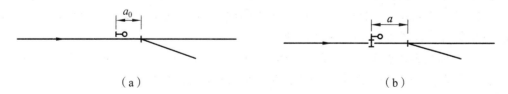

（a）　　　　　　　　　　　　（b）

图 5-26　出站信号机位置（一）

2）出站信号机前为顺向道岔

这种布置方式如图 5-27 所示。出站信号机至道岔中心的水平距离 $L_{信}$ 的计算方法与 $L_{警}$ 相同，但确定信号机中心与两侧线的最小垂距时，要考虑信号机的基本宽度和相邻线路是否通行超限货物列车。

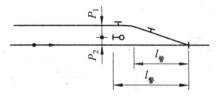

图 5-27　出站信号机位置（二）

我国采用的高柱信号机的基本宽度为 380 mm，如邻线通行超限货物列车时，高柱信号机的直线建筑限界为 2 440 mm；邻线不通行超限货物列车时为 2 150 mm。

透镜式矮型一机构色灯信号机中心至相邻线路中心距离为 2 029 mm；矮型双机构色灯信号机基础中心至相邻线路中心的距离为 2 199 mm。

出站信号机至道岔中心的距离 $L_{信}$ 与线间距离、辙叉号码及连接曲线（包括道岔导曲线）半径有关，具体数据参见书末附录中的附录表 20 和附录表 21。

【例 5-15】确定图 5-1 中上行出站信号机的位置。

解：（1）上行 1 道出站信号机 S_1，属于出站信号机前为逆向道岔的布置型式，按无轨道电路考虑，则其与 13 号岔心的水平距离为 a_0，即

$$L_{13, S_1} = a_0 = 16.592 - 11.1 = 5.492 \, (\text{m})$$

（2）上行 4 道出站信号机 S_4，属于出站信号机前为顺向道岔的布置形式，采用矮柱信号机，无轨道电路可以查附录 21 确定其与 9 号道岔的水平距离。

$$S = 5.0 \, \text{m}, \quad N = 9, \quad R = 300 \, \text{m}$$

查表得 $L_{9, S_3} = 44.948 \, \text{m}$。

（3）上行 3 道出站信号机 S_3，在确定其位置时，要求其设于 9 号道岔后的警冲标内方，并取与其相近的信号机并列的位置。因此，S_3 应与 S_4 并列。

（4）上行 II 道出站信号机 S_{II} 与 S_3 情形相似，S_{II} 的位置取与 S_1 并列的位置。

3. 出站信号机与钢轨绝缘节的关系

如有轨道电路时，出站信号机、钢轨绝缘节及警冲标三者的设置位置应满足如下的相互关系。

（1）钢轨绝缘节的位置原则上与出站信号机设于同一坐标处，如图 5-28（a）所示。为避免安装信号机时造成串轨、换轨或锯轨等，钢轨绝缘节允许设置在出站信号机前方 1 m 或后方 6.5 m 的位置，如图 5-28（b）和（c）所示。

（2）警冲标与钢轨绝缘节的距离，在通行 ET 型机车的车站为 3.5～4 m，其他车站为 3～4 m。这样可保证车轮停在钢轨绝缘节内方时，车钩不致越过警冲标。

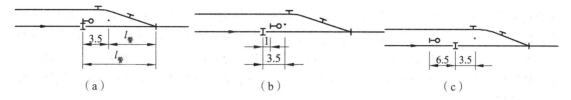

（a）　　　　　　　　　（b）　　　　　　　　　（c）

图 5-28　信号机怀警冲标处的钢轨绝缘设置

在确定出站信号机、钢轨绝缘和警冲标的位置时，首先应考虑在不影响到发线有效长度的条件下，按照现有的钢轨接缝另设绝缘，同时考虑信号机的安设位置，然后再将警冲标移设至距钢轨绝缘 3.5～4 m 处。如现有的钢轨接缝安装钢轨绝缘不能保证到发线有效长度或不宜设置信号机时，应以短轨拼凑等办法安装绝缘以满足各方面的要求。

5.6.3　线路实际有效长度计算方法

设计车站线路时，要在平面图上计算各有关点的坐标，并确定各线路的实际有效长度。举例说明如下

【例 5-16】设计速度为 160 km/h 客货共线的中间站 A 共有四条线路，如图 5-29 所示。正线兼到发线Ⅱ道通行超限货物列车，安全线有效长度为 50 m，中间站台宽 4 m。出站信号机采用基本计算宽度为 380 mm 的高柱色灯信号机，有轨道电路。到发线采用双进路。选用图号为专线 4249 的 12 号道岔，CZ2209A 的 9 号道岔。

要求：标出各道岔中心、连接曲线角顶、警冲标及信号机坐标；确定各到发线的实际有效长度，到发线标准有效长度为 850 m。

解：（1）坐标计算。

坐标计算一般可按下列顺序进行：

① 线路及道岔编号。

② 确定各线路的间距。

③ 确定各道岔的辙叉号码及岔心距离。

④ 确定各连接曲线半径，并标明转角 α、曲线半径 R、切线长 T 及曲线长度 K（几个相同的曲线，标明其中一个即可），在线路终端连接的斜边上应标明道岔中心至曲线切点的距离，如图 5-29 中的 73.674 m。

⑤ 以车站两端正线上的最外方道岔中心为原点，对两个咽喉区分别由外向内，按表 5-5 的格式，逐一算出各道岔中心、连接曲线角顶、警冲标及出站信号机等的 X 坐标。Y 坐标一般可以不计算，因为车站线路与正线一般是平行的，从图上标明的线间距离数值，很容易看出各道岔中心与正线（即 X 轴）的垂直距离。

计算表中的计算说明一栏的有关数据可以从书末附录或设计手册中查出。

线路不多的区段站和中间站，坐标计算的结果可标在车站布置图上，如图 5-29 所示。线路多且咽喉结构复杂的车站，因坐标点太多，无法在平面图上清楚地标注，应列坐标表示。

（2）各条线路实际有效长度的推算。

线路有效长度推算表如表 5-6 所示。将各条线路有效长控制点（信号机及警冲标）的 X 坐标填入表 5-6 中的 3、4 两栏，这两栏数字相加得第 5 栏。第 5 栏中数值最大者就是有效长

度最短的线路（即控制有效长的线路），其有效长度按规定的标准有效长度 850 m 设计。其他各条线路的实际有效长度，根据与该线路有效长度的差额（第 6 栏中数据）即可确定。车站站房中心里程为铁路选线时所定，如 A 站站房中心里程为 K110 +500.00。根据现场实际情况，确定站房中心至某一点（例如 2 号道岔中心）的距离，即可将所有各点的相对坐标换算为铁路线路的里程标。

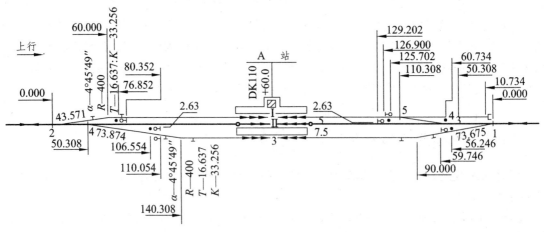

图 5-29　中间站 A 站设计图（单位：m）

表 5-5　坐标计算表（单位：m）

基点	x 坐标	计算说明	基点	x 坐标	计算说明
2	0.000		1	0.000	
4	$\dfrac{50.308}{50.308}$	$b_2 + a_4 + f_{\min} + \Delta = 50.308$	3	$\dfrac{50.308}{50.308}$	$b_1 + a_3 + f_{\min} + \Delta = 50.308$
	0.000		5	$\dfrac{60.000}{110.308}$	$NS = 12 \times 5 = 60.000$
⚠	$\dfrac{60.000}{60.000}$	$NS = 12 \times 5 = 60.000$		0.000	
	50.308		⚠	$\dfrac{90.000}{90.000}$	$NS = 12 \times 7.5 = 90.000$
⚠	$\dfrac{90.000}{140.308}$	$NS = 12 \times 7.5 = 90.000$		110.308	
	0.000		S_{I}	$\dfrac{16.592}{126.900}$	$a_5 = 16.592$
X_{I}	$\dfrac{80.352}{80.352}$	$L_{信} = 80.352$		50.308	
	50.308		S_{II}	$\dfrac{78.894}{129.202}$	$L_{信} = 78.894$
X_{II}	$\dfrac{59.746}{110.054}$	$L_{信} = 59.746$			

基点	x 坐标	计算说明	基点	x 坐标	计算说明
				0.000	
X_3	110.054		X_3	$\underline{59.746}$ 59.746	$L_{信}=59.746$
	0.000			0.000	
②	$\underline{76.852}$ 76.852	$L_{警}=L_{信}-3.5$ $=80.352-3.5$ $=76.852$	①	$\underline{56.246}$ 56.246	$L_{警}=L_{信}-3.5$ $=59.746-3.5$ $=56.246$
	50.308			50.308	
④	$\underline{56.246}$ 106.554	$L_{警}=L_{信}-3.5$ $=59.746-3.5$ $=56.246$	③	$\underline{75.394}$ 125.702	$L_{警}=L_{信}-3.5$ $=78.894-3.5$ $=75.394$
			⑤	110.308 $-)\ 49.574$ 60.734	$L_{警}=49.574$
			⊢	60.734 $-)\ 50.000$ 10.734	$L_4^{效}=50.000$

注：1、3、5、2、4——各道岔岔心；

    S_i——第 i 道上行出站信号机；

    ①——第 i 号道岔警冲标；

    X_i——第 i 道下行出站信号机；

    ⚠——第 i 号道岔连接曲线的角顶；

    ⊢——尽头线车挡。

表 5-6　线路有效长度推算表（单位：m）

线路编号①	运行方向②	线路有效长度控制点 z 坐标		共计⑤	各线路有效长度之差⑥	各线路有效长度⑦
		左 端③	右 端④			
1	上行方向	76.852	126.900	203.752	32.004	882
	下行方向	80.352	126.900	207.252	28.504	878
II	上行方向	106.554	129.202	235.756	0	850
	下行方向	110.054	125.702	235.756	0	850
3	上行方向	106.554	59.746	166.300	69.456	919
	下行方向	110.054	56.246	166.300	69.456	919

5.7 车站咽喉设计

车站或车场两端道岔汇集的区域，称为咽喉区。自车站最外方道岔基本轨始端（或警冲标）至最内方出站信号机（或警冲标）的距离，为车站咽喉区长度。

车站或车场的咽喉区，是行车和调车作业繁忙的地方。车站咽喉设计是一项重要而复杂的工作，是车站平面设计的核心内容之一。

从车站系统设计的理论上来讲，咽喉设计应从分析车站咽喉区各项作业流程及其进路出发，运用渡线、梯线等各种线路连接形式，通过反复地检算与调整，构造出正确合理的咽喉设计方案。由于铁路车站经过长期的发展已形成了许多较为成熟的通用的咽喉设计图型，如《中间站咽喉设计图集》和《区段站咽喉设计图集》等。因此咽喉设计，实际上并不是从无到有的，而是一个从有到新或从有到优的过程，也就是说，首先要选择一个适当的参考图，然后根据需要变更某些设计参数，经过检算与调整，最后得出一个适用的和较好的咽喉设计方案。

5.7.1 咽喉设计的步骤

咽喉设计应遵循以下原则：先整体设计，后局部设计；先铺画主要进路，后铺画次要进路；进行必要的检算；先画草图，后画比例尺图。

车站咽喉设计大体分为五个步骤，下面以某双线横列式区段站（图 5-30）为例，加以简要的说明。

1. 选参考详图，画线路平行线图

尽可能选择较为近似的车站咽喉设计详图，在选定车站咽喉设计详图之前，首先要确定车站布置图型和线路等设备的数量。选择了参考的详图之后，根据各种列车的数量合理地确定到发线固定使用方案，设置到发线的单进路或双进路，设置通行超限货物列车的线路，确定出到发线、机车走行线、牵出线和调车线等各条线路布置的相互位置，并根据有关资料确定相邻线路间的线间距离，最后按所确定的线路的位置和线间距离画出车站线路的平行线图。如图 5-30 中线路平行的部分。

2. 画咽喉设计草图，连接平行线路

就是依照所参考的咽喉设计详图，铺画道岔、曲线（用直线表示，画出角顶及切点），画出咽喉设计的草图，把平行线路连接起来。在这一步骤中，可能会因为需要而变更参考图中某些线路的连接方式。

在设计草图阶段需要注意以下 3 个问题：

（1）保证咽喉区必要的平行作业数量。

《站规》规定了车站咽喉区主要平行作业数，在咽喉设计时必须满足这一要求，如表 5-7 是区段站咽喉区主要平行进路数量表。编组站和其他各类车站也有类似的要求。

如图 5-30 所示的区段站，衔接两个方向的双线铁路横列式区段站布置图，A 端咽喉区最

多可保证 5 项平行作业，B 端咽喉区最多可保证 4 项平行作业，均满足设计要求。

（2）车场线路分组。

车场内线路分组可以保证必要的平行作业，调整线路的有效长度，分组所形成的隔开进路也有利于保证作业的安全。车场线路的分组一般根据线路数量及作业要求来确定。每一组线路用一条梯线与咽喉连接。

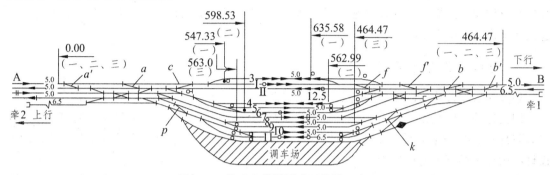

图 5-30　某一双线横列式区段站示意图

表 5-7　区段站咽喉区平行作业数量

图型	条　件		咽喉区位置	平行作业数量（个）	平行作业内容
横列式	单线铁路	平行运行图列车对数在 18 对及以下	非机务段端	2	列车到（发）、调车
			机务段端	2	列车到（发）、机车出（入）段
		平行运行图列车对数在 18 对以上	非机务端和机务段端	3	列车到（发）、机车出（入）段、调车
	双线铁路		非机务段端	3	列车到、列车发、调车[或列车到（发）、机车出（入）段、调车]
			机务段端	4	列车到、列车发、机车出（入）段、调车[或列车到（发）、机车出段、机车入段、调车]
纵列式	双线铁路		中部	4	下行列车发（通过）、上行列车发、机车出（入）段、调车

图 5-30 中下行到发场有 3 条线路（4，5，6）。A 端咽喉主要办理下行中转货物列车到达，或 4 道的上行旅客列车出发。由于这两项作业进路在该咽喉区有部分共用的径路，必将发生进路交叉，所以下行到发场在 A 端不分组。如果进行线路分组，不仅不能增加列车到发的平行作业，反而延长了咽喉区的长度。B 端咽喉区按 1（条）、2（条）线路分组，以使 4 道上行旅客列车到达与 5、6 道下行本务机车出（入）段同时进行。上行到发场有 4 条线路（8，9，10，11），A、B 两端均为 2（条）、2（条）线路分组，这样就能使 8 道（或 9 道）在接发列车时，10 道（或 11 道）可以同时进行车列转线作业。

（3）合理布置道岔和渡线。

布置道岔和渡线时，不仅要保证各项作业进路畅通，而且要保证必要的平行作业，另外，在布置道岔和渡线时，应减少不必要的道岔，以缩短咽喉的长度。

图 5-30 所示的区段站两端咽喉，既保证了旅客列车、改编和无改编货物列车的接发列车和调车作业基本的进路，又有办理调车场直接发车、上下行到发场反方向接发列车和牵出线向旅客列车到发线调车的进路。

虽然 A、B 两端咽喉的渡线 a、b 可以省掉，但它与 a'、b' 一同设置后，能保证上、下行同时接发货物列车。在 A 端咽喉增设渡线 p，可保证 10、11 道列车到、发与牵出线 2 进行调车的平行作业。同样，在 B 端咽喉增设渡线 k，可避免在 10、11 道上 B 方向列车到发与驼峰迂回线上作业的交叉干扰。

3. 检算咽喉设计草图

检算咽喉设计草图以保证咽喉设计的正确性。

因为选择的咽喉设计图不一定完全符合具体的设计要求。例如线路数量、线间距离、线路布置形式有些变化，所以在设计草图时，需要对局部的线路连接形式做些修改。修改后的设计必须经过检算才能最后确定。

在检算时需要弄清楚局部的修改之后，需要对哪些相关的部位进行检算，如果没有把握判明这些相关的部位，最好对整个咽喉设计方案做一个全局性的检算。

如果在检算中发现了错误，应及时做出修改，有时甚至需要重复以上步骤的工作。

4. 调整线路有效长，缩短咽喉长度

当咽喉区的道岔和渡线的布置形式，经过检算确定之后，还需要推算各条线路的实际有效长度，计算格式参见表 5-5 和表 5-6，并作必要的调整，使各条线路的有效长尽量接近，以达到缩短咽喉长度，优化咽喉设计的目的。

在图 5-30 中，当 B 端咽喉渡线在 f 的位置时，计算结果表明 I、3 道是全部到发线中有效长度最短的线路。若使这两条到发线有效长度达到标准有效长（本例为 850 m），其他到发线的实际有效长度肯定达到或超过标准有效长。I、3 道称为控制有效长度的线路，并且控制两端咽喉的长度（A 端咽喉长 547.33 m，B 端咽喉区长 635.58 m）。如果按此方案设计，标准有效长度为 850 m 时，站坪长度为 2 032.91（547.33+850+635.58）m。

如果将渡线 f 移至 f' 的位置，I、3 道线路终端连接也相应外移，则 I、3 道有效长度相应增加，I、3 道咽喉区长度缩短。经过计算，这时控制咽喉区长度的线路从 I、3 道移至 5、6 道，所需站坪长度为 2 011.52 m。其他线路的有效长度也发生相应变化，但是各条线路有效长度的差别仍然较大。

再将 5、6 道两端道岔外移，则这两条线路的咽喉区将分别缩短。经计算表明，这时 10、11 道的咽喉区将控制站坪长度。还可以再用道岔外移的办法来缩短其长度，10、11 道两端道岔外移之后，控制咽喉长度的线路移至 8、9 道，所需站坪长度为 1 877.47 m。

经过计算各条线路有效长度，除 II、6 道（982 m 和 910 m）较长外，其余都已接近 850 m，这样就得出一个较好的咽喉设计方案。

5. 绘制比例尺平面图

按 1∶2 000（或 1∶1 000）的比例尺，绘制车站咽喉设计的详图，在绘制过程中发现图型与数据有不符之处，应及时纠正。检查无误之后则完成车站咽喉设计。

上面内容讲述的主要是区段站咽喉设计，虽然编组站和其他类型车站的咽喉在作业与构造上与其存在一定的差异，但设计咽喉的方法与步骤大致相同。

5.7.2　咽喉设计的检算

上面提到对咽喉设计的草图要进行检算，才能保证设计的正确性，这节讲述咽喉设计检算的内容和方法。

咽喉设计是车站平面设计的核心内容，综合了线间距离、岔心距离、线路连接和线路有效长度等各方面的内容。咽喉设计突出反映了总体设计的要求，咽喉设计的检算是咽喉总体设计正确性的保证。《站规》只是规定了单个的线间距、岔心距、线路连接等项目的合理取值范围，但是满足这些规定的单个项目的取值综合在具体的咽喉区内，并不能够保证咽喉区具有正确的几何设计，这一点在道岔配列和复式梯线设计中都有一定的说明。按照几何关系构造出来的咽喉设计草图，须计算其中的岔心距离和夹直线长度等几何要素，并与《站规》中规定的取值范围比较，才能明确草图的正确性。因此，咽喉设计的检算是咽喉设计正确性的保证，它的内容涉及咽喉总体的各个方面。

另外，咽喉设计的检算又是咽喉设计的方法，任何专业人员在设计咽喉的过程中，不可能一下子就得出正确合理的设计方案，而是经过设计、检算、再设计、再检算的多次反复，才能最终提出一个较好的设计方案。掌握了检算的方法，也就是掌握了咽喉设计最基本的方法。

咽喉设计的检算因具体问题而各有不同，归纳起来按以下3个步骤进行。

（1）建立设计参数应该满足的约束条件集合。只有全部满足这些约束条件之后，才能保证设计的正确性；只要有一个条件不满足，这个设计就是不正确的。

（2）确定部分参数为已知参数，已知参数按照对应的约束条件取正确的值。其余的一个或几个参数为未知参数，未知参数的值由已知参数和设计图型的平面几何关系推导出来。

（3）将上一步推导出来的未知参数的值，与其对应的约束条件相比较。如果能满足该约束条件，则检算结果说明咽喉设计的平面图是正确的；否则，咽喉设计的平面图是不正确的。

【例 5-17】如图 5-1 所示的中间站图型，设计速度为 160 km/h，采用混凝土枕道岔，将左端咽喉改为另一种型式，如图 5-31 所示。试检算新的咽喉设计是否正确。

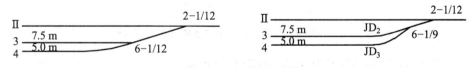

图 5-31　咽喉设计检算

解：新的咽喉设计改变了 3、4 道连接型式，其余的保留原有型式。4 道半径采用 300 m，3 道半径采用 400 m，6 号道岔采用 9 号辙叉显然是正确的，从整个咽喉设计来看，主要应检算 3、4 两道的连接。

（1）约束条件集合为。

$$S_{II,3} = 7.5 \text{ m}$$

$$S_{4,3} = 5.0 \text{ m}$$

$$L_{2,6} \geqslant 47.555\ \text{m}$$

$$L_{6,\,\text{JD}_1} \geqslant b + g_{1\min} + T_1 = 15.009 + 10.6 + 29.161 = 54.770\ (\text{m})$$

$$L_{6,\,\text{JD}_2} \geqslant b + g_{2\min} + T_2 = 15.009 + 13.6 + 16.637 = 45.246\ (\text{m})$$

（2）设定部分已知参数，并计算未知参数。

取值：$S_{II,3} = 7.5\ \text{m}$；$S_{4,3} = 5.0\ \text{m}$；$L_{2,6} \geqslant 47.555\ \text{m}$；计算未知的设计参数 $L_{6,\,\text{JD}_1}$ 和 $L_{6,\,\text{JD}_2}$ 的值如下。

$$L_{6,\,\text{JD}_2} = \frac{S_{II,3}}{\sin \alpha_{12}} - L_{2,6} = \frac{7.5}{\sin 4°45'49''} - 47.555 = 42.757\ (\text{m})$$

$$L_{6,\,\text{JD}_1} = (7.5 + 5.0 - L_{2,6} \sin \alpha_{12}) / \sin \alpha_{12+9}$$
$$= (12.5 + 47.555 \sin 4°45'49'') / \sin 11°06'14'' = 44.400\ (\text{m})$$

（3）将结果比较做出判断。因为

$$L_{6,\,\text{JD}_1} = 44.400 < 54.770\ \text{m}, \quad L_{6,\,\text{JD}_2} = 42.757 < 45.246\ \text{m}$$

所以，新的咽喉设计是不正确的。

5.7.3 各类咽喉设计示例

经过长期的铁路车站的设计与运营的实践，车站咽喉设计已经积累了很多较为成熟的方案，并且出版了各类车站咽喉设计的图集。本节只取出其中的几个咽喉设计的实际示例，供研究和参考，以开阔思路，积累咽喉设计的经验。各类咽喉设计的图集，将来可存储于计算机中，成为铁路车站咽喉计算机辅助设计的工具。

（1）单线横列式区段站咽喉设计图，如图 5-32 所示。

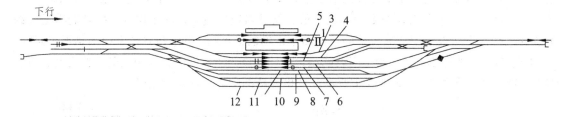

图 5-32　单线铁路横列式区段站运转设备布置详图

（2）双线横列式区段站咽喉设计图，如图 5-33 所示。

【例 5-18】根据图 5-33 所示的双线横列式区段站详细布置图，试说出两端咽喉区的最大平行作业数各是多少，并举例说明。

解：A 端咽喉的最大平行作业数是 5，B 端咽喉的最大平行作业数是 4。举例如下：

A 端：下行客车到达，上行客车出发，机车出段，机车入段，调车。

B 端：下行客车出发，上行客车到达，机车经机待线出（入）段，调车。

（3）双线纵列式区段站咽喉设计图，如图 5-34 所示。

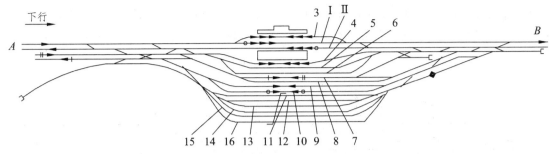

图 5-33　双线铁路横列式区段站运转设备布置详图

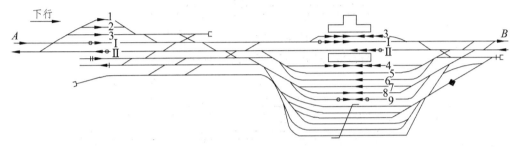

图 5-34　双线铁路纵列式区段站运转设备布置详图

（4）编组站到达场咽喉区设计图，如图 5-35 所示，该布置图均采用峰下跨线桥。

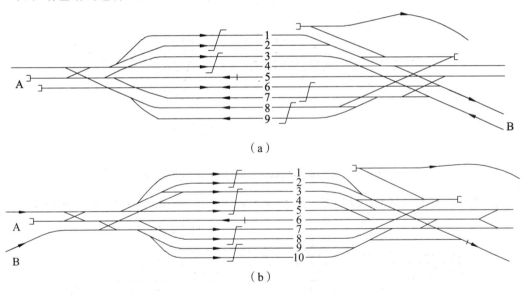

图 5-35　三级三场编组站到达场咽喉布置图

【例 5-19】如图 5-35（a）所示的三级三场到达场咽喉布置图，试说出到达场进口端和出口端咽喉的最大平行作业数是多少，并举例说明。

解：进口端咽喉的最大平行作业数是 3，出口端咽喉的最大平行作业数是 5，举例如下。

进口端：顺向接车，驼峰调机连挂待解车列，反向改编列车本务机车入段。

出口端：顺向改编列车 1、2 道本务机车入段，3、4 道车列推峰，推峰调机返回，反向改编列车本务机入段，反向接车。

（5）编组站出发场咽喉设计图。图 5-36 所示为单向三级三场编组站的出发场，顺向、反向各一个发车进路，不固定机车走行线。图 5-37 所示为二级四场编组站出发场咽喉布置图，其中，（a）图为顺驼峰方向出发场示意图，（b）图为反驼峰方向出发场布置示意图。

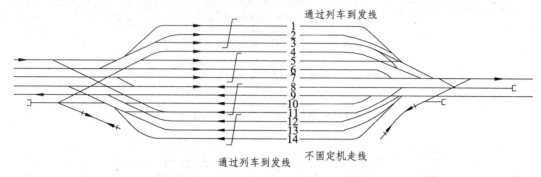

图 5-36　三级三场编组站出发场咽喉布置图

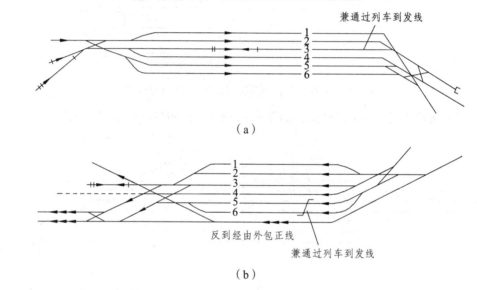

（a）

（b）

图 5-37　二级四场编组站反向出发场咽喉布置图

（6）编组站到发场咽喉区设计图。图 5-38 所示为一级三场编组站到发场咽喉布置图。

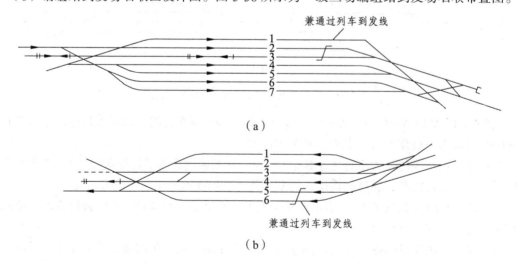

（a）

（b）

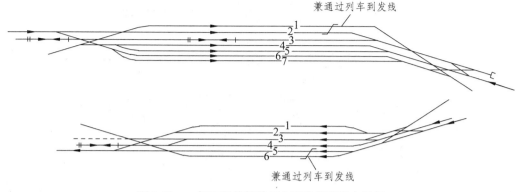

图 5-38　一级三场编组站反向到发场咽喉布置图

（7）编组站调车场尾部咽喉区设计图。如图 5-39 所示为单向三级三场调车场尾部咽喉布置图，属于设出发场的调车场尾部咽喉区设计图。

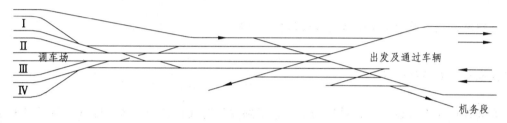

图 5-39　三级三场调车场尾部咽喉布置图

图 5-40 所示为采用部分列车调发方式的调车场尾部咽喉布置图。

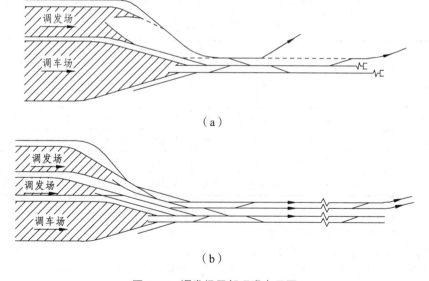

图 5-40　调发场尾部咽喉布置图

（8）箭翎线布置图。箭翎型配线被称为箭翎线，适合于编组多组列车较多的调车场使用，如图 5-41 所示。中间为机走线，两端为存车线，一条存车线分为几段，用三开道岔连接，每段有效长度为 150 m 左右，可根据需要另设大组车存车线，每段存车线末端设有能自动起落的挡车器。单向箭翎线只能一端作业，双向箭邻线可以两端作业。

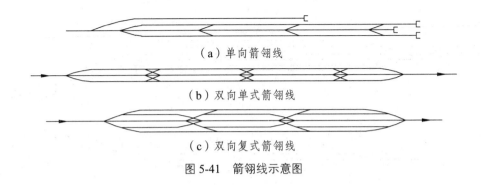

（a）单向箭翎线

（b）双向单式箭翎线

（c）双向复式箭翎线

图 5-41　箭翎线示意图

5.8　站　坪

在铁路正线上设置车站配线的地段被称为站坪。

5.8.1　站坪长度

在新建铁路选线设计时，站坪的长度包括到发线有效长、咽喉区长度和避免区间平面或竖曲线与车站咽喉区最外方道岔叠加所需要的直线段长度。站坪长度应根据远期车站布置形式、到发线数量、到发线有效长度以及道岔区长度等因素计算确定。在速度不大于 160 km/h 的情况下，选用的中间站和区段站的站坪长度数值不小于表 5-8 中的相应数据。

表 5-8　站坪长度（单位：m）

车站种类	车站布置形式	远期到发线有效长度（m）						
		1 050		850		750		650
		单线	复线	单线	复线	单线	复线	单线
会让站、越行站	横列式	1 450	1 700	1 250	1 500	1 150	1 400	1 050
中间站	横列式	1 600	2 000	1 400	1 800	1 300	1 700	1 200
区段站	横列式	2 000	2 500	1 800	2 300	1 700	2 200	1 600
	纵列式	3 500	4 000	3 100	3 600	2 900	3 400	2 600

注：①本表规定的长度是按现行《站规》规定的会让站、越行站中间站和区段站图型计算。
　　　复杂的中间站和区段站及编组站的站坪长度可按照实际需要计算确定。
　　②站坪长度未包括站坪两端竖曲线的长度。
　　③如有其他铁路接轨，站坪长度根据需要计算确定；或为考虑同时接发车需要。
　　④多机牵引时，站坪长度应根据机车数量及长度计算确定。
　　⑤会让站、越行站中间站和区段站的站坪长度，除越行站、双线中间站两端按各铺一组
　　　18 号道岔单渡线确定外，正线上其他道岔采用 12 号确定，当采用其他型号道岔时应
　　　另行计算确定。

当站坪两端的正线上有曲线和变坡点时，在确定站坪长度时还应考虑下列规定。

（1）站坪端部应设在平面圆曲线的缓和曲线以外，如图 5-42 所示。当中间站利用正线调

车时，最好使曲线与进站信号机间要有不小于 200 m 的直线段，以保证良好的视线。

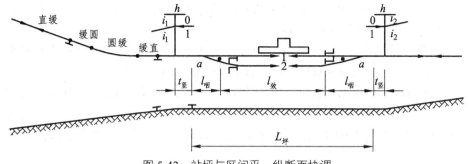

图 5-42　站坪与区间平、纵断面协调

（2）站坪端部至站坪外变坡点的距离不应小于竖曲线的切线长度，如图 5-42 所示。

（3）站坪与区间平、纵断面协调要尽量避免道岔进入竖曲线范围。

5.8.2　站坪在铁路正线平面上的布置

车站站坪应尽可能设置在铁路正线的直线地段。但是由于地形的限制，不可能将所有站坪都设置在直线地段，因此在困难条件下允许将站坪布置在曲线上，但必须遵守下列规定：

（1）新建铁路中间站的正线的最小曲线半径：Ⅰ、Ⅱ、Ⅲ级铁路分别为 1 000 m、800 m、600 m；特殊困难条件下，Ⅰ、Ⅱ级铁路为 600 m，Ⅲ级铁路为 500 m。区段站只有在特殊困难条件下，有充分依据方可设在曲线上。改建车站时，一般应按上述标准；特殊困难条件下，方可允许保留低于上述标准的曲线半径。

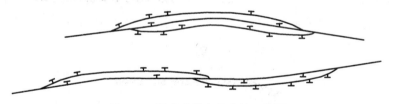

图 5-43　设在曲线上的车站示意图

（2）车站咽喉区范围内的正线应设在直线上，如图 5-43 所示。

（3）尽量减少曲线转角，以改善作业视线条件。

（4）一个车场一般不得设在反向曲线上。

5.8.3　站坪在铁路正线纵断面上的布置

站坪一般设在平道上。如设在平道上有困难时，允许设在坡道上，但必须保证进站和出站的起停条件，必要的调车作业条件，以及单独停留的车辆不致溜走。一般应满足下列要求。

（1）站坪坡度。

站坪允许设在不大于 1.5‰ 的坡度上；在特别困难条件下的站坪坡度：会让站和越行站可以设在不陡于 6‰ 的坡道上，但不得连续设置；改建车站时，如有充分依据，可以保留既有坡度，但应采取防溜措施。

车站咽喉区的坡度，宜与站坪坡度相同。困难条件下，允许将咽喉区设在限制坡度减 2‰ 的坡道上，但区段站、客运站上不得大于 2.5‰，中间站不得大于 10‰。

（2）站坪内一般应设计为一个坡段。

如因地形条件或车站布置需要，也可以设计成几个坡段，但变坡点不应多于两个，坡段长不应小于 200 m，每个坡段的坡度不应超过规定的最小站坪坡度。

（3）在大风地区，应根据风向和风力的影响，适当减缓站坪坡度，一般宜设计为平道或凹形断面。

（4）所有设计在坡道上的车站，均应保证列车起动条件，并进行列车起动检查。

5.8.4 站坪与区间纵断面的配合形式

在选线时，车站站坪与区间正线在纵断面上的配合形式，一般有如下六种。

（1）站坪和两端线路均为平道或缓坡。有利于利用区间正线调车作业。

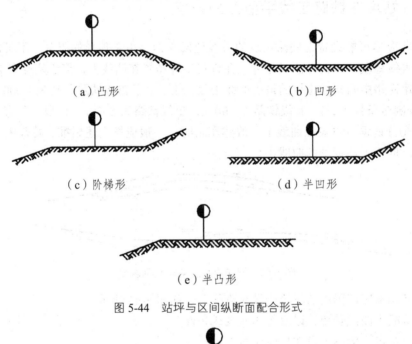

（a）凸形　　　　　　　　　（b）凹形

（c）阶梯形　　　　　　　　（d）半凹形

（e）半凸形

图 5-44　站坪与区间纵断面配合形式

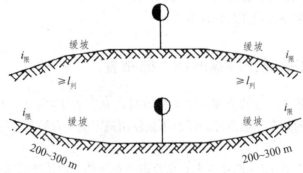

图 5-45　进出站线上缓坡的设置

（2）站坪位于凸形断面上，如图 5-44（a）所示。列车进站为上坡，然后便于制动停车；出站为下坡，便于起动加速。如进站上坡较徒，应考虑在进站信号机前设置进站缓坡，以保证列车起动。

（3）站坪位于凹形断面上，如图 5-44（b）所示。列车出站为上坡，不易起动加速；进站为下坡，不易制动停车。为了克服上述缺点，可在两端设置缓坡。

（4）站坪位于阶梯形纵断面上，如图 5-44（c）所示。此种形式对一个方向列车运转有利，而对另一个方向列车运转不利。

（5）站坪位于半凹形断面上，如图 5-44（d）所示。其特点与凹形相似。

（6）站坪位于半凸形断面上，如图 5-44（e）所示。其特点与凸形相似。

5.9 车站线路的平面和纵断面

本节提到的车站线路指进出站疏解线路和除正线及到发线以外的其他站线。正线和到发线应遵守站坪的有关规定。

5.9.1 车站线路的平面

进出站疏解线路的平面应符合相邻区段正线的规定。在困难条件下，有旅客列车通行的进出站疏解线路的最小曲线半径可采用 400 m，其他疏解线路的最小曲线半径可采用 300 m；编组站环到环发线的最小曲线半径采用 250 m。

编组站内的车场应设在直线上，特别困难条件下，如有充分依据，到达场、出发场和到发场可设在同向曲线上，其曲线半径不应小于 800 m。编组站车场间联络线的曲线半径不应小于 250 m。

其他站线的曲线半径参见书末附录十三的附录表 17。

站线上由于行车速度较低，一般不超过 50 km/h，因此，站线的曲线可不设缓和曲线和曲线超高。到发线上的曲线地段和连接曲线宜设曲线超高，曲线地段超高可采用 20 mm，连接曲线超高可采用 15 mm。

5.9.2 车站线路的纵断面

进出站疏解线路的纵断面，应符合相邻区段正线的规定。在困难条件下，仅为列车单方向运行的进出站线路，可设在大于限制坡度的下坡道上。单机牵引地段，最大坡度不应大于 12‰，特别困难条件下，不应大于 15‰；在双机牵引地段不应大于 30‰，内燃不应大于 25‰。相邻坡段的坡度差，应符合表 5-9 所规定的坡度值。

表 5-9 相邻坡段最大坡度差（单位：‰）

地形条件	到发线有效长度/m			
	1 050	850	750	650
一般地段	8	10	12	15
困难地段	10	12	15	18

进出站疏解线路的坡段长度，应采用相邻区段正线的规定，在困难条件下可不小于 200 m。编组站线路的纵断面应符合下列规定。

（1）峰前到达场宜设在面向驼峰的下坡道上，困难时也可设在上坡道上，其坡度不应大于 1‰。

到达场各部分纵断面的设计应满足驼峰推送部分纵断面的设计要求，保证推送和回牵的起动条件，并应考虑解体时易于变速。

（2）调车场内的纵断面应根据所采用的调速工具及其控制方式和技术要求，确定线路坡度。

（3）到发场和出发场的纵断面宜设在平道上，在困难条件下可设在保证列车起动，且不大于 1‰ 的坡道上。

（4）出发场、到发场和通过车场如需利用正线甩扣修车时，正线的纵断面满足半个列车调车时的起动条件。

其他站线的坡度参见书末附录十四的附录表 18。

进出站疏解线路坡段连接应符合相邻区段正线的规定。到发线和行驶正规列车的站线，如相邻坡段的坡度差大于 4‰，可采用 5 000 m 半径的竖曲线连接；困难条件下，其竖曲线半径不应小于 3 000 m。不行驶正规列车的站线，如相邻坡段的坡度差大于 5‰，可采用 3 000 m 半径的竖曲线连接；设立交的机车走行线，困难条件下，可采用不小于 1 500 m 半径的竖曲线。但高架卸货线的竖曲线可采用不小于 600 m 的半径。

车站正线上的道岔应避免布置在竖曲线范围内和变坡点上。在既有线改建困难条件下，当速度不大于 100 km/h 时，可设竖曲线，但其半径不应小于 10 000 m；站线上的道岔不宜设在竖曲线范围内，困难条件下必须设置时，在行驶正规列车的线路上，竖曲线半径不应小于 10 000 m，在不行驶正规列车的线路上，不应小于 5 000 m。当竖曲线半径小于 3 000 m 时，仅可例外的在竖曲线范围内布置道岔的导曲线，但道岔的辙叉与尖轨应布置在竖曲线之外。

5.10 站场路基和排水

5.10.1 站场路基

1. 路基宽度

路基面为路基铺设轨道的工作面。路基一部分铺设道砟，是轨道的铺设部分；一部分不铺设道砟，称为路肩。

凡是通行正规列车的联络线，路基面宽度应与所联结的正线标准相同。

站内单独线路，如联络线、机车走行线、三角线等的路基宽度：土质路基不应小于 5.6 m；岩石等硬质路基不应小于 5 m。

各类车站的站线中心线至路基边缘的宽度：车场最外侧线路不应小于 3 m；有列检作业的车场最外侧线路不应小于 4 m，困难条件下，采用挡碴墙时可不小于 3 m；最外侧梯线和平面调车牵出线经常有调车人员上、下车作业的一侧不应小于 3.5 m；在驼峰推送线的车辆经常摘钩地段，有摘钩作业的一侧不应小于 4.5 m，另一侧不应小于 4 m。

2. 路基面形状

车站路基面应设有倾向排水系统的横向坡度。根据车站路基宽度、排水要求和路基填挖情况，可设计为一面坡、两面坡或锯齿形坡的横断面。

路基面横向坡度及一个坡面的最大线路数量，可按表 5-10 的数据确定。

3. 路肩标高

一般站场的最外线路路基边缘的高度，应保证不被洪水或内涝积水所淹没。站场线路的所有路基、路肩、标高应高出最高地面积水或最高地下水位，高出的数值应视土中毛细水上升可能达到的高度和冻结深度而定。

在易于积雪的地区，新建车站的站坪应设在路堤上，路堤高度不应小于 0.6 m。当站坪处在风雪流的积雪地段，应设计有防雪设备。

表 5-10　路基面横向坡度

基床表层岩土种类	地区平均年降雨量/mm	横向坡度/%	一个坡面最多线路数/条
块石类、碎石类、砾石类、砂土类（粉砂类除外）等	<600	2	4
	≥600	2	3
细粒土、粉砂、改良土等	<600	2	3
	≥600	2～3	2

4. 路基边坡

路堤边坡应根据填料的物理学性质、边坡高度和基底工程地质条件等因素确定。路堤边坡高度在 8～20 m 时，其边坡一般为 1∶1.3～1∶1.75。

路堑边坡坡度根据土的性质、工程地质、水文条件和施工方法、边坡高度并结合自然极限山坡的调查决定。当路堑边坡高度不超过 20 m，且地质条件良好时，其边坡一般为 1∶0.1～1∶1.75。

5. 路基横断面

站场路基横断面，除了要表示一般区间路基所包括的内容外，还应表示客货运站台、站坪及有关道路等的填挖限界以及排水建筑物的横断面轮廓。

设计站场路基横断面时，首先应根据正线纵断面的标高（轨顶或路肩）计算出站内正线中心的标高，然后再根据排水和其他要求，计算其他各点的标高。

车站路基断面图如图 5-46 所示。

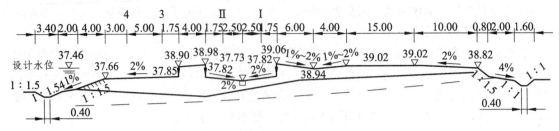

图 5-46　新建车站路堤横断面示意图（单位：m）

5.10.2　站场排水

1. 排水设备布置原则

站场排水的任务主要是排除路基面的雨水、雪水、客车上水时的漏水、洗车时的废水等。

站场排水应有总体规划，纵向和横向排水设备应紧密结合，站场排水与城市、厂矿排水系统密切配合，做到经济合理。改建或扩建的站场，应尽量利用既有的排水设备。

排水设备的数量应根据地区年降雨量、站场汇水面积、路基土的种类、路基纵横断面和出水口等因素综合研究确定。

站场内下列部位，根据具体情况应加强路基排水。

（1）客运站和办理客车上水作业车站的到发线和客车整备线和客车整备所的洗车机线。

（2）机务段内各种洗车机线。

（3）货场内设有站台的装卸线、车辆洗刷线、加冰线和牲畜装卸线。

（4）车辆减速器和设有轨道电路的大站咽喉区。

（5）驼峰立交桥下的线路和疏解线路所形成的低洼处。

（6）改建车站时，改建部分的排水不良路基。

2. 排水设备的类型

（1）线路间纵向排水槽。

采用明沟加盖板的形式，一般分为砟顶式排水槽和砟底式排水槽两种。砟顶式排水槽设置在填满道砟的线路间，此种水沟盖板比轨枕底低 2~3 cm。砟底式排水槽设置在不填满道砟的线路间，此种水沟盖板面与路基面水平。

（2）穿越线路的横向排水槽。

采用明沟加盖板的形式，一般为砟底式横向排水槽，适用于车场内穿越线路地段。

（3）公路盖板排水槽。

（4）旅客站台墙边的排水沟。

站台墙的边沟用于排除站台面及雨棚水，或排除客车洗刷、快运列车等流入道床的水。

（5）轨枕间三角涵。

（6）检查井。

（7）排水设备加固类型。

3．排水系统设计

站场排水系统的设计，采用纵向和横向排水结合的方式。纵向排水作用是汇集线路间的积水；横向排水作用是把纵向沟内的水排出站外。纵向和横向排水设备紧密结合，使汇水面积的水至出水口的径路最短，并尽量顺直。

1）纵向排水系统设计

纵向排水设备，可选用排水槽或加固类型的排水沟。

纵向排水设备的坡度应使水能顺利排出。为避免泥沙等淤塞设备，一般情况下，坡度不应小于2‰，困难条件下不应小于1‰。

编组站、区段站和线路数量较多的车站，车场内的纵向排水槽可根据不同情况按照表5-11来布置。

表5-11　外侧线路中心至路基边缘宽度

线路名称	距离（m）
一般站线	≥3
梯线	≥3.5
牵出线有调车人员上下一侧	≥3.5
驼峰推送线无摘钩作业一侧	≥4
驼峰推送线有摘钩作业一侧	≥4.5

客运站和办理客车上水作业的车站，一般在两站台之间设1条纵向排水槽，与客车上水管路结合设置其位置。宽度采用0.6 m。

客车整备场内，一般每隔2条线路设1条纵向排水槽。

货场设有两站台夹2条装卸线时，可在两线路间设置纵向排水槽。

设有给水栓的线路间，需设纵向排水槽。

2）横向排水系统设计

横向排水设备，一般应首先利用站内桥涵排出；无桥涵可利用，在路基比较稳定或填方较低时，可采用横向排水槽；不宜设置横向排水槽时，可选用排水管。在多雨地区的站场内，根据需要，可每隔一段适当距离便在站线的轨枕间设置小型排水涵、管。

穿越线路的横向排水设备的坡度不应小于5‰。

横向排水设备的距离，除满足排出纵向排水设备的汇水流量外，还应满足排出汇入横向排水设备的总流量。一般情况下，一个车场范围内，主要横向排水设备的数量可设1~2条，最多不应超过3条。

为了避免排水设备的淤塞，有条件时横向排水设备的坡度应适当加大。

3）车站排水系统

纵、横向排水槽底部宽度不应小于0.4 m，深度不宜大于1.2 m；当槽深大于1.2 m时，应适当加宽。

站场内排水设备的横断面尺寸，应按1/50洪水频率的流量设计；如有充分依据，可按当地城市或厂矿采用的洪水频率进行设计。

当排水设备位于调车作业区、列检作业区、装卸作业区和工作人员通行的地点时，排水沟或排水槽应加设盖板。

纵横向排水槽、管的交汇点，排水管的转弯处和标高改变处，容易淤泥和堵塞，应设检查井或集水井，便于清淤。检查井间的线路数量不宜超过表 5-10 中的规定。间距为 40 m 左右。如图 5-47 所示。

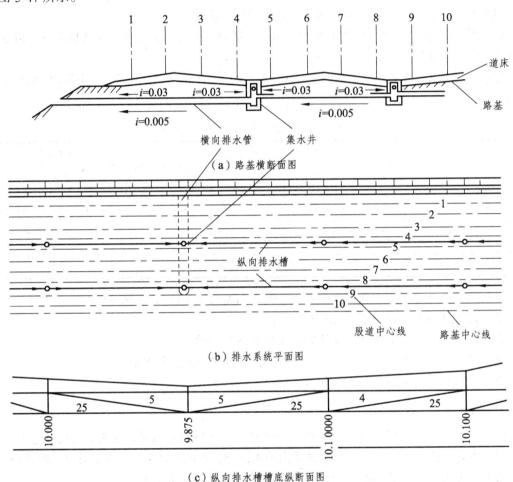

（a）路基横断面图

（b）排水系统平面图

（c）纵向排水槽槽底纵断面图

图 5-47　车站排水系统示意图

思考与练习题

1. 用示意图画出道岔配列的全部型式。
2. 确定各相邻道岔之间的岔心距（除标明者外均为 9 号辙叉）

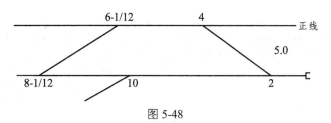

图 5-48

3. 如下所示的货物线，与相邻线间距离为 15 m，连接曲线半径 $R = 200\,\text{m}$，夹直线 $d = 10\,\text{m}$，要求站台端与切点对齐布置。试确定采用缩短式线路终端连接的有关参数，并计算出两道岔岔心间的距离。

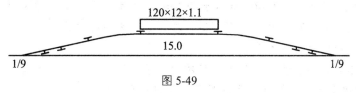

图 5-49

4. 某条货场牵出线采用线路平行错移连接形式，$R = 300\,\text{m}$，$d = 10\,\text{m}$，道岔均为 9 号辙叉。试确定反向曲线连接的有关参数，并计算角顶 V_1、V_2 至 1 号岔心的距离。

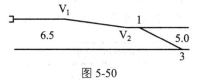

图 5-50

5. 判断如下到发场线路连接是否正确。

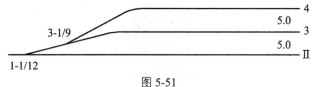

图 5-51

6. 为什么在如图 5-52 所示情况下，图（a）岔心间水平距离和图（b）岔心至角顶间水平距离 $X = N \times S$（N 为辙叉号，S 为线间距）

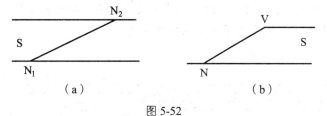

图 5-52

7. 当不同的辙叉号数组合时，确定如下两岔心的距离。

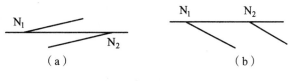

图 5-53

8. 确定如图 5-54 所示咽喉区相邻岔心间的距离。

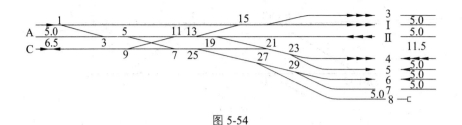

图 5-54

9. 如图 5-1 所示的中间站图型,站中心里程为 K528+500.00,到发线标准有效长为 850 m,出发信号机正线采用高柱色灯信号机,到发线采用矮柱色灯信号机,设有轨道电路。设计速度为 160 km/h,中间站台尺寸为 400 m×4 m×0.3 m,货物站台尺寸为 120 m×12 m×1.1 m。要求:

(1)确定辙叉号、曲线半径、线间距离、信号机和警冲标位置;

(2)推算到发线实际有效长度;

(3)试计算出站台端、岔心、角顶、警冲标、信号机、车挡的里程坐标。

(4)按 1∶2 000 比例绘制该站平面图型,并完成有关标注。

10. 下图 5-55 为某区段站线路布置及线间距离,试提出咽喉设计的一种方案,先画出示意图,经检算后再按 1∶2 000 的比例尺绘出车站平面图,已知到发线标准有效长为 850 m。并在平面图上标注辙叉号码(只标 12 号辙叉)、警冲标和信号机、各到发线实际有效长度。

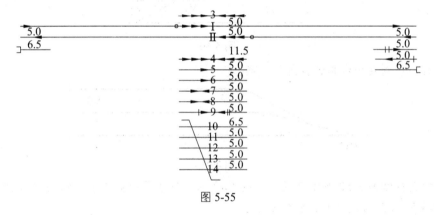

图 5-55

11. 如图 5-53 所示为某区段站一端咽喉布置图。举例说明最大平行作业数是多少,并说明采取哪些措施可疏解上行发车与机车出入段的交叉。

下行

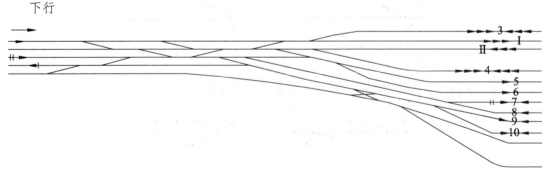

图 5-56

第6章　调车驼峰

铁路调车驼峰是区段站和编组站的主要调车设备，特别是编组站，驼峰调车设备是编组站的核心设备，在保证铁路大动脉的畅通无阻方面有着极为重要的作用。

驼峰形似骆驼的峰背，故称"驼峰"。它面向调车场有一段较陡的坡度，调车时车辆溜放的动力来源以其本身的重力为主。

6.1　概述

6.1.1　驼峰分类

驼峰按解体能力分为大、中、小三类。

1. 小能力驼峰

日解体能力为 200 ~ 2 000 辆，调车线 5 ~ 16 条，应设 1 条溜放线，宜设置溜放进路自动控制系统，推峰机车信号设备或机车遥控系统，钩车溜放速度半自动控制系统，也可采用人工或简易的现代化调速设备。

2. 中能力驼峰

日解体能力为 2 000 ~ 4 000 辆，调车线 17 ~ 29 条，宜设 1 ~ 2 条溜放线，应设有溜放进路自动控制系统，宜设有推峰机车遥控和钩车溜放速度自动或半自动控制系统。

3. 大能力驼峰

日解体能力 4 000 辆以上，调车线一般不少于 30 条，2 条溜放线，应设有推峰机车遥控、钩车溜放速度和溜放进路自动控制系统。

大、中、小驼峰根据需要，选用车辆减速器、减速顶、可控顶等调速设备。

6.1.2　驼峰的主要设备

1. 调速工具

一个固定的驼峰高度和溜放部分纵断面不能适应溜放走行性能千差万别的车辆以及千差

万别的停留车距离，因此，必须要在一定的地点设置调速工具，根据需要对车辆的溜行速度实行控制和调整，保证道岔的安全转换和与停留车的安全连挂，使之符合运营的要求。

常用的调速工具有铁鞋、车辆减速器、减速顶、加减速顶和可控顶等。

2．进路控制和信号设备

驼峰车辆溜放进路控制多采用自动集中设备来控制道岔，能预排和存储待解车列各钩车的溜放进路，自动传递命令，依次转换各组道岔并开通溜放进路。

驼峰信号分为设在峰顶指示车列推送速度的驼峰主体信号和设在调车场头部指示调车机车上峰和下峰的调车信号。峰顶主体信号机为八显示的色灯信号机。所有信号由驼峰值班员集中控制。

3．照明、通信、广播设备以及技术办公房屋等

驼峰设备的现代化包括以下主要内容：

（1）车辆溜放速度的自动控制；

（2）车辆溜放进路的自动选排和控制；

（3）驼峰机车推送速度的自动控制；

（4）摘解风管和提钩作业的自动化；

（5）自动抄录车号及核对现车；

（6）调车信息处理自动化。

溜放速度的自动控制是驼峰现代化的一个核心问题。

6.1.3 驼峰自动调速的基本原理

调速按其功能分为间隔调速和目的调速。

1．间隔调速

为了保证在溜放部分道岔和减速器的安全转换，前后溜放钩车在道岔和减速器上的必要的最小间隔时间（$t_{隔}$）应满足下列不等式：

$$t_0 - \Delta t \geqslant t_{隔} \tag{6-1}$$

式中　　Δt——前后钩车走行某一距离的时差，s；

t_0——前后钩车峰顶溜放间隔，s。

$$t_0 = \frac{L_{前} + L_{后}}{2v_0} \tag{6-2}$$

式中　　$L_{前}$，$L_{后}$——前后钩车长度，m；

v_0——峰顶车列推送速度，m/s。

前后钩车在道岔和减速器上的最小间隔时间，在数值上等于前行钩车（一般指难行车）占用道岔和减速器的时间 $t_{岔占}$ 和 $t_{器占}$。

在道岔上：

$$t_{隔} = t_{岔占} = \frac{2L_{绝} + B_{前} + B_{后}}{2v_{前}} + t_{继} \tag{6-3}$$

在减速器上：

$$t_{隔} = t_{器占} = \frac{2L_{器} + B_{前} + B_{后}}{2v_{前}} + t_{器转} \tag{6-4}$$

式中　$B_{前}$、$B_{后}$——前后钩车的外轴距，m；

　　　$t_{继}$——控制电路中继电器动作时间，s。一般不超过 0.5 s，有时可忽略不计；

　　　$v_{前}$——前行钩车（一般指难行车）通过道岔或减速器的平均速度，m/s；

　　　$L_{绝}$——道岔绝缘区段长度，m；

　　　$L_{器}$——可以单独控制的每台减速器的长度，m；

　　　$t_{器转}$——减速器的转换时间，s。

为了满足上述不等式，应尽可能使前后钩车的溜行速度相接近，以减小前后钩车走行时差 Δt，这就是对钩车的溜行速度实行调节的间隔调速。

以减速器控制钩车间隔时，溜放经路上的减速器对后行追赶的易行车实行制动，降低其溜行速度，使其与前行的难行车的速度相接近。

以减速顶控制钩车间隔时，在其溜放径路上连续安装减速顶，用以消除易行车的多余动能，使难、易行车速度相接近。

2. 目的调速

目的调速是保证钩车在调车场内以某一速度溜行一定距离后能以规定速度（相当于 1.39 m/s）与停留车安全连挂。

车辆减速器是用打靶方式进行目的调速的。此时要求准确地测定钩车的走行性能（阻力）和停留车距离，设定和控制钩车在减速器（车场第一部位）的出口速度，使钩车从减速器末端到达停留车时的速度满足安全连挂的要求。由于测量和减速器控制误差，计算出口速度时不能取最大的连挂速度 $v_{挂max}$。采用计算连挂速度 $v_{挂计}$ 应取均方值：

$$v_{挂计} = \left(\frac{v_{挂max}^2 + v_{天}^2}{2} \right)^{\frac{1}{2}} \tag{6-5}$$

式中　$v_{天}$——在允许天窗时的负连挂速度（m/s），当 $v_{天} = 0$ 时，$v_{挂计} = 0.71 v_{挂max}$。

钩车在减速器上应有的出口速度：

$$v_{出} = (v_{挂计}^2 - 2aL)^{\frac{1}{2}} \tag{6-6}$$

式中　$v_{挂计}$——计算连挂速度，m/s；

　　　L——减速器末端至停留车的距离，m。

　　　a——钩车的加速度，m/s²，其值为

$$a = g'(i - w)10^{-3} \qquad\qquad (6\text{-}7)$$

式中　g'——考虑车辆移动惯量后的重力加速度，m/s²；

　　　i——溜行距离 L 范围内的线路坡度，‰；

　　　w——钩车的单位总阻力，N/kN。

用减速顶实现目的调速时，将车场线路坡度设计为难行车阻力当量坡，使难行车以安全连挂速度等速溜行，再连续安装一定数量的减速顶消除易行车多余动能，使易行车也能以安全连挂速度溜行至线路终点。

6.1.4　驼峰调速系统

驼峰调速系统，按其调速工具的类型和性能，以及它在纵断面上的分布和作用范围可分为点式、点连式、连续式三种。

1. 点式调速系统

点式调速系统的特点是，在钩车溜放的整个经路上设置数级以减速器为调速工具的制动位，每一减速器制动位都能控制一定的钩车溜行距离。由测试设备在钩车溜放过程中随时测出影响减速器出口速度的各个参数（如钩车重量等级、车辆溜放阻力、停留车位置和车辆实际溜行速度），再由计算装置根据这些参数按一定的数学模型算出钩车在减速器上应有的出口速度，并自动地控制减速器的动作。当钩车实际速度 $v_{实}$ 大于计算的容许出口速度 $v_{出}$ 时，减速器自动地对钩车实施制动；当 $v_{实} \leqslant v_{出}$ 时，减速器自行缓解。各种制动位减速器通过控制放出钩车的速度就保证钩车间的间隔，并溜行预定距离与停留车安全连挂。这就是点式调速系统。点式控制方式又称为目标打靶式。

点式调速系统的平纵断面和速度控制模型如图 6-1 所示。点式调速系统根据减速器制动位的分布有二级式（不设车场制动位），三级式（增设一级车场制动位）和四级式（增设二级车场制动位）等方式。

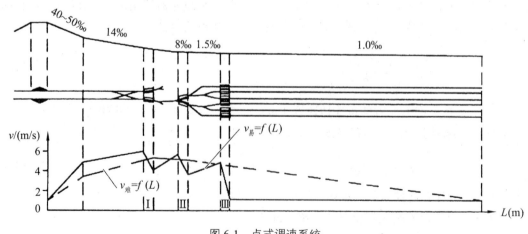

图 6-1　点式调速系统

点式调速系统设置的测控设备有测重设备、测阻设备、测长设备和测速雷达等。

2. 点连式调速系统

点连式调速系统一般在驼峰头部道岔区装设一个或两个部位减速器制动位完成间隔调速任务，在调车场内线路上装设减速器（第Ⅲ制动位或叫车场制动位）和连续装设减速顶、加速顶和推送小车等调速工具，完成目的调速钩钩连挂的任务。也有不设间隔调速制动位的点连式驼峰。

1）减速器和减速顶（或加减速顶）相结合的点连式调速系统

该调速系统在峰下调车场每一线路头部设置车场减速器制动位，打靶一段距离（100～200 m）后在线路上连续设置减速顶（或加减速顶），调车场内的目的调速任务由车场减速器制动位和连续布置的减速顶共同完成，如图6-2所示。

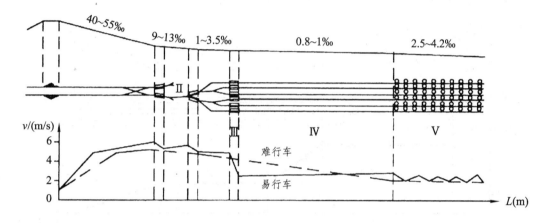

图6-2 减速器-减速顶点连式调速系统

2）减速器和推送小车相结合的点连式调速系统

该调速系统与减速器和减速顶相结合的调速系统的区别在于车场减速器制动位后 300～500 m 范围内设置钢索推送小车，目的调速任务由车场减速器和推送小车共同完成，如图6-3所示。

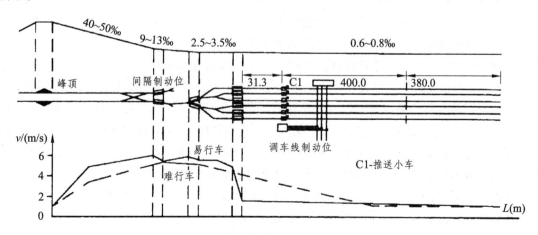

图6-3 减速器-推送小车点连式调速系统

3. 连续式调速系统

全顶式调速系统是连续式调速系统的一种。在驼峰全顶式调速系统中溜放钩车的间隔调速和目的调速任务，完全由连续布置在驼峰咽喉区和调车场线路内的减速顶来完成。

如图 6-4 所示，为全顶式驼峰调速系统的平纵断面和速度控制模式。全顶式调速系统的速度控制模式应能使钩车到达第一分路道岔时加速到能保证其安全转换的速度 $v_{岔}$，并以此高速度通过整个道岔区并进入车场。线路头部密集布顶的顶群区将钩车速度降至安全连挂速度，以此速度在线路有效长度范围内的连挂区等速溜行，直至与停留车安全连挂为止。由于各种钩车在道岔区速度基本相同，走行时差 Δt 趋近于 0，前后钩车间安全转换道岔的必要间隔自然得到保证；又由于各种钩车在调车线上以连续速度等速运行，任何地点都能安全连挂。调车场尾部设计成反坡，以使溜行钩车停在调车场内，并防止溜逸。

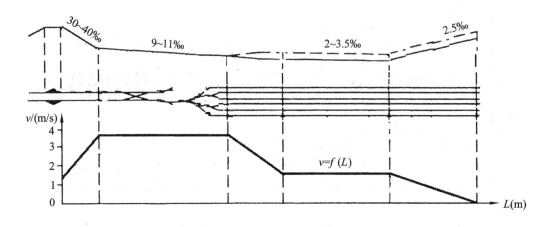

图 6-4　全顶式调速系统

4. 三种调速系统评估

我国编组站调速系统基本构成以下 3 种类型。

（1）以丰台西、南翔编组站为代表的点式调速系统。

（2）以艮山门站为代表的连续式调速系统。

（3）以郑州北编组站为代表的点连式调速系统。

我国铁路由于车辆安全连挂速度低（5 km/h 以下），车辆溜放阻力离散度大，允许连挂速度低，要求溜行的距离远，以及驼峰作业量大等运营特点，采用点式调速系统效果并不理想。

全顶式调速系统的关键部位顶群区存在的问题是，易行车超速连挂，难行车达不到规定的连挂速度，造成"天窗"，大组车的制动不能"让头拦尾"，推峰速度较低，以及对调机轮缘磨耗等问题。但是全顶调速系统具有造价低、节约能源、节省投资等特点。在地形适合且驼峰能力要求不很高的新建中小型驼峰和改建原有调车场坡度较大时可采用。

点连式调速系统，由于保留了点式和连续式调速系统的长处，而又克服了它们各自的不足，比较适合我国驼峰的运营条件。大中型编组站应优先采用点连式调速系统。

6.2 调速工具

6.2.1 铁鞋

小型驼峰调车场可采用铁鞋作为目的制动的调速工具。

铁鞋制动的原理是使溜放车辆的车轮压上铁鞋，迫使铁鞋在钢轨上产生滑行，从而产生制动力使车辆减速或停车。铁鞋对车辆的制动是借助车辆重量的垂直方向的重力，故制动力的大小与车辆的轴重成正比，无论是空车还是重车其单位制动力是一样的。用一只铁鞋对一辆四轴车的一个轮轴施行制动时，不论其总重和轴重是多少，其单位制动力为 42.5 N/kN。即相当于一个 42.5‰ 的上坡道的坡道阻力。

6.2.2 车辆减速器

目前我国使用的车辆减速器都是钳夹类型的，按其制动力的来源分为重力式和压力式两种。重力式减速器的制动力产生于车辆本身的重力，制动力的大小与车辆的重量成正比，压力式减速器的制动力产生于外界动力源（压缩空气），其制动力的大小与车辆重量无关，不能随车辆的重量自行调节。

1. T.JK 型车辆减速器

T.JK 型车辆减速器为压力式钳型减速器，利用压缩空气驱动内外钳，由钳口两侧的制动夹板对车轮挤压从而产生制动力。它的构造如图 6-5 所示。

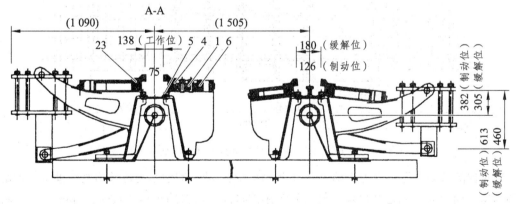

1—螺栓；2、3—螺母、垫圈；4—钢轨夹；5—轨夹螺栓；6—下卡板

图 6-5　T.JK 型车辆减速器断面图

在减速器制动时，风压调整器根据车辆重量选定制动等级，将压缩空气经由风管送入制动缸，推动活塞将制动梁和制动夹板推到制动位，此时制动夹板开口宽为 126 mm，小于车轮宽度（标准宽 135 mm），车轮向外挤扩制动夹板，产生摩擦力，使车辆减速。减速器缓解时，制动缸中的压缩空气排向大气，靠自重及缓冲弹簧的作用恢复到缓解位，此时制动夹板的开口宽度大于 180 mm，即大于车轮厚度。

T.JK 型压力式减速器的制动等级有四级，四级不同风压等级通过压力调整器来控制。操作时，应根据车辆的不同重量选择相应的风压等级。操作不当则不能获得预期的制动效果。每台减速器可由不同节数组成，一般每台减速器为 4~7 节。根据制动力的要求，每一制动位可设置一台或两台减速器，用阿拉伯数字表示每台减速器的节数，一个制动位上有两台减速器时，用"+"号连接起来，如 4+4 或 5+5，表示该制动位有两台减速器，每台 4 节或 5 节。每台减速器是按整体操纵的，各节同时动作。

T.JK 型减速器的性能资料见书末附录二十。

2. T.JY₂ 型车辆减速器

T.JY₂ 型车辆减速器是利用被制动车辆的重量，通过能浮动的基本轨及制动钳的传递，使安装在制动钳上的制动轨对车轮两侧产生压力进行制动。T.JY₂ 车辆减速器的结构如图 6-6 所示。

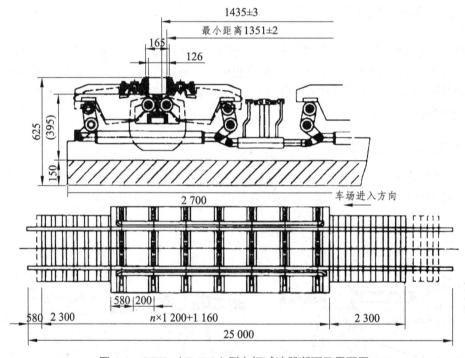

图 6-6　T.JY2（T.JK2）型车辆减速器断面及平面图

减速器的缓解位置，内外制动轨开口为 170 mm；减速器的制动位置为高压油进入油缸，推动活塞，通过两个四连杆机构，使内外钳尾部提高，钳口缩小至（125±1）mm，当车辆进入减速器，将钳口排扩至车轮厚度（135~145 mm），使钢轨支座和钢轨浮起，故其制动力的大小和车辆的重量成正比。

T.JY₂ 型车辆减速器的性能资料见本书附录十九。

将 T.JY₂ 型车辆减速器的液压动力系统改为空压，便为 T.JK₂ 型空压重力式减速器，可与 T.JK 空压减速器配套使用。

将 T.JY₂ 型减速器设在轨道中间的工作油缸及其油管道移至轨道外侧，并加连杆连接，便为 T.JY₃ 型液压重力式钳形减速器，这样不污染道床，维修养护方便和有利调车作业人员的安全。将 T.JY₃ 型减速器的油缸改成风缸，便成为空压重力式减速器，称为 T.JK₃ 型。

T.JY₃（T.JK₃）型减速器的性能资料见本书附录十九。

由于钳形减速器对"三轮车"（大轮车、薄轮车和油轮车）的制动力小于设计值，为安全起见，在调车场线路头部减速器制动位后设置脱鞋道岔，配备铁鞋防护。

6.2.3 减速顶

1. 减速顶的结构

减速顶由滑动油缸组合件与壳体组合件两大部分组成，如图 6-7 所示。

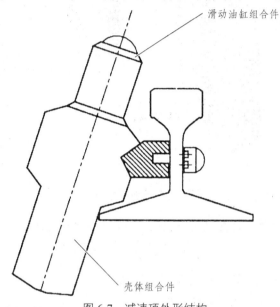

图 6-7　减速顶外形结构

1）滑动油缸组合件

滑动油缸组合件，如图 6-8 所示，是由滑动油缸体、活塞组合件和密封组合件组成；其内密封着一定量的油液和氮气，是减速顶的主要部分。

（1）滑动油缸体是一个杯形体，在高压和高速连续撞击条件下工作。为提高耐磨性和强度，缸体的顶帽与内、外表面都经硬化处理；同时为增加抗蚀性，缸体外表面镀有铬层。

（2）活塞组合件是减速顶的心脏，对车辆做功性能起决定性作用。它由活塞、速度阀、压力阀组合、回程阀和止冲装置几部分组成。速度阀由速度阀板、速度阀弹簧、压力阀座、调整螺母和弹性销组成，改变速度阀弹簧或速度阀板与活塞上端之间的开量，可以使减速顶获得不同档次的临界速度；压力阀组合由压力阀座、压力阀杆（可以是球阀、锥阀或平板阀等）、压力阀内弹簧和外弹簧（也可以是 1 个弹簧）、弹簧座、调压螺丝、垫圈和锁帽等组成，调整压力阀内、外弹簧的预压力，可以改变压力阀的开启压力，从而改变减速顶对车轮的垂直反力和做功能力；回程阀由回程阀板、挡圈和活塞下端面组成，改变回程阀板的节流孔的大小或阀板直径可以改变减速顶的回程速度；止冲装置由止冲座、销轴、O 形密封圈等组成。安装在活塞杆的底部，与安装在壳体上的止冲销配合使用，可以防止油缸组合件窜出壳体。

（3）密封组合件是用来密封滑动油缸体内的油液和氮气。它由 O 型密封圈、O 型密封圈、通孔螺堵、充氮口弹簧、钢球、O 型密封圈、密封盖、O 型密封圈、沉头螺钉组成，如图 6-9 所示。

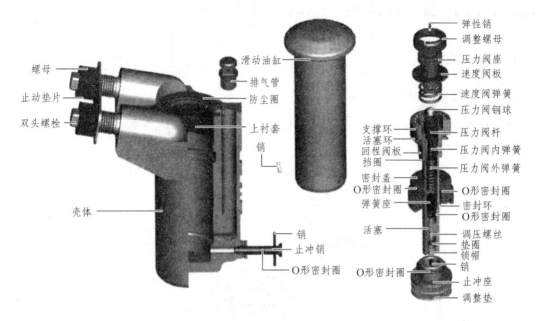

图 6-8　减速顶结构图图

充氮时，拧下沉头螺钉，将充氮装置上的充气嘴压入密封盖的充氮口，即可充入氮气。

2）壳体组合件

壳体组合件是减速顶与钢轨连接的基座，对滑动油缸组合件起支撑和导向作用，如图 6-9 所示。

壳体（4）用双头螺栓（3）、六角螺母（1）与钢轨联接紧固，并用止动垫片（2）防止螺母松动，壳体内设有储油槽、装有防尘圈（7）和 O 形密封圈（12），以阻挡灰尘杂物入内和防止润滑油脂流失。壳体孔底部可装调整垫（39）、厚度分别为 1、2、3 mm，增加或减少垫片，可以调整减速顶与轨面高度。在壳体外部设有排气孔，排气孔由标牌覆盖，用圆头螺钉和弹簧垫圈紧固，以防雨水及异物进入壳体内部，壳体的底部装有止冲销（11）。

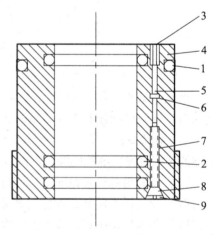

图 6-9　密封组合件组装图

2. 减速顶的工作原理

减速顶是一个独立的封闭液压单元，不需要任何外部能源就能自动控制车辆的溜放速度。减速顶的临界速度，平时习惯叫作挡位值，是产品出厂前在结构上已调定好的。

1）车速低于临界速度时

当车辆溜放速度低于减速顶所调定的临界速度时，吸能帽因受力而慢速向下滑行，迫使吸能帽上腔的油液流经速度阀环形缝隙 2 而充满吸能帽的下腔。但由于它产生的压差很小，不足以克服支撑弹簧 3 的预压力，因此速度阀板 1 始终保持开启状态，使上下腔油路沟通，不能形成压力，所以减速顶对车辆不起减速作用。同时，吸能帽上腔的氮气，由于吸能帽的位移而被压缩，如图 6-10 所示。

2）车速高于临界速度时

当车辆溜放速度高于减速顶所调定的临界速度时，吸能帽下滑速度很快，吸能帽上腔的油液流经速度阀环形缝隙 2 使速度阀板 1 上下形成较大压差，克服了支撑弹簧 3 的预压力，于是速度阀板立即关闭。速度阀板关闭后，吸能帽继续下滑，迫使吸能帽上腔的氮气压缩，压力急剧上升直到将压力阀 6 打开。由于油液以一定的压力通过压力阀消耗功，因此减速顶便对车辆起制动作用，如图 6-11 所示。

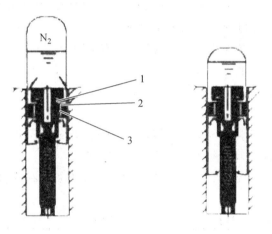

1—速度阀板；2—环状缝隙；3—弹簧；

图 6-10　T.DJ 型减速顶（低于临界速度时）

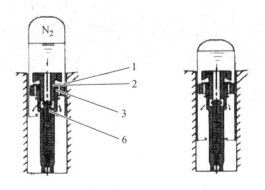

1—速度阀板；2—环状缝隙；3—弹簧；6—安全阀

图 6-11　T.DJ 型减速顶（高于临界速度时）

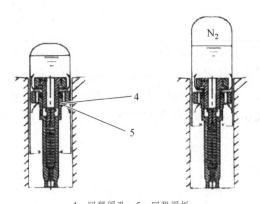

4—回程阀孔；5—回程阀板

图 6-12　T. DJ 型减速顶（回程动作时）

3）回程时

当车轮轮缘通过吸能帽的顶点之后，吸能帽上被压缩的氮气膨胀，而使吸能帽向上回升。此时，吸能帽下腔的油液通过回程阀孔 4 将回程阀板 5 推向活塞下端面，堵小孔 4，起到阻尼作用，使吸能帽以适当的速度回升，如图 6-12 所示。

减速顶（内侧、外侧）和加速顶的性能资料见本书附录二十至二十二。

6.2.4　加速小车

绳索牵引加速小车，设置在调车线两钢轨的中间，由绳索牵引沿调车线两钢轨之间往返走行，以安全连挂速度推送车辆直至与停留车安全连挂。

绳索牵引加速小车由推送小车、绞盘、传动系统、动力系统和控制系统等组成，如图 6-13 所示。

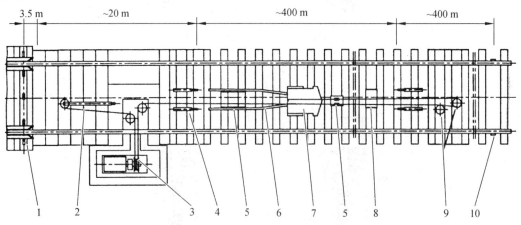

1—减速器；2—绳索张紧机构；3—油马达绞盘传动装置；4—车止挡；5—限位开关；
6—锁闭导轨；7—牵引小车；8—铜丝绳托轮；
9—返回滑轮；10—踏板

图 6-13　绳索牵引加速小车

绳索牵引加速小车以油马达作为原动力，通过绞盘，钢丝绳的传递，带动小车前进和返回。在小车向推送方向走行时，利用小车两侧推送臂的滚轮推动车辆轮缘，使车辆前进，达到加速车辆的目的，这样可用来消除可能形成的"天窗"，在小车返回时，可使推送臂落下并锁闭，避免回程中与车轮轮缘相撞。

6.3　驼峰设计基础

6.3.1　计算车辆

每日通过驼峰的车辆数以万计，车辆的走行性能千差万别，而车辆溜放阻力与车辆类型和总重有关，为了便于进行驼峰设计，从中确定有代表性的几种，作为驼峰设计和计算的参照和标准。这几种有代表性的车辆叫作驼峰计算车辆，根据溜放阻力的大小分别称为难行车、中行车和易行车。

难行车为不满载的 50 t 棚车（P_{50}）。其总重为 300 kN。

中行车为满载的 50 t 敞车（C_{50}），其总重为 700 kN。

易行车为满载的 60 t 敞车（C_{62A}），其总重为 800 kN。

计算难行车、中行车和易行车的主要尺寸如图 6-14 所示。

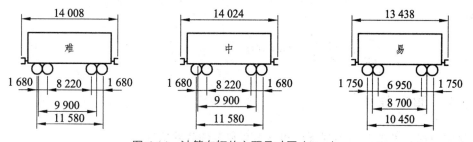

图 6-14　计算车辆的主要尺寸图（mm）

6.3.2　能高

在驼峰设计理论中，将单位重量的能量或阻力功换算为能高。能高包括动能高、位能高和阻力高，其单位为 m。

1. 动能高（h_v）

指单位重量的动能，按式（6-8）计算：

$$h_v = \frac{v^2}{2g'} \tag{6-8}$$

式中　v——溜放车辆的速度，m/s；

g'——考虑车辆转动惯量影响的重力加速度，m/s^2。

$$g' = \frac{g}{1 + 4.2n/Q} \tag{6-9}$$

式中 g ——重力加速度，取 9.81m/s^2；

    n ——车辆轴数；

    Q ——车辆总重，kN。

2. 位能高（H）

指单位重量的势能，即溜放车辆所处位置与零势能点的高差。

3. 阻力高（h_w）

指单位重量的阻力功，用式（6-10）计算。

$$h_w = w \times L \times 10^{-3} \tag{6-10}$$

式中 w ——溜放车辆单位重量的阻力，N/kN；

    L ——车辆从峰顶起所溜行的距离，m。

【例6-1】一辆四轴货车装有百货，总重 300 kN，峰顶推送速度为 2 m/s，试计算该辆车在峰顶时具有的速度高。

解：$n=4$，$Q=300 \text{ kN}$，$v=2 \text{ m/s}$，

$$g' = \frac{9.81}{1+(4.2 \times 4)/300} = 9.29 \, (\text{m/s}^2)$$

速度高：

$$h_v = \frac{v^2}{2g'} = \frac{2^2}{2 \times 9.29} = 0.22 \, (\text{m})$$

6.3.3 溜车条件

车辆溜放时，考虑溜车不利条件和溜车有利条件两种情况。

1. 溜车不利条件

1）南方地区

南方地区指的是 10 年平均各月的月平均气温均在 0 ℃ 及其以上地区。

气温按公式（6-11）计算：

$$t = \bar{t} - 1.96 \sigma_t \tag{6-11}$$

式中 t ——计算气温，℃；

    $\bar{t}$ ——根据 10 年各月份的月平均气温计算的 10 年年平均气温，℃；

    σ_t ——计算风速的均方差，m/s。

计算风向为溜车正面逆风，风向与溜车方向的夹角为 $0°$。

2）北方地区

计算气温按公式（6-12）计算：

$$t = \bar{t} - 1.5 \sigma_t \tag{6-12}$$

计算风速按式（6-13）计算：

$$v_f = \overline{v}_f + 1.5\sigma_t \qquad (6-13)$$

计算风向为溜车正面逆风，风向与溜车方向的夹角为 0^0。

2. 溜车有利条件

计算气温采用 27 ℃，图解检算时，风速按无风计算。计算夏季限制峰高、设计驼峰溜放部分纵断面及计算调速设备制动能力时，风阻力按零计算。

6.3.4 溜放车辆的运动方程

车辆自驼峰峰顶至调车场的溜放过程中，受到下列三种力的作用。
（1）重力。
（2）溜放阻力。
（3）推力和制动力。

前两种力存在于车辆溜放的全过程，后一种力存在于布设加速设备或减速设备的地段。车辆在沿具有坡度的驼峰线路上溜放时，其受力情况（不考虑加减速设备）如图 6-15 所示。

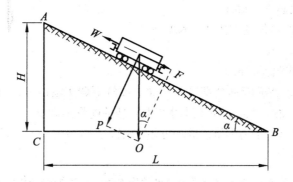

图 6-15 车辆在坡道上溜放的受力分析

由于倾斜的角度很小，即使在坡度为 50‰的情况下，α 也不过 $2°52'$，因此倾斜的长度近似于水平投影的长度。$\sin\alpha \approx \tan\alpha = i \times 10^{-3}$

重力沿坡面的分力为

$$F = Q\sin\alpha \approx Q\tan\alpha = Q \times i \times 10^{-3} \qquad (6-14)$$

式中　Q——车辆总重，N；

　　　i——坡面的坡度，‰。

车辆溜放时的单位阻力为 w（N/kN），则总阻力为

$$W = Qw10^{-3} \text{ (N)} \qquad (6-15)$$

由动力学原理，得出溜放车辆的运动方程为

$$\frac{\mathrm{d}v}{\mathrm{d}t} = g'(i-w)10^{-3} \qquad (6-16)$$

由上述运动方程可知：

当 $i > w$，溜放车辆加速运行；

当 $i < w$，溜放车辆减速运行；

当 $i = w$，溜放车辆匀速运行。

微分方程式（6-16）适合于用计算机进行数值计算，来模拟和设计驼峰的纵断面。

6.3.5　阻力计算

1. 基本阻力

溜放车辆的基本阻力是指在平直道上溜行时，除风和空气阻力以外所受的阻力。基本阻力随车辆状态（车型、车重、轴承和走行状况等）、溜经的线路状况（轨道和路基质量）、车辆溜行环境（气象条件），以及瞬时速度的不同而变化，情况复杂。所以基本阻力一般都通过试验测定。根据大量测试数据综合分析的结果，得出滑动轴承货车单位基本阻力经验公式：

$$
\begin{aligned}
w_{\text{基}} &= 1.539 + 2.203[\mathrm{e}^{-0.0169\,t} - \mathrm{e}^{-0.0169(10.2+0.024\,Q)}] - 0.001\,07\,Q \\
&\quad + (0.428 - 0.000\,37Q)v_{\text{车}} \pm 1.28\sigma + (1-c)0.4
\end{aligned}
\tag{6-17}
$$

式中　Q——计算车辆总重，kN；

　　　$w_{\text{基}}$——溜放车辆单位基本阻力，N/kN；

　　　t——环境温度，°C；

　　　$v_{\text{车}}$——车辆溜放速度，m/s；

　　　c——计算参数。在驼峰溜放部分，$c=0$；在峰下调车场内，$c=1$。这是因为溜放部分的道岔，曲线多，车辆经过时产生剧烈的蛇形运动；

　　　σ——表示车辆基本阻力离散度的均方差，难行车取"+"，中行车取"0"，易行车取"–"。

　　　σ 的值如表 6-1 所示。

表 6-1　车辆基本阻力离散度均方差 □（单位：N/kN）

夏季温度	冬　季　温　度							
27 °C	10	5	0	–5	–10	–15	–20	–25
重车 0.27 空车 0.45	0.42	0.46	0.5	0.5	0.6	0.76	0.86	0.96

车辆基本阻力可以由事先计算好的表格中查得，见附录十七。表中所列数据为调车场内基本阻力，溜放部分的基本阻力按该值加 0.4 N/kN 考虑。车组的基本阻力较单个车要小，可按单个中行车的基本阻力计算。

2. 风和空气阻力

车辆溜放时的风阻力包括风和空气阻力。无风时，风阻力即为空气阻力。

风阻力是车辆在溜放过程中车辆与周围空气的相对运动而产生的阻力或推力。风阻力与车体形状、车辆溜放速度、风速风向以及空气阻力系数等因素有关。

车辆从峰顶溜往调车场各线路的溜车方向各不相同，为简化计算，溜车方向定为调车场头部两侧互相对称的车场，以调车场中轴线作为溜车方向。以此作为计算风阻力作用的计算溜车方向。

车辆溜放时所受的单位风阻力经验公式如式（6-18）所示：

$$W_风 = 0.63fC_{x1}(v_车 \pm v_风 \cos\beta)^2 / (C_{x0}\cos^2\alpha \cdot Q) \tag{6-18}$$

式中　　$W_风$——单位风阻力，N/kN；

　　　　Q——车辆总重，kN；

　　　　f——车辆的正面受风面积，m^2；

　　　　C_{x1}——轴向风阻力系数；

　　　　C_{x0}——正面受风（$\alpha = 0$）时的轴向风阻力系数；

　　　　$v_风$——计算风速，m/s，逆风时用"+"，顺风时用"–"号；

　　　　β——计算风向与计算溜车方向的夹角，°；

　　　　α——相对风速角度，°。

$$\alpha = \arctan\left[\frac{v_风 \sin\beta}{v_车 \pm v_风 \cos\beta}\right]$$

风阻力有正负之分，取"+"表示阻力；取"–"表示推力。其符号与相对速度（$v_车 \pm v_风 \cos\beta$）的符号一致。

风阻力计算公式中需要的有关参数可从附录十八中查得。

设计驼峰时，有关的气温、风速、风向及频率等气象资料，要从当地气象部门收集，从近 10 年内选出最不利月份（即单位基本阻力和风阻力之和为最大的月份）的月平均风速（频率大于 10%）和超过 3 天的最低日平均气温作为设计驼峰的依据。从气象部门收集到的资料一般是从距地面 15 m 以上的气象台观测记录的，使用到离地面仅有几米的驼峰设计时，其计算风速应适当取低些。

根据气象资料可以绘制风玫瑰图，如图 6-16 所示。图中箭头 oo′ 方向表示驼峰计算溜车方向。由玫瑰图可以选定逆风方向为东南，风速为 4.5 m/s，与溜车方向夹角 $\beta = 60°$。

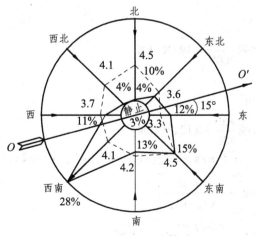

图 6-16　风玫瑰图

【例6-2】某驼峰由最近五年内的气象资料得夏季有利条件下，$v_风 = 0\,\mathrm{m/s}$，$t = +10\,℃$ 以上；冬季不利条件下，$v_风 = 6.5\,\mathrm{m/s}$（斜逆风），$\beta = 30\,℃$，$t = -5\,℃$。要求：（1）确定难行车、中行车、易行车的车型和计算重量；（2）查表确定在 $v_车 = 1.4\,\mathrm{m/s}$ 时，难行车、中行车、易行车分别在夏季有利条件和冬季不利条件下的单位基本阻力；（3）计算在 $v_车 = 4\,\mathrm{m/s}$ 时难行车、中行车和易行车分别在夏季有利条件和冬季不利条件下的单位风阻力。

解：（1）确定计算车辆的车型和重量。

难行车：P_{50}，$Q = 300\,\mathrm{kN}$

中行车：C_{50}（满），$Q = 700\,\mathrm{kN}$

易行车：C_{62A}（满），$Q = 800\,\mathrm{kN}$

（2）查表（见附录）确定单位基本阻力。

在夏季有利条件下，$t = +10\,℃$ 以上，$v_车 = 1.4\,\mathrm{m/s}$，

难行车：$w_基^N = 1.8\,\mathrm{N/kN}$

中行车：$w_基^Z = 1.0\,\mathrm{N/kN}$

易行车：$w_基^Y = 0.6\,\mathrm{N/kN}$

在冬季不利条件下，$t = -5\,℃$，$v_车 = 1.4\,\mathrm{m/s}$

难行车：$w_基^N = 3.1\,\mathrm{N/kN}$

中行车：$w_基^Z = 2.0\,\mathrm{N/kN}$

易行车：$w_基^Y = 1.3\,\mathrm{N/kN}$

（3）计算单位风阻力。

在夏季有利条件下，$v_风 = 0$，$v_车 = 4\,\mathrm{m/s}$，

$$w_风 = 0.63\frac{f}{Q}v_车^2 = 10.08\frac{f}{Q}$$

难行车：$Q = 300\,\mathrm{kN}$；

$$f = 10.0\,\mathrm{m}^2$$

$$w_风 = 10.08\frac{10.0}{300} = 0.34\,(\mathrm{N/kN})$$

中行车：$Q = 700\,\mathrm{kN}$；

$$f = 7.1\,\mathrm{m}^2$$

$$w_风 = 10.08\frac{7.1}{700} = 0.10\,(\mathrm{N/kN})$$

易行车：$Q = 800\,\mathrm{kN}$；

$$f = 8.0\,\mathrm{m}^2$$

$$w_风 = 10.08\frac{8.0}{800} = 0.10\,(\mathrm{N/kN})$$

在冬季不利条件下 $v_风 = 6.5\,\mathrm{m/s}$（斜逆风），$\beta = 30°$，$v_车 = 4\,\mathrm{m/s}$。

$$\alpha = \arctan\left[\frac{v_风 \sin\beta}{v_车 \pm v_风 \cos\beta}\right]$$

$$= \arctan\left[\frac{6.5\sin 30°}{4 + 6.5\cos 30°}\right] = 18.65°$$

$$W_{风} = 0.63 f C_{x1} (v_{车} \pm v_{风} \cos \beta)^2 / (C_{x0} \cos^2 \alpha \cdot Q)$$

$$= 0.63 \frac{(v_{车} + v_{风} \cos \beta)^2}{\cos^2 \alpha} \times \frac{f C_{x1}}{Q C_{x0}}$$

$$= 0.63 \frac{(4 + 6.5 \cos 30°)^2}{\cos^2 18.65} \times \frac{f C_{x1}}{Q C_{x0}}$$

$$= 65.066 \times \frac{f C_{x1}}{Q C_{x0}}$$

难行车：$f = 10.0 \text{ m}^2$，$Q = 300 \text{ kN}$，$C_{x1} = 1.494$，$C_{x0} = 1.087$

$$w_{风}^N = 65.066 \times \frac{10 \times 1.494}{300 \times 1.087} = 2.98 \text{（N/kN）}$$

中行车：$f = 7.1 \text{ m}^2$，$Q = 700 \text{ kN}$，$C_{x1} = 1.499$，$C_{x0} = 1.210$

$$w_{风}^N = 65.066 \times \frac{7.1 \times 1.499}{700 \times 1.210} = 0.82 \text{（N/kN）}$$

易行车：$f = 8.0 \text{ m}^2$，$Q = 800 \text{ kN}$，$C_{x1} = 1.526$，$C_{x0} = 1.199$

$$w_{风}^N = 65.066 \times \frac{8.0 \times 1.526}{800 \times 1.199} = 0.83 \text{（N/kN）}$$

3. 曲线阻力

曲线阻力为车辆通过曲线时的附加阻力。曲线阻力的大小与曲线半径、车辆轴距、车辆重量和溜放速度等因素有关。驼峰头部曲线阻力包括道岔内的导曲线（道岔转角）阻力。驼峰头部溜放部分曲线阻力以每度转角消耗的能高为计量的单位。根据铁道科学研究院运输所的试验测试结果，每度转角所消耗的能高为 8 mm，单位曲线阻力为 $8/L_{曲}$（N/kN）。如果车辆经曲线转角 $\sum \alpha^0$，则消耗的总能高为 $8\sum \alpha$（mm），单位曲线阻力 $w_{曲}$，由消耗的曲线总能高除以曲线长度求得，即

$$w_{曲} = \frac{8 \sum \alpha}{\sum L_{曲}} \text{（N/kN）} \tag{6-19}$$

4. 道岔阻力

道岔阻力为车辆溜经道岔的尖轨和辙叉部分时所发生的撞击振动而产生的阻力。道岔阻力与尖轨和辙叉的形状、角度以及车辆溜放速度等有关。

经试验测得车辆经由每一副道岔所消耗的能高为 24 mm。如果车辆经由 n 副道岔时，所消耗的总能高为 $24n$（mm）。单位道岔阻力 $w_{岔}$ 可由消耗的道岔总能高除以道岔长度求得，即

$$w_{岔} = \frac{24n}{\sum L_{岔}} \text{（N/kN）} \tag{6-20}$$

在计算车辆溜经道岔组 n 时，对于每一组三开道岔或交分道岔按两组道岔计算，而一组顺向道岔或一组交叉渡线的菱形交叉按半组道岔计算。

【例 6-3】在某驼峰车辆溜放的一段线路内，有两个 6 号道岔和一段曲线，$\alpha = 2°$，曲线长 $K = 6.981 \text{ m}$，该段线路总长度为 $L = 72.652 \text{ m}$，试计算该段线路上的道岔阻力与曲线阻力之和。

解：（1）计算单位道岔阻力。$n=2$，$L=72.652\ \text{m}$，则

$$w_{岔}=\frac{24n}{L_{岔}}=\frac{24\times2}{72.652}=0.66\ (\text{N/kN})$$

（2）计算单位曲线阻力。

$$\sum\alpha=2°+9°27'44''=11.462°$$

$$w_{曲}=\frac{8\sum\alpha}{L_{曲}}=\frac{8\times11.462}{72.652}=1.26\ (\text{N/kN})$$

（3）道岔阻力与曲线阻力之和。

$$w_{曲}+w_{岔}=1.26+0.66=1.92\ (\text{N/kN})$$

6.3.6　能高线图

某种计算车辆（难行车、中行车、易行车）在一定的条件下（夏季和冬季）溜放的过程中，应当将该车辆看作一个单位重量的质点（溜放车辆的重心看作为一个质点）时，描述它的能量随距离变化的关系曲线，被称为能高线。因为单位重量的能量或阻力功称为能高，因此该关系曲线即是能高线。

能高线图是一种比例尺图。横轴方向为一通过零位能点的水平线，表示溜行的距离；纵轴为一过峰顶的垂直线，表示能高；两条坐标轴的交点即为原点。能高线图如图 6-17 所示。

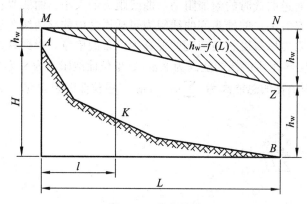

图 6-17　能高线图

在图 6-17 中，A 表示峰顶，B 为零势能点，K 为溜放部分任意一点，距离峰顶 A 为距离 l。A 与 B 的高差为 H，K 与 B 的高差为 H_K。车辆在 A 点时的速度为推峰速度，用 v_0 表示，任一点 K 的速度为 v_K。

假定车辆由 A 点溜行至 B 点的过程中没有能量损失，那么能高线是一条水平线（MN 线）。在峰顶时的动能高为

$$h_{v_0}=\frac{v_0^2}{2g'} \tag{6-21}$$

但是在实际溜放过程中，车辆要受到各种阻力。克服阻力做功就要损失一定的能量，因此能高线是 MZ 线，而不是 MN 线。MZ 线是车辆溜放的能高线或阻力能高线。MN 线与 MZ

线的差值表示阻力高。如车辆溜行至断面上任意点 K 时，K 点至能高线 MZ 的垂直高度为动能高。

$$h_{v_K} = \frac{v_K^2}{2g'} \qquad\qquad (6\text{-}22)$$

H_K 为 K 点相对于 B 点所具有的位能高。在 K 点处，MN 线与 MZ 线的高度差即为阻力高

$$h_{w_K} = wl10^{-3} \qquad\qquad (6\text{-}23)$$

根据能量守恒的原理得

$$h_{v_0} + H = h_{v_K} + H_K + h_{w_K} \qquad\qquad (6\text{-}24)$$

在绘制能高线图时，距离的单位为 m，比例采用 $1:1\,000$；能高的单位为 m，比例采用 $1:20$。在建立坐标系之后，先画溜放线路平面展开图，再画水平的能高线 MN，最后画阻力能高线 MZ。能高线图既是溜放车辆运动方程的图解形式，又是驼峰纵断面设计的一种工具。在进行设计时，工作量最大的是绘制各种计算车辆（难行车、中行车、易行车）在不同条件（夏季、冬季）下的阻力能高线。

在绘制阻力能高线时，虽然基本阻力和风阻力与速度有关，但也可将这两种单位阻力在溜放部分作为常数，取其平均值，这样对应的阻力能高线可画为一条斜直线。虽然道岔和曲线是离散地分布在溜放线路上，但是为了简化计算，根据减速器位置等将溜放部分划分为少数几个地段，每一段内道岔阻力与曲线阻力之和看作一个常数，取其平均值，这样对应的阻力能高线可划为几段折线。

6.4 驼峰线路的平面、纵断面

6.4.1 驼峰线路的平面

1. 驼峰头部咽喉设计

驼峰头部咽喉设计，应满足如下三点要求。

使峰顶至各条调车线警冲标的距离尽量短，而且使它们的差值尽量小。

使车辆溜经每一条调车线所经过的道岔和曲线转角度数（包括道岔转角）尽量少。

使前后钩车共同溜行的进路尽量短，使钩车尽早分路，避免追尾。

1）布置型式

应采用线束形布置，每个线束的调车线数量宜为 6~8 条，并应采用 6 号对称道岔和 7 号三开对称道岔。

采用线束形布置可缩短前、后两钩车的共同溜行进路，驼峰头部各线束所含调车线的多少，直接影响间隔制动位的投资，因此，大、中能力驼峰头部，每线束调车线以 6~8 条为宜。采用长度短而辙叉角大的 6 号双开道岔和 7 号三开道岔可缩短溜放部分线路的长度，有利于

提高峰顶推送速度。当一个调车场由若干不同线路数的线束组成时，要注意将线路多的线束放在车场中间，线路少的线束放在外侧。

2）岔心距离

岔心距离取决于插入短轨长度 $l_{短}$，而短轨长度是根据保护区段长度 $l_{保}$ 确定的。保护区段是为防止在道岔转换过程中车辆驶入道岔的绝缘区段而设置的，它是道岔绝缘区段长度 $l_{绝}$ 的一部分，如图 6-18 所示。

保护区段长度决定于道岔转换时间（包括继电器动作时间）$t_{转}$ 和车辆进入道岔的最大速度 v_{max}，即

$$l_{保} = v_{max} \cdot t_{转} \tag{6-25}$$

需要插入钢轨的长度为

$$l_{短} = l_{保} - q - \Delta \tag{6-26}$$

式中　q——道岔的尖轨前基本轨长度（包括半个轨缝），m；

　　　　Δ——一个轨缝的长度，8 mm。

目前采用的短轨规格为 5.0 m、6.25 m、7.0 m、8.0 m。

$l_{绝}$ 等有关数据见附录二十三。

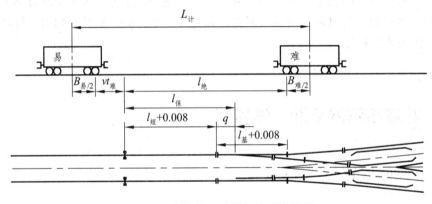

图 6-18　道岔绝缘节及岔前短轨设置

3）线间距离

调车场线束内各条线路的线间距离为 5.0 m，相邻线束间为设置排水井及照明杆柱等采用 6.5 m，在整个车场中心的两线束间应为 7.0 m，以便设置铁鞋制动员休息室。

两条推送线间不应设置房屋，经常提钩的地段应设计成直线，线间距离不应小于 6.5 m。调车场内最后分路道岔的线路连接曲线附近，相邻线路间的最近距离为 4.0 m，再加上两相邻线路的曲线加宽值。

4）连接曲线

曲线半径不宜小于 200 m；困难条件下可采用 180 m。采用大于 200 m 曲线半径不增加驼峰溜放部分长度时，应尽量采用大半径，以利于车辆溜放并减少钢轨的磨耗。

驼峰溜放部分短轨多，而且是经过计算道岔保护区段长度确定的，在短轨内还要设曲线，

在此条件下，为满足工务养护维修的需要，不应采用小于 200 m 的半径。当 $R = 200$ m 时，在（$l_短$）范围内能够设置的曲线转角 α 可由式（6-27）计算

$$\alpha = 0.286\, l_短 \text{（度）} \tag{6-27}$$

道岔后连接曲线宜避免反向曲线或两个同向曲线，必须设计时，两曲线间应设置不小于 15 m 的直线段，困难条件下可设置 10 m 的直线段，保证钩车走行平稳，阻力均匀。

驼峰第一分路道岔前曲线不允许直接与道岔基本轨相连。经第一分路道岔的钩车最多，直接连接曲线，车轮对曲线外侧尖轨产生很大的撞击力，对尖轨造成严重危害。为便于道岔的养护和维修，岔前应留出不短于一个转向架长的直线段（转向架最大两轴距 1.8 m），使车辆顺直平稳进入道岔，困难条件下留出 0.5 m 长的直线段。

其他分路道岔的前后，曲线可直接连接道岔基本轨或辙叉跟（曲线加宽率可用道岔导曲线的加宽率），夹直线段长度取为零，以减少溜放部分线路长度。6 号道岔基本轨轨距为 1 440 m，与曲线和直线连接还可以缩短曲线加宽所需长度。此时，轨距加宽和外轨超高可在曲线范围内处理。

5）第一分路道岔位置

峰顶（指平台与加速坡的变坡点）至第一分路道岔基本轨轨缝间的距离应采用 30～40 m。该距离主要考虑以下因素。

（1）以较高的推峰速度解体车列时，在溜车不利条件下（冬季）、难、易行车在第一分路道岔有足够的间隔。

（2）满足设置加速坡与中间坡变坡点竖曲线的要求。

（3）保证驼峰溜放部分纵断面设计合理。

6）设置调速设备

设脱鞋器时，脱鞋器前应设一段不小于 30 m 的直线段。以 5 m/s 的速度进入调车线的车辆经铁鞋制动后，滑行 30 m 可降至 1.4 m/s 的安全连挂速度（铁鞋摩擦系数按 0.17 计算）。

减速器应设在直线上，这是减速器结构的要求，另外非重力式减速器前的护轮轨和后边的复轨器也要求设在直线段上。非重力式和重力式两种减速器前后端设置的直线段的长度如表 6-2 所示。

表 6-2　减速器始、末端至相邻曲线的最小直线长度

减速器类型	$L_始$（m）	$L_末$（m）	示意图
T.JK	3.41	1.91（43 kg/m） 2.41（50 kg/m）	$L_减$　$L_减$　$L_水$
T.JK₃A T.JY₃A	3.31	3.31	

在相邻线路上两减速器始端之间的线路间距：T.JK 型减速器不应小于 4 m，以便装设制动风缸；T.JK₃A、T.JY₃A 型减速器不小于 3.8 m。车场制动位入口距溜放部分最后分路道岔后警冲标的距离不宜小于 42 m，不应大于 70 m，保证 5 辆车的车组长度，减速器采用放头拦尾制动措施时不会影响邻线作业。如减速器设在调车线最外曲线后 14 m 处，在大、中能力驼峰

上，距警冲标 55～65 m。这样，减速器始端留 14 m 直线段，即便于安装测速雷达，也可减少车辆蛇行运动对减速器的冲击。

2. 推送线和溜放线

驼峰前设有到达场时，即到达场与调车场纵列，一般应设 2 条推送线，由于到达场与调车场纵列，两者距离接近，增设一条推送线投资增加较少；另外初期设 1 条推送线，远期增设 1 条推送线时，须要改造到达场咽喉，工程复杂。因此，设峰前到达场时宜设 2 条推送线，能充分发挥预推作业的效果，提高解体能力。

峰前不设到达场时，推送线即牵出线，是单独设置的，增设 1 条牵出线，到发场咽喉区的结构不会发生很大变化，没有必要规定在新建时按 2 条推送线设计，可根据需要设 1 条或 2 条推送线（即牵出线）。

推送线靠峰顶端不宜采用对称道岔。采用对称道岔时，经常提钩地段会出现曲线，影响连接员瞭望，位于曲线上的车辆，钩身不正不易提钩，另外曲线上车辆的晃动易使提起的车钩重又落下。

如采用双溜放作业方式，可设计 3～4 条推送线。

设有 2 条推送线，且线束在 4 束及以上的驼峰，应设 2 个峰顶，充分发挥预推效果。设 2 个峰顶时，峰下可设 2 条溜放线，并用交叉渡线相连，这样作业灵活性强，使用方便，安全性也好。

3. 禁溜车停留线和迁回线

解体过程中需要将禁止溜放的车辆暂存在禁溜车停留线上，以提高解体效率。

大、中能力驼峰均应设置禁溜车停留线，有效长可采用 150 m，根据需要设置 1 或两条禁溜线。如禁溜车较少，可与迁回线合设 1 条。小能力驼峰可根据需要决定是否设置禁溜车停留线。有的小能力驼峰，由于地形条件限制，没有禁溜车停留线位置，因此也可不设禁溜线。

禁溜车停留线如从推送线出岔，应采用 9 号单开道岔，辙叉要设在峰顶平台上，这样能保证其坡度平缓，取送禁溜车作业方便。小能力驼峰加速坡较缓，且调机送禁溜车带车少时，可将尖轨设在峰顶平台上。禁溜线与迁回线合设时，道岔应设在压钩坡上，以保证迁回线竖曲线半径设计的要求。

设计禁溜车停留线时，应尽量向远离溜放线方向转角，使其不影响峰顶连接员与信号楼作业员间的视线与瞭望。

驼峰前设有到达场时，不能过峰顶和车辆减速器的车辆必须通过迁回线送往调车场，因此应设迁回线；驼峰前不设到达场时，是否设置迁回线，应根据站场布置和作业特点确定。如图 6-19 所示为调车场头部平面布置图。

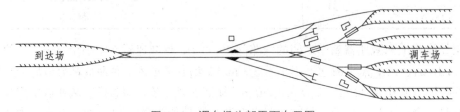

图 6-19　调车场头部平面布置图

6.4.2 驼峰线路的纵断面

1. 驼峰高度

驼峰高度简称为峰高，指峰顶（平台与加速坡的变坡点）与计算点间的高差。

车辆溜经驼峰溜放部分（峰顶至计算点）时，受基本阻力、风阻力、曲线阻力、道岔阻力的影响，能量将不断消耗。运营对驼峰的要求是：车辆由驼峰溜放部分迅速通过道岔和减速器，进入调车场，以保证前后钩车有足够的间隔；车辆溜行要有足够的远度，保证难行车在溜车不利条件下能溜到难行线计算点时达到规定的速度。因此，驼峰应有一定的高度，当钩车脱钩时提供足够的位能，以补偿各种阻力消耗的能量。

溜车不利条件是指在冬季、逆风溜放车辆的基本阻力和风阻力最大的条件。计算点的位置应根据驼峰调速系统及需要的解体能力确定，点式调速系统的计算点位置为第二车场制动位出口，点连式计算点位置为打靶区末端，连续式计算点位置为减速顶群末端。

1）设间隔制动位时的峰高计算条件

驼峰峰高应保证在溜车不利条件下，以 1.4 m/s 的推送速度解体车列时，难行车溜至计算点应有 1.4 m/s 的溜放速度（安全连挂速度）。

2）不设间隔制动位时的峰高计算条件

（1）需要峰高（H_{xu}）。

保证以 1.4 m/s 的推送速度解体时，难行车在冬季溜车不利条件下，溜至难行线计算停车点（调车线始端设车辆减速器时，溜出车辆减速器有 1.4 m/s 的溜放速度；不设调速设备时溜到警冲标内方 50 m 停车）。

（2）限制峰高（H_x）。

保证以 1.4 m/s 的推送速度解体时，易行车在夏季溜车有利条件下，溜至易行线减速器入口（设调车场减速器时）不大于减速器制动能高（设计能高扣除安全余量）允许的入口速度；或溜至易行线警冲标处的速度不大于 18 km/h（不设调车场减速器时）。

（3）采用峰高。

采用的峰高应保证作业安全，提高解体效率，同时在保证能力需要的条件下，节省工程投资，减少减速器用量。为获得较高的解体效率时，可按如下考虑：

① 当 $H_x > H_{xu}$ 时，采用 H_x 为设计峰高。

② 当 $H_x < H_{xu}$ 时，采用 H_{xu} 为设计峰高，但需在驼峰溜放部分增设间隔制动位。

2. 溜放部分

为了提高解体的效率，保证前后钩车的溜放间隔，驼峰溜放部分设计成连续下坡的凹型断面，并尽量凹些是有利的。溜放部分纵断面的坡段根据不同的调速系统来确定，一般由加速坡、中间坡和道岔区坡等组成。

1）加速坡

加速坡与中间坡的变坡点必须设在第一分路道岔前，不应将变坡点设在道岔导曲线内，竖曲线可直接连接道岔基本轨。

加速坡的坡度值为：调机为蒸汽机车时，坡度不大于 40‰；调机为内燃机车时，坡度不大于 55‰；困难条件下，不应小于 35‰。

2）中间坡

指加速坡末端至线束始端道岔前的坡段。

驼峰溜放部分设车辆减速器时，一般设计为前陡后缓的两段坡。在我国华北和南方地区，峰高一般不超过 3.3 m，第二段中间坡一般采用 8‰，以利于难行车夹停在制动位上时能重新起动，溜出道岔区。在我国东北地区，峰高一般高于 3.3 m，冬季气温低，可适当加陡第二段中间坡，但不宜太陡，坡度一般为 9‰ ~ 11‰。

驼峰溜放部分不设减速器的驼峰，中间坡应使大部分钩车不减速，其坡度不宜小于 5‰。

3）道岔区坡

指线束始端道岔前至调车线调速设备（车辆减速器、减速顶群）入口间的坡段。该坡段的坡度不宜太陡，以提高钩车溜经溜放部分的平均速度。但亦不宜太缓，避免钩车减速太快，在道岔区发生途停。

因此，道岔区坡平均坡度不宜大于 2.5‰；边缘线束不应大于 3.5‰；道岔集中的地段，坡度不宜小于 1.5‰。

4）溜放部分检算

在确定驼峰溜放部分线路的纵断面设计之前，尚应根据采用的调速系统按下列要求进行检算。

① 以 1.4 m/s 的推送速度连续溜放难—易—难单个车或难行车组—单个易行车，通过车辆减速器、各分路道岔和警冲标时，应有足够的间隔。

② 车辆进入减速器的速度，不应超过规定值。

③ 车辆通过各分路道岔的速度，不应大于计算保护区段所采用的速度值。

3．推送部分

推送部分指峰顶至到达场（或牵出线）方向的一个车列长度的范围。推送部分的纵断面，应保证在以下困难条件下，用 1 台调车机车便能起动车列。

① 由满载大型车组成的满重车列，当第一辆车位于峰顶停车后能再起动；

② 由满载大型车组成的满重车列，位于推送部分的困难位置（坡度陡、曲线和道岔多）停车后能再起动；

③ 由满载大型车组成的满重车列，当第一辆车是禁溜车，送入峰顶禁溜线停车后，能再起动牵出。

根据上述要求计算出的推送坡平均坡度 $i_均$ 值较小，车钩不能压缩，为便于提钩，一般要将推送部分的纵断面设计成两个坡段，峰前设压钩坡段，如图 6-20 所示。

压钩坡的坡度一般为 10‰ ~ 20‰，长度不短于 50 m，也不宜大于 100 m。

为适合地形，可将压钩坡前的坡段设计为平坡或下坡，如图 6-20 中点划线所示。为了减少土方工程，峰顶与到达场间的高差，可考虑现有驼峰和机车的推峰情况，通过推峰试验予以确定。

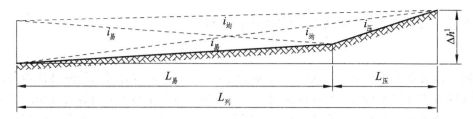

图 6-20　驼峰推送部分纵断面图

4. 峰顶平台

峰顶平台用以连接推送部分和溜放部分两个相反的坡段，防止出现车钩折损和脱钩等情况，并保证单个车脱钩时不降低驼峰实际高度。为了缩短送禁溜车的时间，禁溜线的出岔位置要靠近峰顶。

加速坡段和压钩坡段的竖曲线切点之间的长度为净平台长度。净平台长度一般为 7.5 ~ 10 m。这样能满足在净平台上设置禁溜线道岔辙叉的要求。净平台过长，除增加土方工程外，还不易脱钩，增加提钩作业人员的护钩距离，对作业不利。峰顶平台如图 6-21 所示。

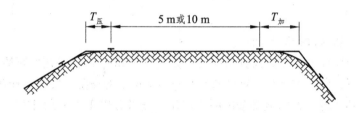

图 6-21　峰顶平台

5. 坡段连接

连接驼峰线路各坡段的竖曲线半径：连接峰顶平台的加速坡和压钩坡两个竖曲线的半径采用 350 m；其余溜放部分竖曲线半径不应小于 250 m；迂回线的竖曲线半径宜采用 1 500 m。

竖曲线不能与减速器制动位，道岔的尖轨和辙叉部分重叠，其变坡点距离上述部位端点距离不小于竖曲线的切线长

$$T_{\text{竖}} = \frac{R_{\text{竖}}}{2\,000}\Delta i \tag{6-28}$$

式中　$T_{\text{竖}}$——竖曲线切线长，m；

$R_{\text{竖}}$——竖曲线半径，m；

Δi——相邻两坡段的坡度代数差，‰。

6. 禁溜车停留线

禁溜车停留线纵断面应为凹型。始端道岔至其警冲标附近应设计为下坡，中间停留部分可设计为平坡，距车挡 10 m 范围内应设计为 10‰ 的上坡。

6.5 点连式驼峰调速系统站场设计

间隔调速设备采用减速器，同时每条调车线用一个减速器和连续布设的减速顶共同实现目的调速的点连式调速系统，是我国编组站应用较多，且在实践中取得较为成功经验的一种调速系统。就点连式调速系统而言，也有不同的型式，我国的自动化、半自动化驼峰广泛采用减速器+减速顶点连式调速系统。

除了点连式驼峰调速系统以外，还有其他类型的调速系统，有关各类驼峰设计的详细内容，可以参阅专门讲述驼峰设计的教材，本节重点讲述点连式驼峰纵断面设计，布顶设计、减速器制动能力计算等问题。

6.5.1 溜放部分纵断面设计

溜放部分纵断面分四个区域：加速区、高速区、减速区和打靶区。

1. 峰高计算

先确定峰高。然后进行纵断面设计。

在点连式驼峰设计中，峰高计算条件是：保证以 5 km/h 的推送速度解体车列时，难行车在冬季不利条件下，溜至难行线打靶区末端具有 1.4 m/s 的速度（安全连挂速度）。计算峰高时，以车场减速器为界，按溜放部分的阻力和调车场部分的阻力分段计算，累加而成。其计算公式如下

$$H_{\text{峰}} = [L_{\text{溜}}(w_{\text{基}}^{\text{溜难}} + w_{\text{风}}^{\text{溜难}}) + L_{\text{场}}(w_{\text{基}}^{\text{场难}} + w_{\text{风}}^{\text{场难}}) + 8\sum \alpha + 24n] \times 10^{-3} + \frac{v_{\text{挂}}^2}{2g'_{\text{难}}} - \frac{v_{\text{推}}^2}{2g'_{\text{难}}}$$

$$(6\text{-}29)$$

式中　$H_{\text{峰}}$——计算峰高，m；

$\sum \alpha$——溜车经路上所有曲线和道岔转角的总和，°；

n——溜车经路上的道岔总数，个；

$L_{\text{溜}}$——峰顶至计算难行线的车场制动位减速器出口的距离，m；

$L_{\text{场}}$——车场制动位减速器出口至打靶区末端的距离，m；

$w_{\text{基}}^{\text{溜难}}$，$w_{\text{基}}^{\text{场难}}$——冬季难行车在溜放部分和车场部分的基本阻力，N/kN；

$w_{\text{风}}^{\text{溜难}}$，$w_{\text{风}}^{\text{场难}}$——冬季难行车在溜放部分和车场部分的空气阻力，N/kN；

$v_{\text{推}}$——推峰速度，取 1.4 m/s；

$v_{\text{挂}}$——安全连挂速度，一般为 0.83 ~ 1.4 m/s；

$g'_{\text{难}}$——难行车考虑转动惯量影响后的重力加速度，m/s²。

当设计的驼峰为不设间隔制动位的小能力驼峰时，除了按式（6-29）计算外，尚须计算出夏季易行车的限制峰高，且设计峰高不得超过夏季限制峰高，以确保驼峰溜放作业的安全。夏季限制峰高按式（6-30）确定

$$H_{夏限} = [L_{溜易}(w_{基}^{溜易} + w_{风}^{溜易}) + 8\sum\alpha + 24n]\times 10^{-3} + \frac{v_{限}^2 - v_{推}^2}{2g_{易}'} + \Delta H \qquad (6\text{-}30)$$

式中　$L_{溜易}$——峰顶至易行线减速器入口的距离，m；

$w_{基}^{溜易}$，$w_{风}^{溜易}$——夏季易行车的基本阻力和空气阻力（空气阻力按无风计算，只计算车辆与空气的相对运动），N/kN；

$\sum\alpha$——峰顶至易行线减速器入口之间的所有曲线和道岔转角之和；

$v_{推}$——推峰速度，m/s；

$v_{限}$——减速器制动能高所能抵偿的同量动能能高所对应的速度值，m/s；

ΔH——易行线减速器入口与难行线打靶区末端的高差，m。

【例 6-4】某点连式驼峰设两级减速器间隔制动位，峰顶至打靶区末端距离为 502.232 m，车场减速器出口至打靶区末端的距离为 125 m，冬季难行车溜放部分基本阻力与风阻力之和为 8.23 N/kN，车场部分则为 7.83 N/kN。溜车经路上的道岔总数 $n = 6$，曲线及道岔转角总和为 $\sum\alpha = 77.8°$。试计算其峰高。

解：　　　　　$L_{场} = 125$ m，$L_{溜} = 502.232 - 125 = 377.232$ m

$$w_{基}^{溜难} + w_{风}^{溜难} = 8.23 \text{ N/kN}; \quad w_{基}^{场难} + w_{风}^{场难} = 7.83 \text{ N/kN};$$

$$g_{难}' = 9.81/(1 + 4.2\times4/300) = 9.29 \text{ m/s}^2$$

取 $v_{挂} = 1.4$ m/s，$v_{推} = 1.4$ m/s，则代入式 6-29 得计算峰高：

$$H_{峰} = [8\times77.8 + 24\times6 + 377.232\times8.23 + 125\times7.83]\times10^{-3} - 1.4^2/(2\times9.29) + 1.4^2/(2\times9.29)$$
$$= 4.85 \text{（m）}$$

2. 加速区高度设计 (h_1)

加速区坡段的范围是从峰顶至第Ⅰ部位减速器有效制动长度的始端。其高度的计算条件为在 7 km/h 的推峰速度下，易行车在溜车有利条件下，加速到减速器的最大允许入口速度。

3. 加速区坡段 (l_1, i_1)

加速区坡段在具体设计时，一般分 2～3 个坡段设计。点连式驼峰设两级间隔制动位，分 3 个坡段设计时。

1）第一加速坡段 (l_{13}, i_{13})

使所有车辆加速。变坡点选择在第一分路道岔前适当地点，用尽可能陡的坡度，保证钩车尽快加速，并使得前后钩车拉开间隔。采用蒸汽调机时坡度值最大为 40‰，内燃调机时坡度值最大为 55‰。

2）第二加速坡段 (l_{13}, i_{13})

其与第三加速坡段之间的变坡点选在第Ⅰ制动位前与顺向道岔之间。使夏季有利条件下易行车的速度接近或达到减速器允许的最大入口速度。

3）第三加速坡段（l_{13}, i_{13}）

保证难行车继续增加速度，易行车速度达到减速器最大容许入口速度。为保证减速器不要设在竖曲线范围内，该坡段的坡度取值与高速区第一坡段的坡度值相同。

若 $i_{12} < i_{13}$，则调整第一坡段，使得 $i_{12} \geqslant i_{13}$，但是要保证加速区的高度不变。

【例 6-5】某点连式驼峰加速区第一坡段长 30 m，坡度为 55‰。据有关资料统计：夏季易行车总阻力为 0.9 N/kN；冬季难行车总阻力，东北地区为 5.1 N/kN，北方地区为 4.0 N/kN，南方地区为 3.6 N/kN。试计算各地区在 1.4 m/s 的推峰速度溜放时，冬季难行车和夏季易行车溜至该地段末端时的速度。

解：$i = 55‰$，$l = 30\,\text{m}$，$v_0 = 1.4\,\text{m/s}$，$g_N' = 9.29\,\text{m/s}^2$，$g_Y' = 9.61\,\text{m/s}^2$，设末速度为 v，由能高间的关系可得

$$\frac{v_0^2}{2g'} + il10^{-3} = wl10^{-3} + \frac{v^2}{2g'}$$

则

$$v = \sqrt{v_0^2 + 2g'(i - w)l10^{-3}}$$

（1）计算冬季难行车的速度。

东北地区：

$$v = \sqrt{1.4^2 + 2 \times 9.29 \times (55 - 5.1) \times 30 \times 10^{-3}} = 5.46 \;(\text{m/s})$$

北方地区：

$$v = \sqrt{1.4^2 + 2 \times 9.29 \times (55 - 4.0) \times 30 \times 10^{-3}} = 5.51 \;(\text{m/s})$$

南方地区：

$$v = \sqrt{1.4^2 + 2 \times 9.29 \times (55 - 3.6) \times 30 \times 10^{-3}} = 5.53 \;(\text{m/s})$$

（2）计算易行车的速度。

$$v = \sqrt{1.4^2 + 2 \times 9.61 \times (55 - 0.9) \times 30 \times 10^{-3}} = 5.76 \;(\text{m/s})$$

4. 高速区坡段（l_2, i_2）

高速区坡段是从第 I 部位减速器有效制动长度的始端至第 II 部位有效制动长度末端的坡段。该坡段设计应保证难行车在冬季不利条件下以 7 km/h 的推峰速度自由溜过加速区后，在高速区保持高速度溜行，能够接近或达到减速器的最大容许速度。在具体设计时，一般分 1~2 个坡段设计，分两个坡段设计时。

1）第一高速坡段（l_{21}, i_{21}）

变坡点选在第 II 部位减速器入口端适当地点，与第 II 部位减速器入口端的距离应大于一个竖曲线切线长和减速器喇叭口长度之和，即 $T_竖 + L_r$。在这个坡段，坡度计算值为难行车在不利溜放条件下达到减速器最大允许入口速度。

2）第二高速坡段(l_{22},i_{22})

该坡段有减速器作间隔调速，因此其坡度的设计值应保证难行车高速溜行，因此，采用难行车的阻力当量坡。但是应保证$i_{22}>8‰$，若不满足，可以取为$8‰$，并降低第一坡段坡度值，但应保证$i_{21}>i_{22}$。

5. 减速区坡段

该坡段是从第Ⅱ部位减速器有效制动长度末端至调车场减速器（Ⅲ部位）有效制动长度始端间的地段。减速区坡段一般分$1\sim2$个坡段，其平均坡度值既要考虑冬季不利条件下难行车能够溜至目的地，又要考虑夏季有利条件下易行车进入车场减速器的速度不超过允许的最大值。

6. 打靶区段

打靶区段为调车场减速器（Ⅲ部位）有效制动长度始端至打靶区末端间的地段。包括减速器坡段和打靶区坡段。

1）减速器坡段

为了便于调车场减速器对车辆进行有效控制，减速器坡段的坡度应按大多数车辆不减速的要求确定，可取中型车在冬季的基本阻力当量坡度。一般应设于坡度值为$2‰\sim3‰$的下坡道上，高寒地区可增大至$3‰\sim4‰$。坡段长度不得小于制动位长和两个竖曲线切线长之和，一般可取$30\ m$左右。

这段坡度不宜太缓，最小值不宜小于$1.5‰$，否则容易夹停；也不宜太陡，否则减速器的制动能高一部分被坡度抵消，造成制动力的浪费。

2）"打靶"区段

从调车场减速器出口端变坡点至连挂区始端变坡点之间的区段，被称为打靶区段。打靶区是无顶区，它是减速器和减速顶两种调速设备的联络区。打靶区的长度和坡度在点连式调速系统设计中是重要的问题，直接影响着调速系统的运营效果和工程投资。

打靶区设计应能保证冬季难行车溜至打靶区末端，不发生途停；夏季易行车溜至打靶区末端的速度不超过安全连挂速度。

减速器打靶区坡度的设计一般分为两种情形：

① $w^{夏}_{易}<i_{靶}<w^{冬}_{难}$

② $i_{靶}\leqslant w^{夏}_{易}$

第①种情形，难行车减速，易行车加速，对易行车控制的精度要求高；第②种情形，使所有溜放车辆不加速，因此应避免难行车发生途停。采用第②种情形，可利用峰高的位能增加难行车的溜行远度，争取节省高差在后面布顶区使用，工程投资省，运营效果也好，大的编组站广泛采用。

采用第②种情形时，打靶距离主要受夏季易行车溜放的控制，故不宜超过夏季易行车溜放阻力的当量坡，一般设计成$0.6‰\sim1.0‰$，南方地区取小值，东北地区取大值。打靶区也可以设计成平坡或不大于$0.6‰$的小反坡，设计成平坡和反坡的目的是为了充分利用峰高的位能增加难行车的溜行远度。

坡长一般为 150 m 左右比较理想，但也可以视具体情况适当增加或减少，太长了不好控制，太短了节省减速顶投资的意义不大。

【例 6-6】某点连式驼峰车场减速器的出口速度设定 $v = 3.5\,\mathrm{m/s}$，$\Delta v = 0.14\,\mathrm{m/s}$，打靶区的坡度采用平坡，打靶区长度 $l_b = 150\,\mathrm{m}$。冬季难行车总阻力 $w_N = 4\,\mathrm{N/kN}$，夏季易行车总阻力 $w_Y = 0.9\,\mathrm{N/kN}$。试问：

（1）能否保证难行车溜行至打靶区末端？

（2）易行车溜至打靶区末端是否超速（安全连挂速度 $v_g = 1.4\,\mathrm{m/s}$）。

解：（1）设难行车在冬季不利条件下从车场减速器出口溜行一段距离 l 后停车。

$l_b = 150\,\mathrm{m}$，$v = 3.5\,\mathrm{m/s}$，$\Delta v = 0.14\,\mathrm{m/s}$，$w_N = 4\,\mathrm{N/kN}$，$g_N' = 9.29\,\mathrm{m/s^2}$，由

$$\frac{(v - \Delta v)^2}{2g_N'} = w_N l 10^{-3} ，得$$

$$l = \frac{(v - \Delta v)^2}{2g_N' w_N} 10^3 = \frac{(3.5 - 0.14)^2}{2 \times 9.29 \times 4} \times 10^3 = 151.9 \ （\mathrm{m}）$$

因为 $l > l_b$，故能保证难行车溜至打靶区末端。

（2）设夏季易行车溜到打靶区末端的速度为 v_e，$g_Y' = 9.61\,\mathrm{m/s^2}$，$v_e = 1.4\,\mathrm{m/s}$，则

$$\frac{(v + \Delta v)^2}{2g_Y'} = w_Y l_b 10^{-3} + \frac{v_e^2}{2g_Y'}$$

$$\begin{aligned} v_e &= \sqrt{(v + \Delta v)^2 - 2g_Y' w_Y l_b 10^{-3}} \\ &= \sqrt{(3.5 + 0.14)^2 - 2 \times 9.61 \times 0.9 \times 150 \times 10^{-3}} \\ &= 3.26 \ （\mathrm{m/s}） \end{aligned}$$

因为 $v_e > v_g$，故易行车在打靶区末端将超速。

为了解决易行车超速连挂的问题，可适当延长打靶区长度，同时在打靶区末端设小顶群，使易行车速度降到安全连挂速度，使难行车利用易行车多余的动能串挂。

综上所述，点连式调速系统溜放部分纵断面设计要求如下。

（1）溜放部分纵断面设计为面向调车场方向的连续下坡。

（2）加速区设计要求为在有利溜放条件下，易行车从峰顶溜到加速区末端其速度不超过减速器最大允许入口速度。

（3）高速区设计要求为在溜车不利条件下，难行车溜到高速区末端其速度不超过减速器最大允许入口速度。

（4）减速区设计兼顾难行车和易行车，一般采用易行车在有利条件下的阻力当量坡，使得易行车不加速。

（5）打靶区设计应能保证冬季难行车溜至打靶区末端，不发生途停；夏季易行车溜至打靶区末端的速度不超过安全连挂速度。

6.5.2　调车场纵断面设计

调车场纵断面主要由连挂区和尾部停车区坡段组成。

1. 连挂区

连挂区为车辆集结的地段，设有减速顶群。车辆经过打靶区后，使得车辆低速进入连挂区，以不大于容许的连挂速度继续前进，与停留车辆安全连挂。

连挂区一般设为前陡后缓多坡段的纵断面。坡段设为第一布顶区、第二布顶区、无顶连挂区。

第一布顶区是所有钩车都能溜经的区域，为排空区域。因此，这一段的坡度值以难行车在冬季的溜放阻力当量坡值为宜。但是，如果要按冬季最不利溜车条件下难行车的阻力设计，这个坡度将高达 4‰ 以上，这样对易行车和中行车的能量损失很大，大部分位能被顶的制动功吸收了，不仅增加了工程费、运营费和维修费，而且也恶化了运营条件。而且大多数现有站场不具备提供这种纵断面的条件，即使新站场，按照这种坡度设计也是十分不经济的。坡度越陡，则布顶越多。故这段坡一般取难行车在 0 ℃ 左右的阻力值的当量坡，即 2.3‰ ~ 3.2‰。这段坡的坡长也不宜过长，一般取 200 m。

第二布顶区，通常是难行车在冬季无法靠自身位能达到的区域，通过这一地区的只有易行车和中行车。应使大量中行车顺利通过该区域。因此，这一段线路的坡度按中行车在不利条件下的阻力值当量坡设计，一般为 1.7‰ ~ 2.2‰，坡长不宜短于 200 m。无论是第一布顶区还是第二布顶区，布顶数均按夏季条件下的易行车运行要求布置。

无顶连挂区是靠近调车场后部的范围，一般只有易行车可以达到。这一地区不布顶，因此其纵断面必须保证夏季易行车在有利条件下的阻力当量坡。不超速，而尽可能溜得远。这一地区坡度一般采用 0.6 ~ 1.0‰。坡段长度一般为 200 m。

2. 停车平坡和反坡

为了便于尾部调车作业，在顺坡和反坡之间，通常设计成一段 100 m 左右的平坡。为了防止车辆冒出尾部警冲标或其他原因造成的逸溜，调车场尾部一般设计成不大于 2.5‰ 的反坡。

【例 6-7】某驼峰调车场尾部要设一个停车反坡，已知夏季易行车总阻力为 $w_Y = 1.2 \text{ N/kN}$，单个易行车长度为 $l_Y = 15 \text{ m}$，反坡坡度为 $i = 1.5‰$，要求使 5 个车组成的大车组以安全连挂速度 $v_g = 1.4 \text{ m/s}$，进入反坡区之后在末端停车，那么这个反坡区的长度是多少？

解：设反坡区长度为 $l_反$，单个车以安全连挂速度经反坡溜行距离 l 后停车，则

$$l_反 = l + 5l_Y$$

$$\frac{v_g^2}{2g_Y'} = w_Y l 10^{-3} + i l 10^{-3},$$

变形后

$$l = \frac{v_g^2 10^3}{2g_Y'(w_Y + i)} = \frac{1.4^2 \times 10^3}{2 \times 9.61 \times (1.5 + 1.2)} = 37.8 \text{（m）}$$

$$l_反 = l + 5l_Y = 37.8 + 5 \times 15 = 112.8 \text{（m）}$$

因此，在设计时可取反坡长度为 120 m。

6.5.3　布顶设计

1. 减速顶的布置要求

1）相邻两减速顶安装最小距离

如图 6-22 所示，减速顶标准工作行程为 h，车轮轮缘半径为 R，减速顶滑动油缸顶部半径为 r。纵向布两顶时，顶中心线间最小距离为

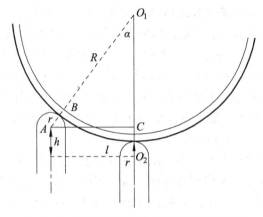

图 6-22　相邻两减速顶安装最小距离示意图

$$l = (r + R)\sin \alpha$$

而

$$\cos \alpha = \frac{r + R - h}{r + R}$$

因此得

$$l = \sqrt{h(2(R + r) - h)} \qquad (6\text{-}31)$$

R 一般为 420 mm 加 25 mm，为 445 mm。普通顶的 $r = 60$ mm，$h = 70$ mm。蘑菇顶的 $r = 45$ mm，$h = 85$ mm。代入式（6-31）后可知，相邻两顶间的最小距离为 260 mm 或 280 mm（蘑菇顶）。

2）减速顶对枕间距离的要求

当相邻两个枕木间布一个顶时，轨枕中心线间距离应大于 420 mm，如图 6-23（a）所示。

当相邻两枕木间布两顶时，轨枕中心线间距离应为 680 ~ 700 mm，如图 6-23（b）所示。

在铺设钢轨时，轨枕密度一般有如下三个标准：1 440 根/km，1 520 根/km，1 600 根/km。由此看来，只有在轨枕密度为 1 440 根/km 时，轨枕间可纵向连布两顶，其他的任何情况只能在一个枕木槽间布一个顶。

3）布顶方式

布顶方式分为单侧布顶与双侧布顶两种，如图 6-24 所示。

单侧布顶时，沿铁路线两条钢轨中的一条钢轨内侧布顶，如图 6-24（a）所示。

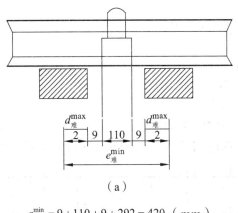

（a）

$$e_{枕}^{min} = 9 + 110 + 9 + 292 = 420 \quad （mm）$$

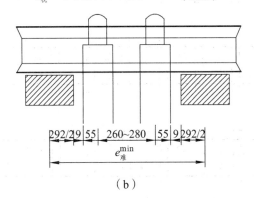

（b）

$$e_{枕}^{min} = 292 + 9 + 55 + 260(280) + 55 + 9 = 680(700) \quad （mm）$$

图 6-23　布顶与枕间距

双侧布顶又分为对称和交错两种型式，如图 6-24（b）（c）所示。

单侧布顶精度高、速度变化平稳，且便于利用单轨条小车进行维修。但是易造成车辆横向移动。双侧布顶精度低，但车辆受力均衡，溜行平稳。

应按照不同的调速方式及布顶密度的要求选择布顶方式。一般采用单侧布顶方式，顶群区及其后的布顶区宜采用双侧对称布顶方式，但在任何情况下都不能采用交错布顶方式。

4）曲线及道岔上减速顶的布置

在曲线上布减速顶时，要求在其内轨装直径为 90 mm 的蘑菇顶，以保证减速顶正常工作。为了平衡离心力，可在曲线外轨多布顶。

道岔的尖轨、辙叉及护轮轨的长度内不能布顶。道岔轨底边距离为 170 mm 时，才能开始布顶，其最多布顶数量为：6 号双开对称道岔 11 对，9 号单开道岔 18 对；7 号三开道岔 11 对；菱形交叉 2 对，因此交叉渡线布顶共 46 对。

2. 减速顶数量的计算

1）连挂区

在连挂区布置减速顶，目的是使所有车辆不超速连挂，大部分车辆有较远的溜行距离，并在此前提下使布顶数量少，连挂区各布顶坡段的布顶数量按式（6-32）计算

$$R_{连} = \frac{Q_{易}(i - w_{易})L}{8E_R}(1 + 5\%)$$

（6-32）

式中　　$R_{连}$——连挂区布顶数量，对；

　　　　i——布顶区的坡度，‰；

　　　　$Q_{易}$——易行车总重，kN；

　　　　$w_{易}$——夏季易行车总阻力，N/kN；

　　　　E_R——减速顶动作一次的制动功，J，取临界速度等于安全连挂速度时的值。

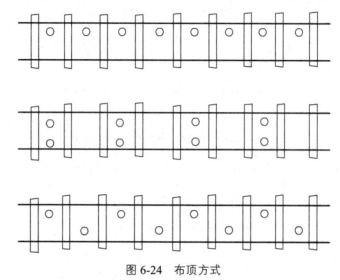

图 6-24　布顶方式

2）顶群区

当打靶区的坡度大于或等于夏季易行车总阻力当量坡，打靶区的距离较长时，由于减速器的控制误差，易行车到打靶区末端的速度将大于安全连挂速度，为此可在打靶区末端设一个小顶群，采用双侧对称式密布减速顶，小顶群的减速顶数量按式（6-33）计算

$$R_{群} = \frac{v_{入}^2 - v_{挂}^2}{16g'_{易}E_R}$$

（6-33）

式中　　$R_{群}$——小顶群减速顶数量，对；

　　　　$v_{入}$——易行车进入小顶群的速度，m/s；

　　　　$v_{挂}$——安全连挂速度，一般取 1.4 m/s；

　　　　$g'_{易}$——考虑转动惯量影响后的易行车重力加速度，m/s²；

　　　　E_R——减速顶动作一次的制动功，J。

3）布顶密度

按照 1 千米设 1 440 根枕木的标准设计，则 1 m 大约设 1.44 个枕木槽，因此，减速顶的布顶密度可按式（6-34）计算

$$d = \frac{R}{1.44L} \leqslant 2$$

（6-34）

式中　　d——布设减速顶区域的布顶密度，对/槽；

12. 驼峰线路的平面设计有哪些基本要求？

13. 驼峰线路的纵断面设计有哪些基本要求？

14. 某点连式顶峰，第Ⅱ部位减速器出口速度设定为 3.5 m/s，误差 $\Delta v = 0.14$ m/s，冬季难行车总阻力 4.0 N/kN，夏季易行车总阻力 0.9 N/kN，采用平坡打靶，采取什么措施才能保证难行车能够溜至打靶区的末端，同时易行车溜至打靶区末端的速度达到安全连挂速度？

15. 目前我国减速器控制精度能够达到的最低速度为 $v_{\min} = 0.83$ m/s，当打靶区的坡度大于夏季易行车总阻力而小于冬季难行车总阻力时，要求确定打靶区的合理坡度值及打靶区长度。要求满足如下条件（Δv 为控制误差）。

（1）夏季易行车以允许的最低出口速度 $v_{\min} + \Delta v$（防止发生 $+\Delta v$）离开减速器，产生正误差（$+\Delta v$）时，溜行至打靶区末端的速度不大于安全连挂速度。

（2）冬季难行车以允许的最高出口速度 $v_{\min} - \Delta v$（防止发生 $+\Delta v$）离开减速器，产生正误差（$+\Delta v$）时，到达打靶区末端的速度不大于安全连挂速度；产生负误差（$-\Delta v$）时，能溜至打靶区末端。

16. 应用上题 6-15 结论，已知 $v_{\min} = 0.83$ m/s，$\Delta v = 0.14$ m/s，$v_{挂} = 1.4$ m/s，$w_{易}^{夏} = 0.9$ N/kN，$w_{难}^{冬} = 4.0$ N/kN，$Q_{难} = 300$ kN，$Q_{易} = 800$ kN，计算打靶区的合理坡度值及坡段长度。

17. 如图 6-17 所示为新建点连式驼峰调车场纵断面设计的三种不同方案，从布顶数、连挂率和驼峰能力三个方面分别进行比较。

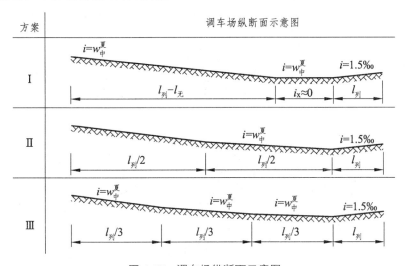

图 6-17 调车场纵断面示意图

18. 计算点连式驼峰的峰高，已知资料如下：（1）峰顶至打靶区末端 502.232 m，至车场减速器出口 377.232 m；（2）难行线道岔总数 $n=6$，道岔和曲线转角 77.8°；（3）冬季不利条件下：$t = -18$ °C，$v_{风} = 6.5$ m/s，$v_{车} = 4.0$ m/s，$\beta = 20°$，难行车 $Q_{难} = 300$ kN。

19. 减速顶的临界速度为什么需要不同的等级，这些不同等级是如何实现的？

20. 减速顶活动油缸内壁直径为 50 mm，压力阀的工作压强调至 700 N/CM²，考虑打压（充氮气）工作的压力误差 5%时，减速顶是否能保证轮重为 15.4 kN 的空棚车安全通过？

21. 某减速顶活动油缸顶面半径 $r = 45$ mm，油缸的工作行程 $h = 85$ mm，试求该类型减速顶密布时，两相邻减速顶中心线的距离是多少？

22. 减速顶在直线上的布置方式有几种？在曲线和道岔上如何布置减速顶？

23. 某调车场连挂区设两个坡段：第一坡段为 3.5‰，257 m；第二坡段为 2.5‰，513 m。已知：冬季难行车总阻力 $w_难^冬 = 3.5$ N/kN，夏季易行车总阻力 $w_易^夏 = 1.2$ N/kN，采用 TDJ204 型减速顶，试计算连挂区各坡段的布顶数量。

6-24 经计算所需减速器的制动能高为 1.65 m，试分别确定设计时应采用多少节数的 T.JK 型和 T.JY 型减速器。

第7章 车站能力计算

7.1 车站能力概述

车站通过能力是在一定的车站设备条件下，采用合理的技术作业过程，一昼夜内能够接发各方向的货物（旅客）列车数和运行图规定的旅客（货物）列车数。

车站改编能力是在合理使用技术设备条件下，车站调车设备一昼夜能够解体和编组的货物列车数或车辆数。

通过能力和改编能力是铁路运输学科研究的一个重要问题，实际工作中也往往需要知道车站的能力究竟有多大。测算新建车站的能力，以检查车站规模是否满足设计运量的要求，查定既有车站的能力，可以寻找运输的薄弱环节，从而制定挖潜或改建的方案。

计算车站通过能力和改编能力的主要依据是车站比例尺平面图、列车运行图、列流图和各项作业时间标准。由于目前存在着各种随机的和人为的因素，影响着测算车站能力的准确程度，但是随着铁路运输进一步向标准化、现代化方向发展，必然能够对车站的能力进行准确的测量。

计算车站能力的方法各种各样，有利用率计算法、直接计算法、图解计算法、排队模拟法、饱和周期法和满线率法等。但是常用的和简便的方法还是利用率计算法和直接计算法。

利用率计算法的原理是：在计算车站某项设备的货物（旅客）列车作业能力时，将运行图规定的与旅客（货物）列车有关的作业列为固定作业，其列数为 $n_{固}$，用式（7-1）计算完成一定货物（旅客）列车作业次数时某项设备的利用率

$$K = \frac{T - \sum T_{固}}{(1\,440M - \sum T_{固})(1-r)} \qquad (7\text{-}1)$$

由此得出该项设备的能力为

$$N = \frac{n}{K} + n_{固} \qquad (7\text{-}2)$$

式中　T——某项设备一昼夜内全部作业占用时分（含直接妨碍时间），min；

　　　1 440——一昼夜的总时分，min；

　　　M——平行进行同一种作业的设备数量；

　　　r——空费系数；

　　　n——列入计算的列车数列；

　　　$n_{固}$——列入固定作业中的列车数列。

直接计算法的原理是：在计算车站某项设备的货物（旅客）列车作业能力时，将运行图

规定的与旅客（货物）列车有关的作业列为固定作业，并用式（7-3）直接计算某项设备的能力

$$N = \frac{(1\,440\,M - \sum T_{\text{固}})(1-r)}{t_{\text{占均}}} + n_{\text{固}} \qquad (7\text{-}3)$$

式中　$t_{\text{占均}}$——办理一次作业（不包括固定作业）平均占用该项设备的时间，min。

其余各项符号意义同前。计算车站（除客运站外）通过能力和改编能力时，以下各项作业按固定作业计算。

（1）旅客列车到、发、调移及其本务机车出入段等作业。

（2）向车辆段（或站修所）、机务段和货物装卸地点定时取送车辆的作业。

（3）调车组和机车乘务组吃饭、交接班和调车机车整备作业时间。

计算客运站通过能力时，运行图规定的货物列车到、发及其本务机出入段，向机务段和车辆段定时取送车等作业则应列为固定作业项目。

各项作业时间标准，对于既有车站可用查定的方法确定；在新建车站，可参考同类型有关作业时间标准，用类比的方法确定，也可用速度与车站比例尺平面图中的距离来进行推算。

由于车站是一个复杂的大系统，在用利用率计算法计算车站最终通过能力时，应将整个车站系统分解为若干个子系统。从设备方面划分时：咽喉与车场分为不同的子系统；一个车场还可按照需要划分若干个子系统；咽喉区的道岔也可进一步分组。从列流分配划分时：不同的衔接方向划分为不同的子系统；同一个方向接入或发出的列车，可按作业性质与经路划分为不同的子系统。

将车站系统分割后，先按照利用率计算的公式，分别求出子系统的通过能力，然后再根据两个子系统串联与并联时合成的法则，求得系统最终的通过能力。

如图 7-1 所示，为两个串联和并联的子系统合成大系统通过能力的原理示意图。

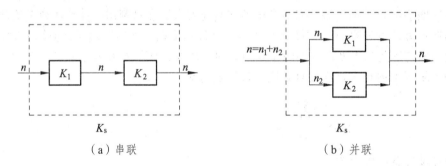

（a）串联　　　　　　　　　　（b）并联

图 7-1　通过能力的合成

图 7-1（a）所示为两个串联子系统，合成后的通过能力为

$$N_s = \frac{n}{K_s} = \left\{ \frac{n}{K_1}, \frac{n}{K_2} \right\}_{\min} = \frac{n}{\{K_1, K_2\}_{\max}} \qquad (7\text{-}4)$$

图 7-1（b）所示为两个并联子系统，合成后的通过能力为

$$N_s = \frac{n}{K_s} = \frac{n_1 + n_2}{K_s} = \frac{n_1}{K_1} + \frac{n_2}{K_2} \qquad (7\text{-}5)$$

在实际计算车站通过能力和改编能力时，一般用表格进行计算，计算所用表格与方法，参见以下章节的有关内容，通过计算示例来掌握计算的方法与步骤。

7.2　车站通过能力计算

车站通过能力计算，一般均采用利用率计算法。下面以某双线区段站通过能力计算为例，说明计算车站通过能力的方法和步骤。

已知资料如下，

（1）车站平面图。

（2）车站行车量。[（1）（2）两项资料如图7-2所示]。

（3）本站取送车。

机务段位于车站A端，每昼夜送车2次，取车2次。货场位于车站B端，每昼夜向货场取送车6次。

（4）机车运用。

普通旅客列车和各种货运列车，其本务机车均需在本站更换机车，出入段作业。快运旅客列车在本站不需更换机车。

（5）各项作业占用到发线时间标准。

接发无改编中转列车	60 min
接到达解体区段列车	83 min
接到达解体摘挂列车	83 min
发自编始发区段列车	73 min
发自编始发摘挂列车	73 min
接发普通旅客列车	30 min

（6）各项作业占用咽喉时间标准。

接各种货物列车	8 min
发各种货物列车	6 min
本务机车入段	2 min
本务机车出段	2 min
到达解体区段、摘挂列车转线	15 min
自编始发区段、摘挂列车转线	15 min
接旅客列车	10 min
发旅客列车	8 min
向机务段取车	6 min
向机务段送车	6 min
向货场取送车	6 min

（7）到发场线路合理分工。

按到发线均衡使用和充分利用咽喉区平行进路的原则，合理安排到发线使用方案，如表7-1所示。

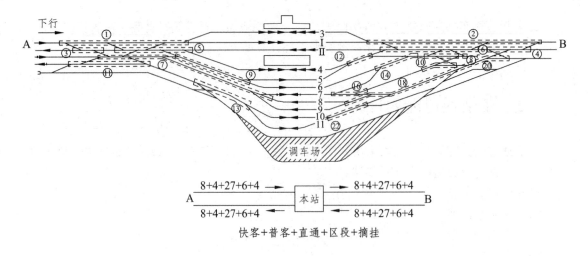

快客+普客+直通+区段+摘挂

图 7-2

表 7-1　到发线使用方案

线路编号	固定用途	列车数
Ⅰ	A 至 B 旅客快车通过	8
Ⅱ	B 至 A 旅客快车通过	8
3	接发 A 至 B 旅客列车	4
4	接发 B 至 A 旅客列车	4
	接发 B 至 A 无改编中转货物列车	10
	接发 A 至 B 无改编中转货物列车	5
5	接发 A 至 B 无改编中转货物列车	11
6	接发 A 至 B 无改编中转货物列车	11
8	接发 B 至 A 无改编中转货物列车	10
9	接发 B 至 A 无改编中转货物列车	7
	接 B 到达解体区段列车	6
10	发 A 自编始发区段列车	6
	接 A 到达解体区段列车	6
	发 B 自编始发区段列车	6
11	接 A 到达解体摘挂列车	4
	发 A 自编始发摘挂列车	4
	接 B 到达解体摘挂列车	4
	发 B 自编始发摘挂列车	4

7.2.1 到发线通过能力计算

到发线通过能力指到达场办理列车到发作业的线路，一昼夜内所能接、发的各方向的货物列车数和运行图规定的旅客列车数。到发线通过能力按如下三个步骤进行计算。

1. 第一步

列表计算到发线总占用时间（ T ）和其中固定作业占用到发线时间（ $\sum t_固$ ）。

到发场Ⅱ共有 4 条线路（8、9、10、11 道），根据线路固定用途和各种作业占用线路的时间标准，列表计算各项作业占用到发线的总时间，如表 7-2 所示。

2. 第二步

计算到发线通过能力利用率。

到发场Ⅱ的利用率计算公式为

$$K_Ⅱ = \frac{4\,140 - 0}{(1\,440 \times 4 - 0)(1 - 0.2)} = 0.90$$

表 7-2　占用到发线时间计算表

场别	作业项目	每昼夜作业次数	每次作业所需时分（min）	占用时间（min）	
				总时分（T）	固定作业时分 $\sum t_固$
到发场Ⅱ	接发 B 至 A 无调中转货物列车	17	60	1 020	
	接 B 到解区段，摘挂列车	10	83	830	
	接 A 到解区段，摘挂列车	10	83	830	
	发 B 自编区段，摘挂列车	10	73	730	
	发 A 自编区段，摘挂列车	10	73	730	
总　计		57		4 140	

3. 第三步

列表计算到发线通过能力。

到发场Ⅱ的通过能力计算如表 7-3 所示。

表 7-3　到发场Ⅱ通过能力计算表

方向		作业项目	列入计算中的列车数	到发线通过能力（列）
A	接	接 A 到达解体列车	10	11.1
	发	发 B 至 A 无调中转列车	17	18.9
		发 A 自编列车	10	11.1
B	接	接 B 至 A 无调中转列车	17	18.9
		接 B 到达解体列车	10	11.1
	发	发 B 自编列车	10	11.1

7.2.2　咽喉区通过能力计算

车站内凡办理接发列车的咽喉区均应计算其通过能力。咽喉区的通过能力按如下 4 个步骤进行计算。

1. 第 1 步

道岔分组。

为了简化计算，可先将全部道岔分为若干组。车站咽喉区道岔总数较多，将利用率相等的道岔划分为一组，这样道岔的组数小于道岔的总数，一般来讲它大于咽喉区最大平行进路数，从而减少了计算的工作量。

道岔分组的原则是如下。

（1）不能被两条进路同时分别占用的道岔应并成一组。在一条线路上的若干道岔，如果它们当中没有任何两个道岔尾部相对，且分别布置在线路两侧时，这些道岔中，任何一个道岔被占用，其他道岔均无法同时开通其他进路。如图 7-3（a）所示。

（2）两条平行进路上的道岔（包括渡线两端的道岔）不能并为一组。在一条线路上的道岔，如果有两个岔尾相对，且分别布置在线路两侧时，这两个道岔不能并为一组，如图 7-3（b）所示。

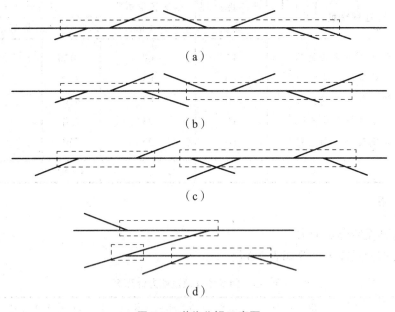

图 7-3　道岔分组示意图

（3）道岔尾部相对，且分别布置在线路两侧，而另一道岔又为交叉渡线时，交叉渡线的道岔不能分成两组。如图 7-3（c）所示。

（4）有的道岔与两条平行进路上的两个道岔组相邻，可以分别开通两条平行进路，该道岔应单独划作一组。如图 7-3（d）所示。

根据以上四项原则，该站 A 端咽喉区全部道岔可以划分为 7 组，B 端咽喉区全部道岔可划分为 11 组，如图 7-2 所示。这样大大地简化了计算工作量。

2. 第 2 步

列表计算咽喉区各道岔组总占用时间（T）和其中固定作业占用时间（$\sum t_{固}$）。

该区段站 A 端咽喉区道岔组总占用时间的计算如表 7-4 所示。

3. 第 3 步

选定咽喉道岔组，并计算其利用率。

某一项作业径路存在两个及以上的串联道岔组时，取总占用时间 T 最大，即利用率最大的道岔组作为咽喉道岔组。例如 A 端咽喉区，接由 A 至 B 的无改编转列车经由串联的道岔组 1、5、9，由表 7-4 中可以看出其中道岔组 5 的 T 值最大（524），则咽喉道岔组为 5；由 A 接到达解体列车经由道岔组 1、3、7、11、13，其中道岔组 7 的 T 值最大（574），则咽喉道岔组为 7。

某项作业存在 2 个及以上并联的作业进路时，应分别选定各自进路上的咽喉道岔组。例如，从 A 方向接车进路来看，存在 2 个进路：5、9 两个道岔串联，3、7、11、13 四个道岔串联，上述两个道岔子系统属并联的两个子系统，再分别与道岔 1 串联，构成两个作业进路。因此应分别确定两个咽喉道岔组（5、7），作为计算 A 方向接车能力的咽喉道岔组。咽喉道岔组通过能力利用率按下式计算：

$$K = \frac{T - \sum T_{固}}{(1\,440\,M - \sum T_{固})(1 - r)}$$

表 7-4　A 端咽喉区占用时间计算表

编号	作业进路名称	占用次数	每次占用时间	总占用时间	咽喉区道岔组占用时间						
					1	3	5	7	9	11	13
I	II	III	IV	V	VI						
主　要　作　业											
1	4 道接 A 至 B 无改编中转列车	5	8	40	40			40			
2	4 道发 B 至 A 无改编中列车	10	6	60			60	60			
3	5，6 接 A 至 B 无改编中转列车	22	8	176	176			176	176		
4	8，9 道发 B 至 A 无改编中转列车	17	6	102			102	102			
5	10 道接 A 到解区段列车	6	8	48	48	48	（48）	48	（48）	48	48
6	10 道发 A 自编区段列车	6	6	36		36		36		36	36
7	4，5，6 道本务机车经 7 道入段	27	2	54				54		54	
8	4，5，6 道本务机车经 7 道出段	27	2	54				54			
9	4 道本务机车入段	10	2	20		（20）	20	20	（20）	20	
10	4 道本务机车出段	10	2	20		（20）	20	20	（20）		
11	8，9 道本务机车入段	23	2	46				46		46	

编号	作业进路名称	占用次数	每次占用时间	总占用时间	咽喉区道岔组占用时间						
					1	3	5	7	9	11	13
I	II	III	IV	V	VI						
12	8，9道本务机车出段	17	2	34				34			
13	10道本务机车经7道入段	6	2	12				12		12	
14	10道本务机车经7道出段	6	2	12				12			
15	10道本务机车出段	6	2	12				12		12	12
16	10道自编区段列车转线	12	15	180							180
17	11道接A到解摘挂列车	4	8	32	32	32	（32）	32	（32）	32	32
18	11道发A自编摘挂列车	4	6	24		24		24		24	24
19	11道摘挂列车本务机经7道入段	4	2	8				8		8	
20	11道摘挂列车本务机经7道出段	4	2	8				8			
21	11道摘挂列车本务机入段	4	2	8						8	8
22	11道摘挂列车本务机出段	4	2	8				8		8	8
23	11道自编摘挂列车转线	8	15	120							120
固 定 作 业											
24	3道接A至B旅客列车	4	10	40	40						
25	I道通过A至B旅客列车	8	8	64	64						
26	II道通过B至A旅客列车	8	8	64		64	64				
27	4道发B至A旅客列车	4	8	32		32	32				
28	3道旅客列车本务机车经I道入段	4	2	8	8	（8）	8	8	（8）	8	
29	3道旅客列车本务机车经I道出段	4	2	8	8	（8）	8	8	（8）		
30	4道旅客列车本务机车入段	4	2	8		（8）	8	8	（8）	8	
31	4道旅客列车本务机车出段	4	2	8		（8）	8	8	（8）		
32	往机务段送车	2	6	12						12	12
33	向机务段取车	2	6	12				12		12	12
$\sum t_{固}$					120	128	128	44	32	40	24
T					416	470	524	574	328	348	492

注 ① 第II栏：根据车场到发线固定使用方案的规定，填写咽喉区全部作业进路名称。

② 第III栏：根据计算行车量和到发线固定使用方案填入一昼夜各种行车、调车和机车出入段次数。

③ 第IV栏：根据计算或查定的各单项作业时间标准填写。

④ 第V栏：第II和第IV栏的乘积。

⑤ 第VI栏：根据各作业进路占用道岔组情况，将第V栏的数据逐项填入相关的道岔组栏内。

⑥ 带括号的时间为某项作业进路对该道岔组的直接妨碍时间。

对 A 端咽喉区道岔组的利用率的计算如表 7-5 所示。

表 7-5　咽喉道岔组利用率

咽喉	项目	方向	列车种类	经由道岔	咽喉道岔	
					组号	K
A 端咽喉	接车	A	无调	1，5，9	5	0.38
			有调	1，3，7，11，13	7	0.47
	发车	A	无调	3，5，7	7	0.47
			有调	3，7，11，13	7	0.47

4. 第四步

计算咽喉道岔组的通过能力。

A 端咽喉道岔组通过能力计算表如 7-6 所示。

表 7-6　咽喉通过能力计算（单位：列）

咽喉	项目	方向	列车种类	道岔组		计	咽喉道岔
				5	7		
A 端咽喉	接车	A	无调	71.1		71.1	5
			有调		21.3	21.3	7
		计			92.4		
	发车	A	无调		57.4	57.4	7
			有调		21.3	21.3	7
		计	计		78.7		

7.2.3　车站最终通过能力的确定

车站最终通过能力，应先按方向别列表汇总咽喉和到发线通过能力，最后按办理该方向列车进路的各项设备中利用率最大的那项设备的能力来确定。

在确定最终通过能力时，要遵照通过能力合成的法则。

这里必须指出：当区段站有调改编中转列车较多时，其接、发能力还有可能受车站改编能力的限制。此时，应同时对改编能力进行计算，再求得该站按方向别有调中转列车的接（发）车最终通过能力。

车站最终通过能力计算如表 7-7 所示。

表 7-7 车站最终通过能力计算表

方向	作业和列车种类		列入计算中的列车数	各部分通过能力						受何限制	最终通过能力（列）
				道岔组⑤	道岔组⑦	到发场Ⅰ	到发场Ⅱ	道岔组②	道岔组④		
A方向	接车	无调	27	71.1		40.9				到发场Ⅰ	40.9
		有调	10		21.3		11.1			到发场Ⅱ	11.1
		计								到发场	52.0
	发车	无调	27		57.4	（15.2）	（18.9）			到发场	34.1
		有调	10		21.3		11.1			到发场Ⅱ	11.1
		计								到发场	45.2
B方向	接车	无调	27			15.2	18.9		77.1	到发场	34.1
		有调	10				11.1		28.5	到发场Ⅱ	11.1
		计								到发场	45.2
	发车	无调	27			（40.9）		122.7		到发场Ⅰ	40.9
		有调	10				11.1		28.5	到发场Ⅱ	11.1
		计								到发场	52.0
利用率 K				0.38	0.47	0.66	0.90	0.22	0.35		

7.3 车站改编能力计算

7.3.1 驼峰解体能力计算

驼峰解体能力是在既有技术设备、作业组织方法及调车机车台数条件下，一昼夜所能解体的货物列车数或车辆数。

驼峰机车一般只进行解体作业，作业性质比较单一，其解体能力可采用直接计算法，根据不同调车机台数和作业方法分别进行计算。

1. 单推单溜解体能力计算

单推单溜是在驼峰上只用一台调机担当分解作业的组织方式。其解体能力可按式（7-6）计算

$$N_{解}^{单单} = \frac{(1\,440 - \sum t_{固})(1-\alpha)}{t_{解占}^{单单}} \qquad (7-6)$$

式中 $N_{解}^{单单}$——单推单溜时的解体能力，列；

$\sum t_{固}$ ——采用单推单溜时的固定作业总时间，min，按下式计算

$$\sum t_{固} = \sum t_{交接} + \sum t_{吃饭} + \sum t_{整备} + \sum t_{客妨} + \sum t_{取送}^{占} + \sum t_{取送}'$$

$\sum t_{取送}^{占}$ ——驼峰机车担当取送作业占用驼峰的部分时间，min；

$\sum t_{取送}'$ ——驼峰机车担当取送作业未占用驼峰的部分时间，min；

$t_{解占}^{单单}$ ——采用单推单溜作业方式解体一列车平均占用驼峰的时间，按下式确定：

$$t_{解占}^{单单} = t_{空程} + t_{推} + t_{分解} + t_{禁溜} + t_{整场} + t_{妨}$$

α ——空费系数。由于列车到达不均衡、作业不协调以及设备故障等原因所引起的驼峰无法利用的空费时间（不计调车组交接班等驼峰作业中断期间内产生的空费）占一昼夜时间的比重。一般可采用 0.03 ~ 0.05。

2. 双推单溜解体能力计算

使用两台及以上机车担当驼峰分解作业时，一台机车进行解体作业，其他机车可进行预推作业的组织方式称为双推单溜，两台机车实行双推单溜时，驼峰解体能力按式（7-7）计算

$$N_{解2}^{双单} = (1-\alpha) \left[\frac{(1\,440) - \sum t_{固}'}{t_{解占}^{双单}} + \frac{2t_{整备} + \sum t_{取送}'}{t_{解占}^{单单}} \right] \tag{7-7}$$

式中 $N_{解2}^{双单}$ ——使用 2 台机车双推单溜时的解体能力，列；

$\sum t_{固}'$ ——使用 2 台机车采用双推单溜时的固定作业时间，按下式计算

$$\sum t_{固}' = \sum t_{交接} + \sum t_{吃饭} + 2\sum t_{整备} + \sum t_{客妨} + \sum t_{取送}^{占} + \sum t_{取送}'$$

$t_{解占}^{双单}$ ——采用双推单溜作业方式时解体一列车平均占用驼峰时间，按式（7-8）计算

$$t_{解占}^{双单} = t_{分解} + t_{禁溜} + t_{整场} + t_{妨} + t_{间隔}$$

$$N_{解3}^{双单} = (1-\alpha) \frac{(1\,440 - \sum t_{固}'')}{t_{解占}^{双单}} \tag{7-8}$$

式中 $N_{解3}^{双单}$ ——使用 3 台及以上机车进行单溜放作业时的驼峰解体能力，列。

$\sum t_{固}''$ ——3 台以上机车双推单溜时的固定作业总时间，计算公式为：

$$\sum t_{固}'' = \sum t_{交接} + \sum t_{吃饭} + \sum t_{客妨} + \sum t_{取送}^{占}$$

3. 高峰小时驼峰解体能力计算

在编组站上一昼夜内个别时间段内，改编列车密集到达，该段时期称为高峰时期。在此时间段内，驼峰机车不进行整场和整备，不进行车辆的取送作业，除反接改编列车产生妨碍外，没有其他妨碍时间，实行双推单溜时高峰小时驼峰解体能力按式（7-9）计算：

$$N_{小时}^{高峰} = \frac{60}{t_{分解} + t_{禁溜} + t_{间隔} + t_{反妨}} \qquad (7-9)$$

式中　$N_{小时}^{高峰}$——高峰小时解体能力，列；

　　　$t_{反妨}$——每列改编列车平均反接妨碍时间。

上述各项单项作业时间标准，可依比例尺平面图中的距离和《技规》规定的有关作业时的速度进行计算确定，也可由查定的方法确定。其作业时间标准的取值范围，计算和查定的方法，参阅铁路总公司制定的关于编组站改编能力计算的标准。

【**例 7-1**】某驼峰编组站到达场与驼峰调车场纵列布置，有峰下桥，反向改编列车到达采用反接形式，驼峰采用点连式调速系统。驼峰作业方式为两台内燃调机实行双推单溜作业组织方式。列车平均编成辆数为 $m = 47$ 辆/列。该站单项作业时间标准如表 7-8 所示，辅助生产时间如表 7-9 所示。要求：用直接计算法计算出驼峰的解体能力（不考虑取送车占用驼峰作业时间，空费系数 α 取 0.05）。

表 7-8　单项作业时间标准（min）

$t_{空程}$	$t_{推}$	$t_{分解}$	$t_{禁溜}$	$t_{整场}$	$t_{妨}$	$t_{间隔}$
6.3	2.5	8	0.5	1	0.6	2.5

表 7-9　辅助生产时间

项　目	次　数	分（min）
吃饭	2	30
交接班	2	20
整备	1	70

解：依据公式计算，有

$$t_{解占}^{单单} = t_{空程} + t_{推} + t_{分解} + t_{禁溜} + t_{整场} + t_{妨}$$
$$= 6.3 + 2.5 + 8 + 0.5 + 1 + 0.6$$
$$= 18.9 \, (\text{min})$$

$$t_{解占}^{双单} = t_{分解} + t_{禁溜} + t_{整场} + t_{妨} + t_{间隔}$$
$$= 8 + 0.5 + 1 + 0.6 + 2.5$$
$$= 12.6 \, (\text{min})$$

$$\sum t_{固}' = \sum t_{交接} + \sum t_{吃饭} + 2\sum t_{整备} + \sum t_{客妨} + \sum t_{取送}^{占} + \sum t_{取送}'$$
$$= 2 \times 20 + 2 \times 30 + 2 \times 70 + 0 + 0 + 0$$
$$= 240 \, (\text{min})$$

将以上数据代入式（7-7）得

$$N_{解2}^{双单} = (1 - 0.05)\left[\frac{(1\,440 - 240)}{12.6} + \frac{2 \times 70 + 0}{18.9}\right] = 97.5 \, (\text{列})$$

以辆数表示的解体能力为

$$B = 97.5 \times 47 = 4\,583 \, (\text{辆})$$

7.3.2 调车场尾部编组能力计算

调车场尾部编组力是在既有技术设备、作业组织方法及调车机车台数条件下，一昼夜所能编组的货物列车数或车辆数。

调车场尾部牵出线一般不明确固定，且多于尾部配属调车机车台数，故编组能力宜从整体考虑进行计算。其计算方法可采用直接计算法和利用率计算法。

1. 直接计算法

驼峰调车场尾部的编组能力按式（7-10）计算：

$$N_{编} = \frac{(1\,440M - \sum t_{固})(1-\alpha)}{t_{编}} + N_{摘} \qquad （7\text{-}10）$$

式中　$N_{编}$——尾部编组能力，列；

M——尾部调机台数，台；

$\sum t_{固}$——交接班、吃饭、整备、取送车、编摘挂列车等固定作业占用尾部编组调车机时间，min；

α——妨碍系数。$\alpha = \dfrac{\sum t_{妨碍}}{\sum t_{作业}}$；

$t_{编}$——编组直通、区段、小运转、交换车的加权平均时间（包括每列均摊的整场时间）；

$N_{摘}$——一昼夜编组的摘挂列车数。

2. 利用率计算法

调车场尾部编组能力按式（7-11）计算：

$$N_{编} = \frac{N}{K} + N_{摘} \qquad （7\text{-}11）$$

式中　$N_{编}$——尾部编组能力，列；

N——平均每昼夜编组的直通、区段、小运转列车及交换车总列数，列；

K——利用率，按下式计算：

$$K = \frac{T - \sum T_{固}}{(1\,440M - \sum T_{固})(1-\alpha)} \qquad （7\text{-}12）$$

T——每昼夜的总作业时间（不含妨碍时间），min；
其他符号意义同前。

7.3.3 驼峰解体能力与尾部编组能力的协调

在驼峰编组站上，驼峰的解体能力应与调车场尾部的编组能力相协调。当两者的能力相差较大，某一方限制了编组站调车场的改编能力时，须调整其作业负担，以利于提高驼峰调车场的改编能力。

当驼峰的解体能力（$N_{解}$）小于尾部的编组能力（$N_{编}$）时，为使二者协调，可将驼峰的部分整场作业交给尾部负担。

设解体和编组车列的平均编成辆数为 $m_{解}$ 和 $m_{编}$，调整后驼峰增加的解体能力为 $\Delta n_{解}$，减少的尾部编组能力为 $\Delta n_{编}$。设

$$r = \frac{m_{解}}{m_{编}} \tag{7-13}$$

则

$$r(N_{解} + \Delta n_{解}) \leqslant N_{编} - \Delta n_{编}$$

$$\Delta n_{解} = \frac{N'_{解} t_{整场}}{t'_{占峰}}$$

$$\Delta n_{编} = \frac{r(N'_{解} + \Delta n_{解}) \Delta t_{牵}}{I_{编}}$$

将 $\Delta n_{解}$、$\Delta n_{编}$ 代入上式并进行化简后得最大可能调整量为

$$N'_{解} = \frac{\dfrac{N_{编} - N_{解} r}{r}}{\left[\dfrac{t_{整场}}{t'_{占峰}} + \left(1 + \dfrac{t_{整场}}{t'_{占峰}} \right) \dfrac{\Delta t_{牵}}{I_{编}} \right]} \tag{7-14}$$

式中　$N'_{解}$——调整后 $N_{解}$ 中驼峰不再参加整场作业的列数，列；

　　　$t_{整场}$——驼峰解体列车每列平均整场时间，min；

　　　$\Delta t_{牵}$——调整后尾部牵出线担任整场作业每列平均增加的整场时间，min；

　　　$I_{编}$——编组一列车的平均间隔时间，min，计算公式为

$$I_{编} = \frac{t_{编}}{M} \tag{7-15}$$

　　　$t_{编}$——编组列车平均时间，min。

　　　M——尾部调车机台数，min。

　　　$t'_{占峰}$——调整后驼峰不进行整场作业，平均解体一列车占用驼峰时间，min。计算公式为

$$t'_{占峰} = t_{解占}^{双单} - t_{整场} \tag{7-16}$$

其他符号意义同前。

在调整能力时，车站可根据设备和作业的具体情况，分析可能调整的各项因素，力求车站改编能力达到最大。

思考与练习题

1. 什么是车站通过能力和改编能力？

2. 车站系统能力合成的法则是什么？

3. 利用率计算法和直接计算法的基本原理和公式是什么？

4. 如何保证车站能力计算结果的准确程度？以车站通过能力计算的各个步骤应注意的事项进行说明。

5. 如何确定固定作业项目？

6. 以本章通过能力计算资料为背景，列表计算该区段站到发场 I 和 B 端咽喉区的通过能力，并分析其最终通过能力汇总表，确定限制车站通过能力的薄弱环节在何处，可以采取什么措施。

第8章 车站的改扩建设计

8.1 车站改扩建设计的特点

由于铁路运量的增长和支线的引入等原因，既有车站的设备和能力不能满足作业的要求，因此需要增加设备，或采取其他措施，以提高车站的能力，这就必然会引起既有车站的改建或扩建。

在实施铁路车站的改建过程中，有预留的方案可依，有计划、有步骤地增加设备，这时被称为扩建；无预留方案可依时，被称为改建。

但也可能在扩建时发现原来预留的方案与现在的实际情况有较大的出入，需要进一步修正方案，甚至重新设计方案。

车站改扩建设计基本遵循新建设计的有关要求与规定，但是还要增加其他内容：比如在确定改建方案的同时，要研究车站改建的施工步骤，编制工程预算及车站工作组织。

8.2 引起车站改扩建的原因

1. 增加线路

区段列车对数增加时，可能要求增加到发线。车站装卸作业量增多或专用线接轨，可能要求增加货物线。

加铺到发线应尽可能向站房对面发展，避免在站房同侧，更不宜绕过站房加铺线路。

2. 铺设第二正线

当区间正线由单线改为双线时，车站也要进行相应的改建。

3. 延长线路

当扩大列车编成辆数，和采用大型机车以提高列车重量时，列车长度必然增加，就要延长到发线的有效长度。

延长到发线有效长时，要考虑重载列车的组织方法，注意车站两端进站线路的平、纵断面的技术条件以及有无跨线桥等大型建筑物，尽可能改动咽喉结构较简单的一端。

4. 改变纵断面

区间线路纵断面的改造或站坪向区间延长,可能引起站内部分或全部线路纵断面的改变。改变后的站内正线和其他线路的纵断面设计方案,必须满足铁路车站设计的有关规定。

当标高变更不大,纵断面条件许可时,应尽可能采用填方的办法改变线路纵断面。一般用填道砟的办法解决,但道砟的厚度不应超过 1 m。如采用挖方的办法改变线路纵断面,或填方较大时,必须拆除原有线路的上部建筑,进行填方或挖方后,再重新铺设。施工时,要妥善组织,采取借用线路或修建临时便线等措施,以保证正常的运营工作得以进行。

5. 设备的更新

随着铁路运输采用新型的信号和闭塞等设备,实现调车驼峰的现代化,列车牵引气化及开行高速列车等,将会引起铁路车站进行相应的现代化改造。

6. 修建新线引入线

新的铁路干线或支线引入车站后,会引起车站既有设备,或整个车站图型发生改变。

8.3 近期和远期相结合的设计方法

铁路车站及枢纽的设计年度分为近期和远期。随着发展需要可以逐步扩建和改建的建筑物和设备,按近期设计,并预留远期发展。不易扩建或改建的建筑物和设备按远期设计。枢纽总布置图设计除按交付运营第二十年的运量和运输性质确定远期主要建筑物和设备的配置及规模外,尚应考虑二十年以上运量规划,预留进一步发展的可能。

如图 8-1 所示,为某站一端咽喉,远期有一条工业企业专用线在该咽喉区接轨。

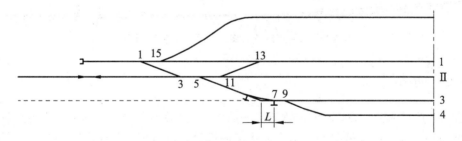

图 8-1 某站一段咽喉规划工业企业专用线示意图

在近期设计中,3 道与正线以线路终端连接形式进行连接,远期引入支线(图 8-1 中虚线),需要铺设道岔 7。铺设的 7 号道岔的岔心位于近期铺设的圆曲线的角顶位置。按照近期设计的要求,角顶至 9 号岔心的距离应为 32.454 m;按远期设计的要求,7 号岔心和 9 号岔心的距离应是 36.689 m。依据近期和远期相结合的设计方法,近期确定角顶至 9 号岔心的距离应取两者中的最大值,即应设计为 36.689 m。

8.4　车站改扩建设计示例

8.4.1　示例一

如图 8-2 所示中间站。原车站线路有效长为 650 m，由于列车重量和长度增加，需延长至 850 m。车站设在阶梯形站坪上，站坪范围内为平道，区间限制坡道为 8‰。

由于该站需办理摘挂列车的调车作业，按规定，线路的实际坡度不应大于 2.5‰。延长到发线有效长度可能有如下两个方案。

1. 方案 Ⅰ

向右端延长，站外坡度为 2.5‰，符合到发线技术条件和要求，因此，可以不改变进出站线路的纵断面。但这一方案有拆迁道岔 10 组、站房中心偏于一端管理不便和货场建筑物也要改建的缺点。

2. 方案 Ⅱ

向左端延长，避免了方案 Ⅰ 的缺点，但必须改建现有线路纵断面。将车站左端一部分平道和进站线路上 5‰ 的一段坡道一并拉成 2.5‰ 的坡道（见图 8-2），使之符合设计技术条件的要求。这样共拆迁 3 组道岔。

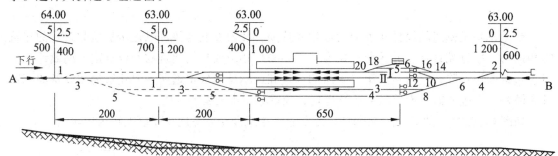

图 8-2　中间站改建方案示意图（改变纵断面）

8.4.2　示例二

如图 8-3 所示为会让站，欲增设货场和一股到发线。在设计施工步骤时，为了尽量不中断或少中断车站工作，应先修建与车站作业无关的部分，再封闭线路使之连接起来。可以按照下述施工步骤进行。

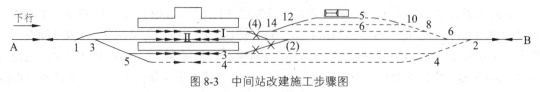

图 8-3　中间站改建施工步骤图

（1）加铺 4 道及 Ⅰ、3 道的延长部分及 5、6 道以及它们之间的道岔 4、8、10、12、14，这时并不需要封闭线路。

（2）铺道岔2、6，需要封闭正线（封闭正线可利用行车"天窗"，并不一定要影响行车）。

（3）铺道岔5。

（4）封闭3道，使原有线路与延长部分连通。由于Ⅰ、Ⅱ、4道可以使用，因而不会影响车站工作。

（5）封闭Ⅰ道，使原有线路与延长部分连通。由于Ⅱ、3、4道可以使用，也不会影响车站工作。

（6）封闭正线，拆除正线上的原有道岔2、4及其连接邻线的线段。此时Ⅰ、3、4道仍可办理行车。

最后全部完工。

8.4.3 示例三

图8-4为单线铁路横列式区段站因增加线路而扩建的方案图。该站近期共铺设8条线路。1~5道为到发线（包括正线），6~8道为调车线。机务段在站对右，设有一条机车出入段线。近期工程既可满足当时运量的需要，而且还考虑了未来的发展，由于运量增长，需要增加线路时，可按图中虚线所示的预留方案进行扩建。

扩建时将6~7道改为到发线，8道仍作调车线。新铺9、10、11、12四条调车线和两条梯线。为了保证调车线能直通正线，在B端咽喉区增铺一条渡线，如图8-4中虚线所示。扩建后有到发线7条（包括正线）及调车线5条。可以看出，在扩建过程中，废弃工程很少，施工也很方便。

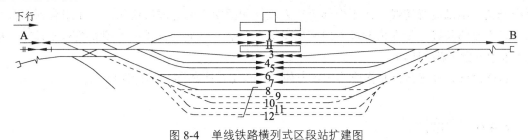

图8-4　单线铁路横列式区段站扩建图

8.4.4 示例四

图8-5所示为单线横列式区段站，当发展为双线时，采用纵列式区段站布置图，扩建方案如图8-5中的虚线所示。

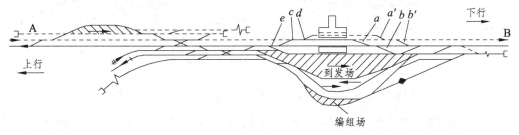

图8-5　单线铁路横列式区段站扩建为双线铁路纵列式区段站扩建方案图

第二正线铺设在原有正线的上面，靠站舍的一侧，原有旅客列车到发线改为正线后，可拆除部分基本站台，在站房同侧新铺一条旅客列车到发线。

原有横列式到发场改为上行到发场，调车场不动。在 A 端新修正线一侧，新铺设了下行场。在 B 端咽喉区将道岔 a 和渡线 b 拆移至 a′和 b′处，这样可以保证旅客列车到发线的有效长度仍然能够满足接发货物列车的要求。此外，在 B 端咽喉区新铺 1 组渡线。在中部咽喉区新铺 3 组普通渡线和 1 组交叉渡线，另外新铺 c、d 两个道岔。原有渡线 e 可以拆除，也可保留不动。

8.4.5　示例五

图 8-6 为二级四场编组站开行重载（组合）列车时的改建方案。

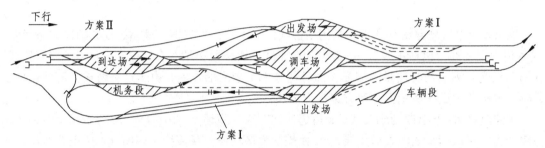

图 8-6　二级四场编组站开行重载（组合）列车时的改建方案

在二级四场编组站图型中，增设的用于组合列车的到达线，在到达场进口咽喉端向区间方向延长，中部设置渡线，便于中部机车入段，如图中方案 II 虚线所示。用于组合列车合并与出发作业的长线，设在出发场并向其出发场发车咽喉一端处延长一个到发线有效长度，如图 8-6 中方案 I 虚线所示。

这样设置，分解与合并作业均比较方便，机车走行距离和调车行程也短。

8.4.6　示例六

图 8-7 为三级三场开行重载（组合）列车时的改建方案。

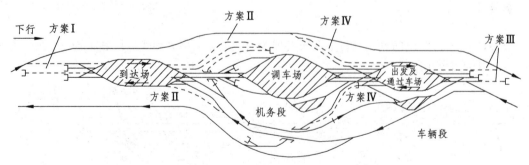

图 8-7　三级三场编组站开行重载（组合）列车时的改建方案

三级三场编组站开行组合列车时，到达解体的组合列车分解作业线，设在到达场进口咽喉外方，作业方便，如图中方案Ⅰ虚线所示。若方案Ⅰ受进站线路立体疏解限制时，可将到达场的两外侧部分线路向其出场咽喉端延长，如图 8-7 中方案Ⅱ虚线所示。自编出发组合列车合并与出发作业用的长线，可以由出发场出场咽喉端向外延长部分线路至所需长度，如图 8-7 中方案Ⅲ虚线所示。如果该方案受既有线限制时，只好由出发场进口咽喉端向调车场方向延长部分线路，形成曲线连接，如图 8-7 中方案Ⅳ虚线所示。该方案延长部分转送列车时有折返走行。

思考与练习题

1. 引起车站改扩建的原因有哪些？
2. 在确定车站近期设计方案时，为什么还要考虑远期的发展？
3. 如图 8-8 所示的中间站，因为延长到发线，需要将站坪从 900 m 延长到 1 200 m，改建部分的站坪坡度规定按 1.5‰设计。试问：改建时向哪一端延长较好？并画出改建后的纵断面示意图。

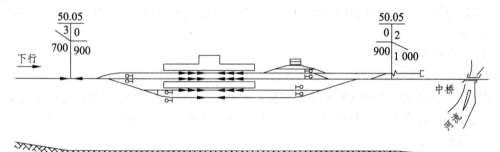

图 8-8　习题 8-3 图（单位：m）

第 9 章　铁路运输枢纽

9.1　铁路枢纽规划设计

在铁路干、支线的交汇点或终端地区，由各种铁路线路、专业车站以及其他为运输服务的有关设备组成的总体称为铁路枢纽。

铁路枢纽内一般应具有以下 4 类设备。

（1）铁路线路。

包括引入线路、迂回线、联络线、工业企业专用线等。

（2）车站。

包括客运站、货运站、编组站、工业站、港湾站等。

（3）疏解设备。

包括铁路线路与铁路线路的平面和立交疏解，铁路线路与城市道路的立交桥和道口，以及线路所等。

（4）其他设备。

包括机务段、车辆段、客车整备所等。

相应的，铁路枢纽办理的作业主要包括：枢纽内各车站的客货运业务，与旅客列车和货物列车有关的运转作业，以及枢纽地区小运转列车的作业，此外还要供应运输动力，进行机车、车辆的检修等。

9.1.1　铁路枢纽设备布置图型

一个枢纽布置图型发展与形成的因素是比较复杂的。在铁路枢纽的规划和设计中，必须根据其具体条件，确定合理的布置图型。铁路枢纽线路在总图结构上的特征，归纳为 8 种不同的形式。

1. 一站铁路枢纽

一站铁路枢纽（枢纽站）一般由一个综合性车站和 3~4 条引入线路组成，所有客、货运及列车改编作业完全集中在这个综合性车站上进行，是铁路枢纽布置图型中最简单的一种结构形式，通常位于中小城市。

枢纽站可分为以办理无改编中转列车为主，改编作业为辅的枢纽区段站；另一种是以办理改编作业为主，无改编中转列车为辅的小型编组站。

由于枢纽站作业集中，必然产生大量的作业进路交叉干扰。因此，要求各线路方向能直接引入枢纽站的到发车场，以保证各方向接发车的独立性和机动性。运量较大时，要修建必要的立体疏解设备，如图 9-1 所示。

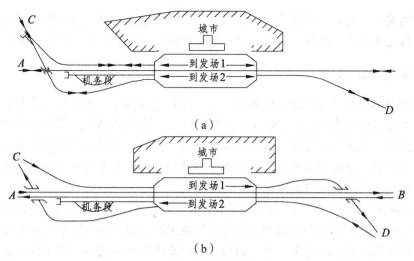

图 9-1 一站铁路枢纽布置图

新线引入枢纽站时，应保证主要车流方向的无改编中转列车不变更运行方向。

枢纽站适合于引入线路数量少，城市规模不大，无改编中转列车占较大比重，没有必要分几处设置车站的情况。在具体设计时，应预留发展用地，尽可能使引入线路的平、纵断面比较平顺，力求简化进站线路疏解布置并远离车站。

2. 放射形铁路枢纽

枢纽的所有衔接的铁路线都有枢纽的中心点成放射状向外延伸，中心点处一般设有一个枢纽主要客运站或者主要编组站为所有衔接的铁路线服务。同时，在向外延伸的各衔接的线路上设置一些货运站或辅助客运站和工业站等主要为枢纽地区服务。如图 9-2 所示。

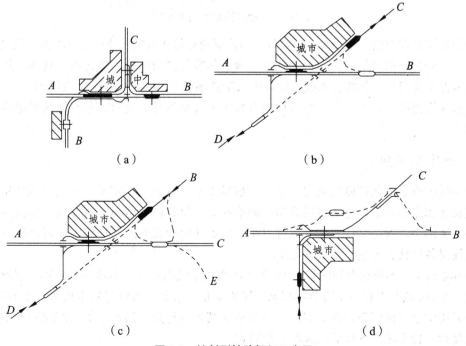

图 9-2 放射形铁路枢纽示意图

枢纽内的客运、货运、改编作业不集中在一个综合车站办理，而是根据当地的情况分设在 2 个或少数几个车站上进行，因此，同一站枢纽相比，作业交叉干扰小，规模大。

3. 三角形铁路枢纽

三角形铁路枢纽是引入铁路线汇集于三点，在各边或客运、或货运、或改编作业量较大的引入线路上设置相应的客运站、货运站、编组站，或者综合性车站（兼办 2 项货 3 项作业），或者辅助客运站、编组站。并在三点间修建联络线，供客、货通过列车顺向运行，以消除折角直通列车变更运行方向而形成的一种枢纽布置图型。一般各衔接方向间都有较大的客、货运量交流，而且无改编中转列车占有一定的比重。

图 9-3 为衔接三个方向的三角形枢纽布置图型。在改编作业量较大的 AB 线路上设有一个客货共用站。A 与 C 间的折角直通列车绕开客货共用站，而经由中间站 1 和中间站 2 间的联络线运行，消除列车换向的有关作业。折角直通列车更换本务机时，可由客货共用站派送机车在中间站 1 或 2 进行。这种作业数量较多时，也可在中间站 1 或 2 修建专用通过车场和机车整备设备，并采用循环交路。

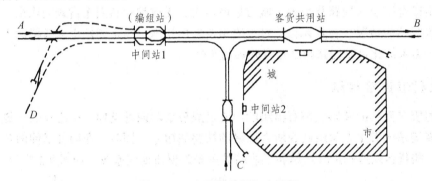

图 9-3　三角形铁路枢纽布置图

由于运输量和衔接方向增加，需要对三角形枢纽进行扩建时，可在主要车流干线 AB 上新建编组站，分担路网改编中转车流的任务，既有的客货共用站改为客运站，货物运转设备也同时为地方车流服务。新的引入线路也可引入新建编组站，如图 9-3 中虚线所示。

当引入铁路线汇合于三点，各方向间有较大的客货运量交流时，可按三角形枢纽进行总体规划。

4. 十字形枢纽

十字形枢纽是两条铁路线近似正交，在枢纽中心设有呈"十字形"的交叉疏解布置，根据车流状况和车站布置修建必要的联络线而形成的。枢纽内客运站、货运站、编组站均设置在十字交叉的引入线路上。它的车流特点是：两条相交线路之间交换的客货运量甚少，而两条相交线路各自具有大量的直通客货流。

图 9-4 为十字形枢纽布置图型。AB 和 CD 两铁路线相正交，枢纽中心采用十字形交叉疏解布置，在 AB 线路上建一个客货共用站，随着运量的增长，再修建联络线和其他车站。

在采用十字形枢纽布置图形时，一定要适合其车流特点。当相交的铁路线间换乘旅客、转线货物列车较多时，不宜采用这种布置形式。

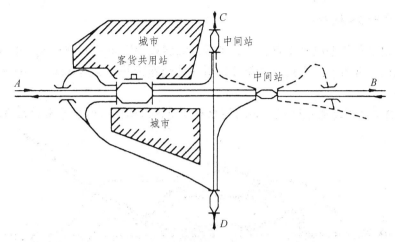

图 9-4　十字形铁路枢纽布置图

5. 顺列式铁路枢纽

顺列式枢纽是有两个以上专业车站、主要的编组站与客运站顺序纵列地布置在一条伸长的共同干线上，引入线路汇合在枢纽的两端而形成的枢纽布置图型。图 9-5 为顺列式枢纽布置图型。

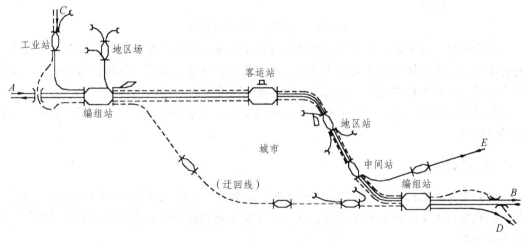

图 9-5　顺列式铁路枢纽布置图

在顺列式枢纽内，顺向车流可通过共同干线运行，折角车流宜由枢纽前方组织分流而不进入枢纽，这就要求在枢纽两端引入线汇合处，设置编组站或联络线等设施。

由于顺列式枢纽内，到发和通过枢纽的客货列车及枢纽小运转列车均集中运行在共同的干线上，因此区间通过能力紧张，车站咽喉区负担过重，货物列车通过客运站时对客运工作也产生干扰。为了增强共同干线的通过能力，可铺设第三、第四正线；也可在枢纽两端的编组站间修建迂回线，以分流货物列车。

当引入线路分别在枢纽两端，需要设置两个以上专业车站，位于傍山沿河的狭长地带修建铁路枢纽时，可参照顺列式枢纽进行总体规划。

6. 并列式铁路枢纽

并列式枢纽是有两个以上专业车站，主要的编组站与客运站并列布置，引入线路先按线路方向引入枢纽，再按客、货列车种类分开引入并列布置的客运站和编组站而形成的枢纽布置图型。

图9-6为并列式枢纽布置图型。客运站布置在市区范围内，编组站布置在市区的边缘。

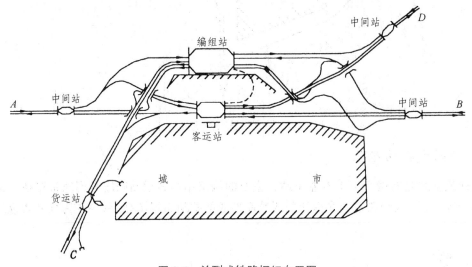

图 9-6　并列式铁路枢纽布置图

并列式枢纽，由于客、货列车运行径路在枢纽内完全分开，互不干扰，故而并列式枢纽的通过能力大。但是枢纽内进出站线路的疏解布置比较复杂，其平、纵断面条件较差，增加了客货列车的运营里程和费用，枢纽的分期过渡也比较困难。

并列式枢纽布置图型，适合于客、货运量都很大，当地条件又适合于并列布置两个专业站的铁路枢纽。

7. 环形枢纽

环形枢纽是在大城市，具有较宽阔的地形，较多的引入线（四个以上方向），引入线方向分散，且其间有大量的客货运量交流，各引入方向车站间联络线路连接起来构成环状的一种枢纽布置图型。

环线枢纽除便利货物列车运输外，还减少铁路穿越城市所产生的干扰，满足工业企业线接轨，消除折角车流。但工程量大，有些方向的车流由于路线迂回增加了运行里程。

图 9-7 为环形枢纽布置图。设有伸入城市的客运站，并在客运站间用地下直径线（如图9-7中虚线）相联结，给旅客换乘带来方便。在较多线路引入的地方设置有编组站，以便利改编车流的作业。环线设在市区范围以外，为各引入线方向提供灵活便捷的通道。

衔接线路方向多的大城市枢纽，可结合为城市和工业区服务的线路、联络线和车站的分布，考虑修建环形枢纽。

8. 混合式铁路枢纽

混合式枢纽是由几种类型的枢纽组合而成的一种枢纽布局，是随路网、城市规划和工程条件等因素发展变化而形成的。这种枢纽的结构多种多样。

图 9-8 为位于两江汇流处的大城市铁路枢纽，用两座大桥将江河分割的三镇联结在一起，并贯通 *AB* 干线。它是由三角形、顺列式以及环形枢纽组成的一个整体，属于混合式枢纽。从总图结构分析，它在不同程度上保留着上述那些组成图型的特征。

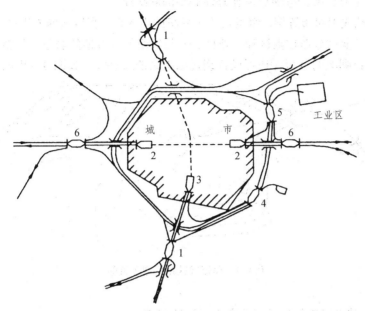

1—编组站；2—客运站；3—货运站；4—客货共用站；5—工业站；6—中间站

图 9-7　环形铁路枢纽布置图

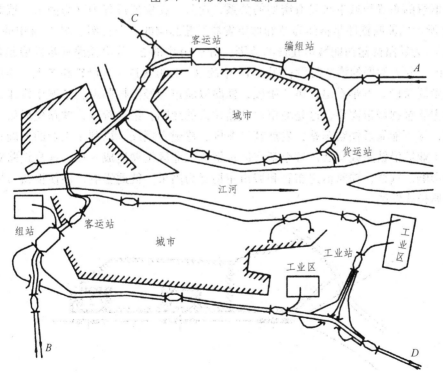

图 9-8　混合式形铁路枢纽布置图

- 207 -

9. 尽端式铁路枢纽

尽端式枢纽是位于大的港湾、工业区、矿区或路网终端的铁路枢纽。

尽端式枢纽的编组站，宜布置在枢纽的出入口处，以便能有效地控制枢纽的车流。为了方便各装卸点间车流交换，可根据需要修建必要的联络线。

图 9-9 为尽端式枢纽布置图。编组站位于枢纽的出入口；客运站伸入市区，与编组站顺序排列；港湾站、工业站分布在港区和工业区，并与编组站有方便的联系。当枢纽作业量大时，为了减轻出、入口咽喉的负荷，还可设置绕过编组站的通过线，如图 9-9 中的虚线所示。

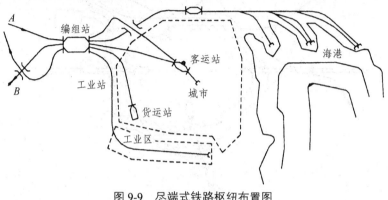

图 9-9 尽端式铁路枢纽布置图

9.1.2 铁路枢纽布置与城市的位置关系

铁路枢纽的布置与城市布局有密切的关系，而且，在发展过程中互为因果，彼此影响。如图 9-10 所示的苏联铁路是枢纽布置和城市发展互相影响的一个实例。图 9-10 中的 1（第一发展阶段），为铁路修建初期城市建设的范围；图 9-10 中的 2，为沿铁路逐步发展起来的新市区和工业区，此为发展的第二阶段；图 9-10 中的 3，为市区进一步沿铁路扩大，连成一片，这是第三发展阶段。不难看出，第一阶段，铁路以城市为经济控制点，依城市修建，车站位置的选择主要根据城市需要，这是城市对铁路建设的影响；第二阶段，铁路建成后，城市沿铁路发展，尽可能靠近铁路车站，发展其工业区，修建专用线，以利于工业的发展；第三阶段，随着工业区沿铁路线发展，整个新市区也围绕工业区发展连成一片，这是铁路对城市发展带来的影响。这样，铁路枢纽布置和城市布局互为因果，彼此影响，促使枢纽布局和城市布局均向伸长式发展。

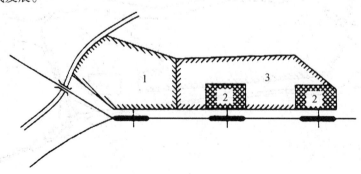

图 9-10 铁路枢纽中的城市发展阶段示意图

虽然对某一个具体的铁路枢纽地区，其铁路枢纽的布置与城市布局在发展过渡中互为因果，彼此影响，但情况是千差万别的。

1. 一站枢纽、顺列式枢纽与城市的位置关系

一般来说，它们与城市的关系比较好处理，可将主要车站（客、货运站、客货共用站）设在城市一侧的边缘。但如果安排不当，会出现铁路分割城市的现象，如图 9-11 所示。

图 9-11　一站枢纽、顺列式枢纽与城市的位置关系

2. 三角形、十字形枢纽与城市的位置关系

三角形、十字形枢纽与城市的关系有三种可能，如图 9-12 所示。

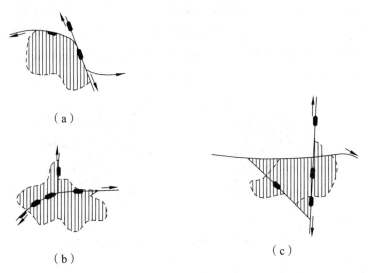

（a）

（b）　　　　　　　　　　　　　　（c）

图 9-12　三角形枢纽、十字形枢纽与城市的位置关系

图 9-12 中的（a），为城市基本上位于铁路枢纽的某一象限内，铁路枢纽的线路和车站均设置在城市相邻两侧。铁路枢纽布置与城市布局相互关系比较协调，既不影响进一步发展，又有利于铁路为城市服务。

图 9-12 中的（b），为城市主要跨铁路枢纽的两个象限发展，沿两边铁路的两侧布置和发展。城市被分割为二，受到了干扰。

图 9-12 中的（c），为城市跨三个象限以上，形成城市包围铁路，铁路分割城市的不利局面，互相严重干扰。

3. 并列式枢纽与城市的位置关系

并列式枢纽与城市的位置关系有两种可能，如图 9-13 所示。

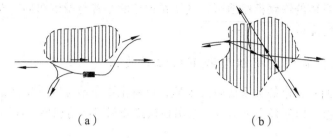

（a）   （b）

图 9-13　并列式枢纽与城市的位置关系

图 9-13 中的（a），为城市集中在铁路一侧，客站在市区，而编组站在另一侧市郊，干扰较小。

图 9-13 中的（b），为客站、编组站并列在市区内，严重分割了城市。

4. 环形、混合式枢纽与城市的位置关系

环形、混合式枢纽的环线的位置是影响城市布局的关键。将环线设在市区内必然影响城市的发展，干扰较大；设在城市市区发展界限的边缘，再以尽端支线深入市区，不但减少干扰，利于城市发展，也便于铁路运输，但不应过分远离城市。另外，环线的位置还需考虑到是否具备为城市服务的功能。如客站设在环线上，则该段环线尽量靠近市区。如为工业区服务，应结合其布点选线等。

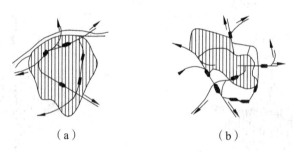

（a）   （b）

图 9-14　环形、混合式枢纽与城市的位置关系

5. 尽端式枢纽与城市的位置关系

尽端式枢纽根据设置的地域不同，与城市的位置关系有两种可能如图 9-15 所示。

图 9-15 中的（a）和（b）：尽端式枢纽设在矿区或工业区等路网尽端处的城市。（a）为最简单的一个情况，一个车站和一条尽头通道深入市区。为尽头式线路和车站深入市区设置。（d）为有几条尽头式线路深入市区的情况，铁路将市区分割成多块，对城市布局发展和市区交通带来极大的不便和困难。

图 9-15 中的（d）和（c）：尽端式枢纽设置在海滨地区。（c）为尽头式铁路枢纽沿河岸的一部分发展。（d）为尽头式铁路枢纽完全沿河岸发展，将城市与江河几乎完全分割开来，对城市发展十分不利。

总之，尽端式铁路枢纽的布置要服从枢纽终端的港湾、矿区或工业区的布局。海滨地区尽端式铁路枢纽的引入应尽量沿城市内陆的边缘，避免分割城市与海滨的联系。

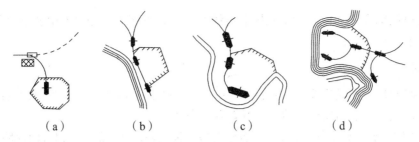

（a）   （b）   （c）   （d）

图 9-15　尽端式枢纽与城市的位置关系

9.1.3　枢纽内主要设备的配置

1. 编组站配置

1）数量

以"减少编组站数量，集中调车作业"作为铁路枢纽规划设计的原则和发展方向，一个铁路枢纽一般只设一个编组站，集中办理改编作业。但符合以下条件之一的枢纽，若经过技术经济比较存在有利和可行的条件，则可以考虑增设编组站。

（1）衔接的铁路线路和主要通道较多，枢纽内工商企业布局分散，有大量的路网中转改编车流，又有大量的在工业区和港埠区集中到发的地方车流。

（2）引入线路汇合在两处及以上，且相距较远，汇合处又有一定数量的折角车流和地方车流，改编作业分散办理比较有利。

（3）工业企业，地方运量大，引入线路多的范围较大的枢纽。

当枢纽内有大量装卸作业的车站时，应考虑组织成组直达运输的需要，并适当加强其设备。

2）作业量的分工

当枢纽内设置两个及以上编组站时，每一编组站的作业量及作业性质，应根据路网中编组站的分工、车流性质、枢纽总布置图和机车交路配置等因素，结合下列各方案，经过技术经济比较后确定：

（1）全部中转车流改编作业集中在一个主要编组站办理，地方车流的改编作业由其他辅助编组站办理。

采用这一分工方案要求周围相邻铁路编组站按照中转车流和地方车流分别编成列车到达本铁路枢纽，以便减少主要编组站和辅助编组站之间的交换车流。

（2）编组站按运行方向分工，在铁路枢纽的入口处和出口处，设置编组站分别担当各衔接线路的上行和下行方向的改编作业。

中转车流较大，且地方的到达车流较大时，采用"把入口"方案；中转车流较大，且地方的出发车流较大时，采用"把出口"方案。

（3）编组站按衔接线路分工，各编组站担任与其相衔接的线路上进出枢纽的车流的改编作业。

采用这一分工方案有利于各衔接线路之间的折角车流，缩短地方车流的走行距离，但会增加各编组站之间的中转车流的交换作业和重复解编作业。

（4）编组站综合分工，一般是先按衔接线路分工，再将大部分路网中转车流集中在某个主要编组站上进行。

3）位置

新建编组站应设在城市规划的市区以外，及铁路线路汇合处主要车流方向的线路上，修建编组站时，应注意近期和远期结合，留有发展余地。

主要为中转改编车流服务的编组站，其位置应保证主要线路上的车流以最短径路通过枢纽。

兼顾中转与地方车流作业的编组站，其位置应考虑中转车流的顺直和折角车流的方便，并尽量缩短与所服务地区的小运转列车间的走行距离。

为地方车流改编作业服务的编组站，其位置应设在线路交汇处，并应靠近主要工业区或港埠区，又不妨碍互相发展。

如图 9-16 所示的三角枢纽。主要车流方向为 AB，AC 间车流较大时，编组站宜设于 1 处；BC 间车流较大时，编组站宜设于 2 处。

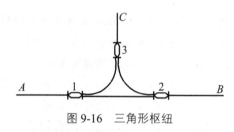

图 9-16 三角形枢纽

2. 客运站和客车整备所

1）客运站

（1）数量及分工。

枢纽内客运站的数量及分工，应从方便旅客出发，根据客运量、客流性质、既有设备情况、运营要求、城市规划和当地交通运输条件等因素确定。

一般情况下，在中心城市的枢纽，宜设置一个客运站，可基本满足要求。在城市交通较方便又能吸引一定客流的中间站上，可根据需要加强其客运设备。

有较多铁路线路引入，客运量大的特大城市的枢纽，为了减轻城市交通的负担，简化枢纽引入线路的进站线路的疏解布置，可设置两个及以上的客运站。

枢纽内有两个及以上客运站时，作业分工宜考虑各站办理其中几条衔接线路的始发、终到旅客列车，并尽量办理其他客运站始发、终到而通过本站的旅客列车。如市郊客流大，可按办理长短途和市郊旅客列车分工。有适当根据时，可按分别办理旅客快车和普通客车的作业分工。

（2）位置。

客运站宜设在市区范围内。位于中、小城市枢纽内的客运站，也可设在靠近市区的适当地点。

如设置几个客运站，应避免集中在城市的一隅，客运站间和客运站与城市中心区及市区主要干道间，应有便利的交通联系。

客运站应靠近城市地铁、码头等，为发展旅客综合运输创造条件。

2）客车整备所

在办理始发、终到旅客列车的客运站上，应设置客车整备所。只有少量旅客列车或系短途旅客列车时，可暂不设置客车整备所，但应预留其位置。

客车整备所的位置，应靠近客运站且与客运站纵列布置，其最小距离应保证客运站最外道岔至洗车机间不小于旅车列车长度再加一段列车制动距离。此外，为保护环境，减少城市污染，整备所宜设在靠近客运站的市郊或市区边缘。

3）货运站

（1）数量及分工。

枢纽内货运站的数量及分工，应从方便货物运输出发，根据货物作业量、货物品类、作业性质、既有设备情况和城市规划等因素比选确定。

中小城市的枢纽，宜设一个货运站，对于枢纽内居民较集中的地区、大工业区和卫星城市附近的车站，可根据需要设置一定数量的货运设备。

大城市、特大城市的枢纽，当城市分散或枢纽范围较大时，可根据需要设置两个及以上的货运站。货运站宜设计为综合性的。位于大城市的枢纽，还可设置为大宗货物服务的专业性货运站。根据需要可设置专业性的危险品货场和集装箱场地。

（2）位置。

货运站和货场在铁路枢纽内的位置，一般应避免设在编组站和客运站上，宜尽量设在环线、迂回线或联络线上，如这些线路上无合适的位置，也可设在由编组站、中间站引出的线路上，或设在主要线路上。

货运站在城市中的位置，应满足下列要求。

① 新建的综合性货运站，应设在市区边缘或市郊。

② 大宗货场的专业性货运站，宜设在市郊并靠近服务的工业区或加工厂。

③ 以零担到发为主的货运站，宜设在市区范围内，仅办理大量零担货物中转的货场应设在编组站附近。

④ 为转运物资服务的货运站，应设在市郊便于转运的地方。

⑤ 办理危险品的专业性货运站，应设在市郊和城市主导风向的下方。

4）机务和车辆设备

（1）机务设备的配置。

枢纽内机务设备的配置，应根据各衔接方向的机车交路，及机务工作的技术作业过程的需要，力求使枢纽内列车的停站时间和机车的走行距离最小。

中、小枢纽内，客、货机车的检修设备应设于一处。大枢纽内，如机车检修任务繁重，可分别设置客、货运机车的检修设备。

编组站和办理旅客列车对数较多的客运站均设置机务整备设备。如客运站的客车对数不多，且条件适合时，可在客运站与编组站之间设置客货共用的机务整备设备，并设置专用的机车走行线。

当枢纽内有 2 个及以上的编组站时，机务基本段应设在主要编组站，在辅助编组站上只设机务折返所或机务整备所。

（2）车辆设备的配置。

枢纽内车辆设备的配置，应根据客、货车保有量、扣车条件以及车辆作业的技术作业过程确定。

货车车辆段，宜设在枢纽内产生大量空车，且便于扣修的编组站、工业站或港湾站附近。

客车车辆段，宜与客车整备所设置在一处。

9.1.4 枢纽引入线和联络线

1. 铁路线路与城市的关系

在有铁路通过的城市，铁路已成为不可缺少的一部分，特别是铁路枢纽城市，它占有相当大的比重。

铁路线路是城市对外和对内客、货运既便利又经济的大型交通工具，其布局应该考虑尽量较少其对城市的干扰并最大限度地接近城市，充分发挥运输功能，为城市生产与生活服务。

但是无论是把铁路布置在接近城市还是布置在城市市区边缘，对城市都不可避免的产生一些或多或少的干扰，如噪音、烟气污染和阻隔城市交通等。要想解决铁路与城市的互相干扰，必须从铁路规划和城市规划两方面来解决。

铁路规划方面：在确定线路经过城市（或工矿企业）的走向时，必须进行经济性的方案比较。一般在通过运量为主的线路上，线路方向应尽量顺直，以节约大量运营费用。而在地方运量较大的线路上，则应使线路尽量靠近发生地方运量的城市，以充分发挥铁路运输的效能并减少地方短途运输量（图9-17）。

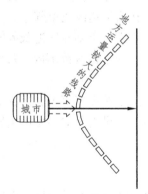

图9-17 选线经济比较

在城市规划方面：为合理布局铁路线路，减少对城市的干扰，一般有下面两个方面的措施。

（1）铁路线路在城市中的布置，应配合城市规划的功能分区，把铁路线路布置在各分区的边缘，使不妨碍各分区内部的活动。当铁路在市区穿越时，可在铁路两侧地区内各配置独立完善的生活福利和文化设施，以尽量减少跨越铁路的频繁交通。

（2）妥善处理铁路线路与城市道路的矛盾。尽量减少铁路线路与城市道路的交叉。

铁路线路与城市道路的交叉有平面交叉和立体交叉两种形式。当铁路与道路不可避免产生交叉时，应合理地选择交叉形式。一般采用立体交叉的情况如下。

① 铁路干线与公路干线的交叉；有修建立体交叉条件的铁路支线与一般公路的交叉。

② 铁路干线与公共汽车交通繁忙的城市道路交叉。

③ 城市道路在编组站、区段站以及其他大站范围内的交叉。

④ 有地形条件可利用，采用立体交叉比平面交叉更为经济合理时。

2. 枢纽引入线和联络线

1）引入线路的方式

一个铁路枢纽，一般都有几条衔接线路引入，而且多数情况下，都是由两条衔接线路先引入，随着新线引入的增加，逐步发展形成的。

引入新线的方式，应考虑新线建成后车流的特点，尽可能地使中转车流顺直地、以最短径路通过枢纽，地方车流顺利地到达各装卸地点，折角车流无多余走行距离，并配合城市规划，减少工程投资。

枢纽线路的引入方式，一般有以下几种：

（1）直接引入。

即线路直接引入枢纽内的客货共用站或编组站，如一站铁路枢纽。

（2）分歧引入。

当枢纽内编组站与客运站并列布置时，枢纽线路采取在枢纽前方站按客、货列车运行通路分歧引入方式，如并列式铁路枢纽。

（3）会合引入。

当枢纽内客运站与编组站顺列布置时，为了简化枢纽结构，常将线路在枢纽前方站、线路所或其他车站合并引入编组站，如顺列式枢纽。

（4）分散引入。

在设有环线或半环线的枢纽内，各方向的引入线较多且分散，一般都根据现有枢纽的条件，分散引入环线上的各专业站上，如环形枢纽。

【例 9-1】某条铁路干线 AB 上有一客货共用车站。现有第三方向 C 在该站引入，形成一个新的枢纽站。设计年度内的列流资料如表 9-1 所示。试问：C 方向从车站的哪一端引入较为有利？

表 9-1　列流表 [单位：列（旅客+通过+改编）]

	A	B	C	本　站	计
A		13+12+0	0+2+0	0+0+2	13+14+2
B	13+12+0		6+12+0	0+0+5	19+24+5
C	0+2+0	6+9+0		0+0+2	6+11+2
本站	0+0+2	0+3+5	0+0+2		0+3+9
计	13+14+2	19+24+5	6+14+2	0+0+9	38+52+18

解：AC 间的列流为

旅客 0+0=0；通过 2+2=4

BC 间的列流为

旅客 6+6=12；通过 12+9=21

为了使 C 方向引入车站后，使通过的旅客列车和货物列车，顺向通过本站，C 方向应该从 A 端引入。这样 C 方向从 A 端引入后形成的 AC 间的折角直通车流较少，如果从 B 方向引入后，则形成的 BC 间的折角直通车流较大。因此从 A 方向引入较为有利。

2）联络线

联络线是把枢纽内的车站与车站、车站与线路、线路与线路衔接起来的线路。

联络线的作用有：① 分散枢纽内主要干线及专业车站的列流，以增加枢纽的通过能力；② 缩短列车运行距离，使列车以最短径路通过枢纽；③ 消除折角列车运行，尽可能地不变更列车运行方向；④ 减轻车站的负荷和交叉干扰，增加枢纽运营作业的灵活性和机动性等。

根据联络线与干线的相对位置，及其在枢纽内的作用，联络线可分为以下几种。

（1）消除直通车流折角的联络线。

为了保证折角直通列车经过枢纽时，不变更列车运行方向，可修建折角联络线。如图 9-18 中 A 和 B，C 和 D 之间修建的联络线 a、b，可以消除彼此之间的折角车流，缩短直通列车的运行距离。

（2）顺向联络线。

为了使改编中转列车顺向接入编组站，可修建顺向联络线。如图 9-18 中，若 2 为单向编组站，到达场设在 D、C 端，为使 B 方向改编中转列车顺向接入该站，可设置顺向联络线 e（虚线）。

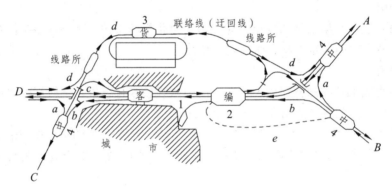

1—客运站；2—编组站；3—货运站；4—中间站

图 9-18 枢纽内联络线示意图

（3）迁回联络线。

当枢纽内共同干线及专业车站作业量大，通过能力需要加强，或需要进行客货分流时，可修建与共同干线平行，或绕过城市的迁回联络线（简称迁回线）。如图 9-18 中联络线 d 所示。

这种线路修建在城市外围，绕过市区，并可在沿线上布置地区货运站或工业站，分流主要干线 AB 的货物列车和小运转列车，提高枢纽的通过能力，减轻对城市的干扰。

（4）减少平面交叉联络线。

图 9-18 中，衔接方向 C 和客运站之间修建一条联络线 c，联络线上的货物列车可以不用经过客运站和编组站之间的联络线，而是经过该联络线经过客运站外侧的线路进入编组站，减少货物到达进路和旅客列车到发进路的平面交叉。

3. 联络线的运营要求

在枢纽内设置联络线时，除选定适当的地点外，联络线的技术条件应满足下列运营要求。

（1）不改变列车重量标准。

联络线的平、纵断面设计标准应与干线的平、纵断面设计标准一致，以保证列车通过联络线时，不变更列车重量标准。

（2）安排机车交路和列检所。

直通列车经过的联络线，应设有专门为通过列车服务的机车交路和列车检修所。

（3）保证列车起动条件。

联结正线间的联络线，应保证具有列车停车后能起动的条件，其有效长度应保证列车在联络线上停车后，不妨碍相邻线路列车的运行。

（4）开行分流的直通列车。

妥善安排相邻枢纽编组站的车流组织，尽可能编组经由联络线分流的直通列车。

9.1.5 进出站线路布置和疏解

1. 平面疏解

当几个方向的双线或单线，在中间站或专业站接轨时，应保证各方向具有同时接（发）列车作业的平行进路。采用车站咽喉区平行进路疏解的方法，是最基本的平面疏解方法。

当线路需要在枢纽内某处分歧或汇合时，可以设置线路所，以实现进出站线的平面疏解。

如图 9-19 所示，为会合线路所。图 9-19（a）中 A、B 两个方向进站线路在站外会合后，再引入客运站；图 9-19（b）中，客运站和编组站向同一方向发车时，在该线路所会合于同一方向的正线。

图 9-19　会合线路所布置图

如图 9-20，为分歧线路所。这种线路所在分歧点不需设置安全线。图 9-20（a）中，客运站的出站线路在该线路所分开，分别发到 A、B 两个衔接方向；图 9-20（b）中，A 方向进站线路在该线路分开后，分别引入客运站和编组站。

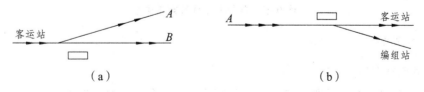

图 9-20　分歧线路所布置图

在有的情况下，线路所既有会合进路，又有分歧进路，如图 9-21 所示。A、B 两方向均为双线铁路，同时该线路所引入枢纽的客运站和编组站。为了提高通过能力，减少进路交叉，可在线路所范围内增铺必要的平行进路，如图 9-21 中虚线所示，同时采用信号联锁设备，保证行车安全。

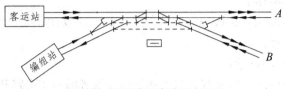

图 9-21　枢纽前方线路所布置图

闸站是在铁路分歧、会合或交叉地点，设置必要的配线，而形成的平面疏解布置，如图 9-22 所示。

图 9-22（a）为单线和双线铁路交叉地点的闸站布置图，在两正线之间设置待避线 3，便于单线 CD 方向的列车在待避线上作短时间停车，依次通过 I、II 两条正线。图 9-22（b）是按运转种类分歧地点所设的闸站布置图。图 9-22（c）是按线路方向汇合的闸站布置图。待避线应设在平直道上，保证列车停车后迅速起动。另外为保证行车安全，待避线两端均设有安全线。

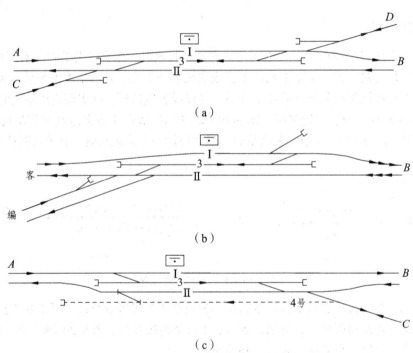

（a）

（b）

（c）

图 9-22　闸站式平面疏解布置图

2. 立体疏解

1）立体疏解方案

当有两条及以上双线铁路相互交叉，需要采取立体疏解布置，消除平面交叉时，有下列三种立体疏解方案可供选择。

（1）按线路别疏解布置。

这种立体疏解布置方案，两条双线铁路引入枢纽的正线的相互位置，与区间正线的相互位置相同。

如图9-23所示为线路别疏解布置图。枢纽一端建一座跨线桥，可疏解列车进路交叉点四个。但两端咽喉，各存在着两条线路间的转线车流（两线间的无调中转列车）的交叉。如右端咽喉，D方向接车与C往B方向的发车进路交叉，C往B方向的发车与A往D方向的发车进路交叉。左端咽喉也存在着类似的进路交叉。

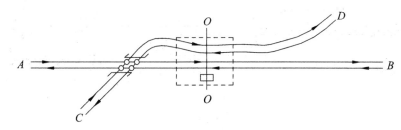

图9-23　线路别疏解布置图

（2）按方向别疏解布置。

这种立体疏解布置方案，两双线铁路引入枢纽的正线相互位置，按上、下行方向分区布置。

如图9-24所示为方向别疏解布置图。枢纽两端各修建跨线桥一座，每座桥疏解两个列车进路交叉点。但两端咽喉仍存在着转线车流交叉，如右端咽喉A往D方向发车与B往C方向发车进路交叉。左端咽喉情况类似。如图9-24（a）图中，采用的是CD两条正线外包AB线，并当修建ad和cb联络线，消除转线作业交叉。图9-24（b）图为CD两条正线和AB两条正线彼此外包交错，并修建渡线消除转线作业交叉。

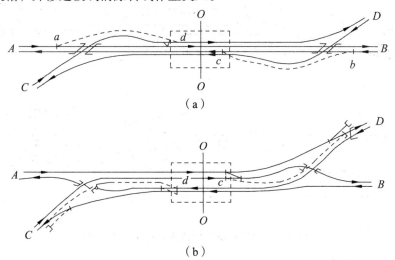

图9-24　方向别疏解布置图

（3）按列车种类别疏解布置。

这种疏解方案，客、货列车的进出站线路完全分开，并且设有专业化的客运站和编组站，为客、货列车服务。

根据枢纽内客运站和编组站的相互位置，此种方案又分为客货并列式列车种类别疏解布置，和客货顺列式列车种类别疏解布置。

如图9-25（a）和（b）为客货并列式种类别疏解布置。适用于并列式枢纽，其中（b）图为左端咽喉疏解图。在外包式方向别疏解布置的基础上，再修建四座跨线桥，使客、货列车的进出站线路完全分开，使所有进路交叉点全部立体疏解。

如图9-25（c）和（d）为客货顺列式列车种类别疏解布置。适用于顺列式枢纽，其中（d）图为左端咽喉疏解图。在外包式方向别疏解布置的基础上，再修建四座跨线桥，以疏解客、货列车的进出站线路。旅客列车正线为外包式，货物列车经过枢纽时需要从客运站中穿过。

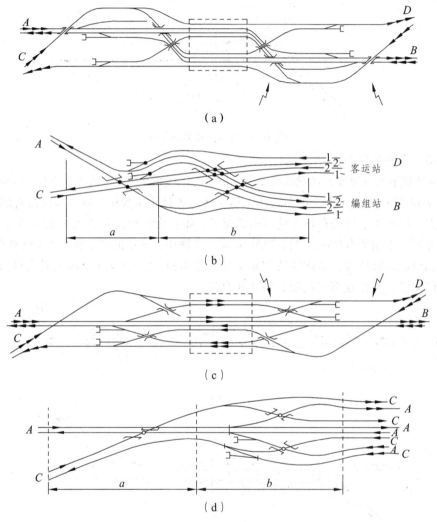

（a）

（b）

（c）

（d）

图9-25　按列车种类别枢纽线路立体疏解布置图

2）立体疏解方案的特点

按线路别的疏解布置适应于两线路间相互交换的客货行车量（转线车流）很少，其改编作业量也不大的铁路枢纽。

按方向别的疏解布置，适应于两线路间交换的客货行车量较大，其改编作业量也较大的铁路枢纽。

按列车种类别的疏解布置，适应于客运站、编组站分设的并列式或顺列式铁路枢纽。但疏解布置的繁简程度两者差别很大，顺列式较并列式简单。

3）立体疏解设计中的几个问题

（1）立交疏解线路平纵断面。

应力求主要干线方向列车运行经路短顺，并节省土石方和线路上部建筑工程数量。立交线路上下线间的轨顶水平标高差应为

$$H = h_{限} + h_{构} \tag{9-1}$$

式中　$h_{限}$——建筑限界高度，m；

　　　$h_{构}$——桥梁结构底部与桥上线路轨顶之间的距离，m。

枢纽进出站线路的限制坡度，应与邻接区段的限制坡度一致。困难情况下，仅可将单方向运行的下坡方向的进站线路设在陡于限制坡度的下坡道上，但在单机牵引地段，Ⅰ、Ⅱ级铁路不应陡于12‰，Ⅲ级铁路不应陡于15‰，双机牵引地段不应陡于20‰。

进出站线路的平面应符合相邻区段正线的规定。在困难条件下，其最小曲线半径可采用300 m，编组站环到环发线的最小曲线半径可采用250 m。

跨线桥上、下线路的交角应尽量接近直角。以减少跨线桥结构的长度。标准交角一般为90°、60°、45°、30°。当交角小于30°时，桥跨结构应采用隧道式。

（2）节约用地，降低工程造价。

（3）密切配合城市规划，尽量避免与城市干道交叉。

（4）应该根据通过能力和行车安全的需要，对主要的进路交叉采用跨线桥疏解，其余可以采用平面疏解。

3. 疏解方式的选择

进出站线路疏解，应根据行车量（要求的通过能力）的大小、行车安全、列车按不同方向和不同种类（货物列车、旅客列车等）分别运行的要求和当地条件，设计为立体疏解或平面疏解。

新建枢纽和引入线路不多且为单线汇合的枢纽，可按站内平面疏解设计。在设计时，应保证进路布置灵活，进路交叉能分散在两端咽喉区；进站信号机前有停车和起动条件；站内有适当富余的线路兼作列车待避；设置先进的信号、联锁设备。

两条双线铁路汇合的客货共用车站，其进出站线路宜按方向别疏解设计。线路间列车交流量不大的，单双线铁路或两条单线铁路汇合的客货共用车站，可按线路别疏解设计，但应考虑将来改建为方向别疏解的可能。

仅在枢纽内某些区间或进出站线路有必要为某种列车（货物列车、旅客列车或市郊列车）设专用正线的情况下，方可按列车种类别疏解设计。两条或几条线路按列车种类别疏解设计时，其专用正线一般按方向别布置。

近期工程部分专用正线为单线引入，并保留某些平面交叉时，允许该部分引入线按线路别布置。

按立体疏解设计的进出站线路，应预留近远期新线引入及增建正线和联络线的位置。

【例 9-2】某枢纽站衔接方向及主要车流方向如图 9-26 所示，机车交路如图 9-27 所示，试画出进出站线路疏解布置的图型。

解：采用按方向别疏解布置形式。正线外包，为了便利 A 与 B 方向机车的出入段作业，

将 *AB* 方向的正线布置在内侧。*AB* 与 *CD* 为两个主要车流方向，均要使其进路顺直。其疏解布置如图 9-28 所示。

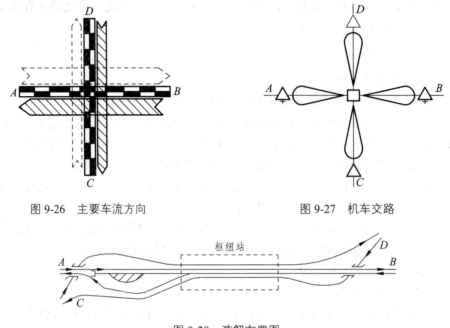

图 9-26　主要车流方向　　　　　　图 9-27　机车交路

图 9-28　疏解布置图

【例 9-3】某三角形枢纽如图 9-29（a）所示。引入 *A* 与 *B* 站的进出站线路疏解是按方向别布置的，引入 *C* 站则是按线路别布置的，一座跨线桥疏解两个进路交叉点。当 *C* 方向运量增长时，按现有疏解布置势必增加 *C* 站站内 *AC* 与 *BC* 间列车的进路交叉。为了加强通过能力，将 *C* 站也改为方向别疏解布置，试画出相应的疏解线路布置图。

解：沿 *CB* 方向发车进路，增建一座跨线桥。根据跨线桥的不同位置，画出两种疏解布置图型，如图 9-29（b）和（c）所示。

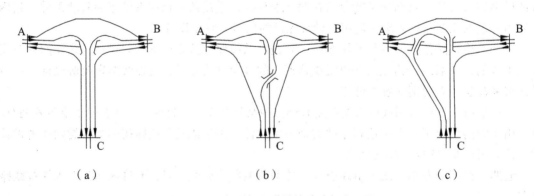

（a）　　　　　　　　　　（b）　　　　　　　　　　（c）

图 9-29　三角形枢纽进站线路疏解布置图

【例 9-4】某十字形枢纽如图 9-30 所示。主要车流方向见图 9-30 相应表示。各方向采用方向别立体疏解方式，试画出相应的疏解线路布置图。

解：沿 *AB* 方向，增建一座跨线桥，画出疏解布置图型，如图 9-31 所示。

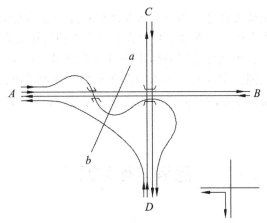

图 9-30　十字形枢纽疏解示意图

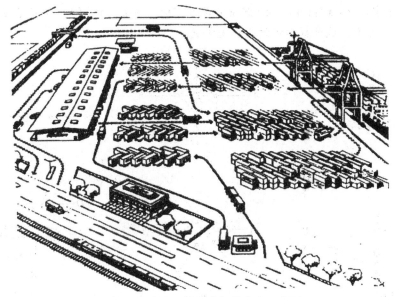

图 9-31　多种运输方式衔接方案示意图

9.2　多种运输方式的衔接

多种运输枢纽是为协调 2 种或 2 种以上运输方式作业达到最大限度地提高客货运输总效率的目的而设计的枢纽站场。这涉及两个方面的内容：在具体的起终点对之间的运输采用在服务性能上和费用性能上最佳的运输方式；在中转站场提供最便捷的换乘和转运。多种运输枢纽的规划设计主要解决安排运输方式之间方便的相互连接问题。

通过例子，可以对多种运输枢纽有一个感性认识。图 9-31 为铁路、海运与公路运输三种运输方式衔接方案示意图。该枢纽中陆上运输系统与海港陆域紧密相接，3 种运输方式合理的布在该场地不同的区域。集装箱场地紧靠码头泊位。集装箱场外一侧设置铁路车场，有便捷的通道将铁路车场与码头泊位连接，便于搬运和装船。同时，经由船运进口的集装箱货物可以通过铁路和公路形成集疏运体系。出口集装箱通过铁路或公路运送到港口，而后由港内搬运机械将货物卸下运送到轮船上。在这个复合式枢纽中3种运输方式形成了有机的整体。

目前，在我国，由于各种运输方式分属于不同的政府部门管理，尽管有的城市在规划中提出了多种运输枢纽的设想，但在具体实施中存在困难。各种运输方式在车站、枢纽、运输中心等方面的协调一致是很重要的，但要实现真正的协调有必要消除一些制度方面的障碍。

思考与练习题

1. 铁路枢纽总布置图型分几大类，各有什么特点？

2. 图9-32中，图（a）、（b）、（c）的主要车流方向为 A-B，图（f）的主要车流方向为 A-D，考虑折角车流的情况，试分析编组站的合理位置。

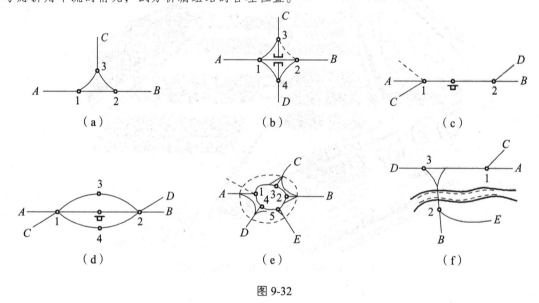

图 9-32

3. 编组站位于 AB 干线上，新线 C 方向欲在该站接轨，车流资料如下表。试问 C 方向应该由车站哪一端引入？

表9-3　车流资料表　　［单位：（直通/改编，辆）］

	A	B	C	枢纽	计
A		60/400	40/50	0/790	100/1 240
B	60/450		0/200	0/100	60/750
C	30/50	30/100		0/400	60/550
枢纽	0/790	0/100	0/400		0/1 290
计	90/1 290	90/600	40/650	0/1 290	220/3 830

4. 试设计两条单线交叉的闸站布置图型。

5. 某枢纽站衔接方向及主要车流方向如图 9-33（a）所示，机车交路如图 9-33（b）所示，试画出进出站线路疏解布置图型。

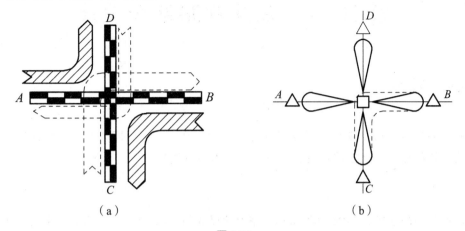

（a） （b）

图 9-33

6. 如下图为十字形枢纽进出站疏解布置图。AC 方向联络线为双线（实线），两座跨线桥，A 站和 C 站引入线为方向别布置。当 BD 间修建双线联络线（虚线），B 站和 D 站采用方向别引入线时，可不增加跨线桥。如果 AD 之间的车流量增大时，需要考虑再在 AD 修建双线联络线，应如何疏解？

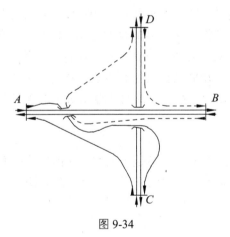

图 9-34

第 10 章　高速铁路站场设计

10.1　概述

高速铁路体现了行车安全、运输指挥等专业的最高水平，应用了各方面的最新成果。同其他运输方式相比较，高速铁路具有以下 8 项技术经济优势。

1. 速度快

高速列车最高速度已达到 300 km/h，旅行速度超过 240 km/h。高速动车组的列车两端都有司机室，不必进行机车换挂或转头作业，减少技术作业时间。另外，高速列车运行区段的往返里程通常是在日常检查的修程以内（日常检查修程为 3 000 km），因此，高速动车组常采用大套用的运行方式，在折返站立即折返。停站时间很短，所以，高速铁路列车运行速度很快。

2. 安全好

对于高速铁路来说，信号系统已不再是传统的按闭塞信号分界点设置信号机构的自动闭塞系统，而是信号和列车运行控制为一体的自动行车控制系统，包括地面设备和车上设备，列车运行控制功能集中于车上，对列车位置、列车运行安全速度进行自身检测和控制，地面设备根据由车上传递的位置实现间隔控制。日本、法国等国家的信号与控制系统运营多年，无一旅客伤亡事故发生，可以说，高速铁路是当今最安全的现代高速交通工具。

3. 污染轻

在各种交通工具中。铁路的噪声污染是最低的，比高速公路低 5 ~ 10 dB。很多国家在高速铁路两侧修建隔音墙，以防影响人们的安宁。此外，高速铁路采用电力牵引，消除了粉尘、煤烟和其他废气污染。

4. 运量大

据国外资料，高速铁路客运专线追踪时间为 4 ~ 5 min，扣除维修时间 4 h，平均每天可以开行 192 ~ 240 对，如每列客车运输旅客 800 人，年均单向输送能力可达 5 600 万 ~ 7 000 万人。这是航空、公路不具备的优势。

5. 占地少

双线高速铁路路基宽 9.6 ~ 11 m，4 车道的高速公路路基宽 26 m，高速铁路占地只有高速公路的 1/3。飞机航道虽不占用土地，但一个大型机场本身要用地约 20 km²，相当于 1000 km 的双线铁路的占地面积。而 1 000 km 航线内至少要有 2 ~ 3 个大型机场，总用地约是铁路的 2 ~ 3 倍。

6. 全天候

高速铁路一般不受天气条件的限制，线路为全封闭式。列车按固定时间发车、运行与到达规律性很强。航空受天气影响较大，航班有时很难做到准点，能见度很低时，甚至得停航。高速公路会发生堵车现象，行车也会延误。可见，高速铁路较其他交通方式准确可靠。

7. 低能耗

若以普通铁路每人千米消耗的能源为 1 单位，则高速铁路为 1.3，公共汽车为 1.5，小汽车为 8.8，飞机为 9.8。可见，小汽车是高速铁路 5.6~6.7 倍，飞机是高速铁路的 5.2~7.5 倍。

8. 成本低

高速铁路每千米综合造价大约为 1 300 万~2 500 万元。高速公路每千米造价为 1 100 万~2 600 万元，飞机场的各种设施要求标准高于高速铁路，造价昂贵。可见，高速铁路综合造价与高速公路相当但远低于机场。

总之，高速铁路在运输速度、安全性、环保、准确性、运量、占地、能耗、成本等各方面都具有明显的优势，在运输市场上具有强大的竞争能力。因而目前一些发达国家调整交通运输政策，把重点放在发展高速铁路上。

10.2 新建高速车站技术要求

10.2.1 平、纵断面设计要求

（1）主要建筑物和设备至线路中心线的距离，规定如表 10-1（单位 mm）。

表 10-1 主要建筑物和设备至线路中心线距离

序号	建筑物和设备名称			至线路中心线的距离（mm）
1	跨线桥住、天桥柱、电力照明和雨棚等杆柱边缘	位于正线一侧		≥2 440
		位于站线一侧		≥2 150
		位于站场最外站线的外侧		≥3 100
2	旅客站台边缘	位于正线一侧		1 800
		位于站线一侧		1 750
3	连续墙体、栅栏、声屏障边缘	位于正线或站线外侧（无人员通行）		路基面外
4	接触网柱边缘	位于正线一侧或位于站场最外线路的外侧	无砟	≥3 000
			有砟	≥3 100
		位于站线一侧		≥2 500

注：① 有砟轨道线路考虑大型养路机械作业时，序号 1 主要建筑物和设备至线路中心的距离采用 3 100 mm。

②接触网柱边缘至线路中心的距离，困难条件下，位于正线一侧不应小于 2 500 mm，位于站线一侧不应小于 2 150 mm。

（2）在直线地段上，站内两相邻线路中心线的线间距离，应符合下列规定。

① 两正线间的线间距应与区间正线相同；

② 当两线路间无建筑物或设备时，正线与相邻到发线间、到发线间或到发线与其他线间不应小于 5.0 m；

③ 当两线路间有建筑物或设备时，按表 10-1 中的建筑物和设备至线路中心线的距离和建筑物及设备的结构宽度计算确定。

（3）到发线。

① 数量。

车站到发线数量越行站应设 2 条，中间站可设 2~4 条。始发站和有立折作业的中间站到发线数量应根据车站最终承担的旅客列车对数及其性质、列车开行方案、引入线路数量和车站技术作业过程等因素确定，并应符合高峰时段列车密集到发的要求。

一般采用到发线利用率法来计算到发线数量。到发线利用率法主要是通过换算对数来计算的，根据各种旅客列车在非高峰时段占用到发线的时分来计算。

客运专线客运站的列车种类包括始发本线列车、终到本线列车、停站通过本线列车、停站通过跨线列车、始发跨线旅客列车、终到跨线旅客列车以及立即折返本线旅客列车。列车换算对数（对）和到发线数量（条）的关系，可按下列因素计算确定。

非高峰时段各种旅客列车占用到发线的时分：始发本线列车为 t_1，终到本线列车为 t_2，停站通过本线列车为 t_3，停站通过跨线列车为 t_4，始发跨线旅客列车为 t_5，终到跨线旅客列车为 t_6，立即折返本线列车 t_7。

由始发、终到本线列车的占用到发线时间的平均值可得 $t_占^{始终}$ 为

$$t_占^{始终} = (t_1 + t_2)/2 \tag{10-1}$$

以该种列车占用到发线时分为基准时分，即系数为 1.0。依据其他种类列车作业占用到发线时分可计算各种列车的换算系数 α_i 为

$$\alpha_i = \frac{t_i}{t_占^{始终}} \tag{10-2}$$

列车换算对数与到发线数量的对应关系计算为

$$m = \frac{2Nt_占^{始终}}{(1\,440 - T)k_到} \tag{10-3}$$

式中　m——旅客列车到发线数量，条；

　　　N——客运站办理始发、终到旅客列车换算总对数；

　　　$t_占^{始终}$——每列始发、终到列车平均占用到发线时间；

　　　T——客运站一昼夜内综合维修天窗时间及不办理旅客列车作业的空闲时间，其中综合维修天窗时间不应小于 240 min，不办理客车作业时间可取 120 min；

　　　$k_到$——到发线的利用率，一股道为 0.55~0.65，平均为 0.6；

【例 10-1】某通过式客运站衔接 A、B 两个方向，设计年度运量预测：A 方向每日始发、终到本线列车 50 对，始发、终到跨线旅客列车 25 对，B 方向每日始发、终到本线列车 45 对，

始发、终到跨线旅客列车 20 对，AB 间停站通过本线列车 35 对，停站通过跨线旅客列车 30 对。经查定，列车占用到发线时分为：始发本线列车为 20.5 min，终到本线列车为 20.5 min，停站通过本线列车为 14 min，停站通过跨线列车为 16 min，始发跨线旅客列车为 24 min，终到跨线旅客列车为 22 min，立即折返本线列车为 20.5 min，动车组出入段平均时分为 3.5 min。试计算该站到发线数量。

解：

$$t_{占}^{始终} = \frac{20.5 + 20.5}{2} = 20.5 \text{ min}$$

列车对数的换算系数计算如下：

① 始发、终到本线列车（立即折返）：扣除动车组出入段平均时分为 3.5 min，

$$\alpha_1 = \frac{20.5 - 3.5}{20.5} = 0.83，取 0.9$$

② 停站通过本线列车：

$$\alpha_2 = \frac{14}{20.5} = 0.68，取 0.7$$

③ 始发、终到跨线旅客列车：

$$\alpha_3 = \frac{(24 + 22) / 2}{20.5} = 1.12，取 1.2$$

④ 停站通过跨线旅客列车：

$$\alpha_4 = \frac{16}{20.5} = 0.78，取 0.8$$

该站每日始发、终到列车换算对数为

$$N = 50 \times 1.0 + 25 \times 1.2 + 45 \times 1.0 + 20 \times 1.2 + 35 \times 0.7 + 30 \times 0.8 = 197.5 \text{（对）}$$

$$m = \frac{2Nt_{占}^{始终}}{(1\,440 - T)k_{到}} = \frac{2 \times 197.5 \times 20.5}{(1\,440 - 360) \times 0.6} = 12.50，取 13$$

② 有效长。

车站到发线有效长度应为 650 m，并应按双方向进路设计。车站到发线有效长范围内宜设计为一个坡段，困难条件下站台范围内的坡段长度不应小于 450 m。到发线上相邻坡段的坡度差大于 3‰时，应以竖曲线连接，竖曲线半径可采用 10 000 m。竖曲线与缓和曲线不应重叠设置。

（4）其他。

① 疏解线、联络线应在站内与正线或到发线接轨，当必须在区间内与正线接轨时，应在接轨处设置线路所，并应根据列车运行需要设置安全线。

② 岔线、段管线应在站内与到发线接轨，并应设置安全线，当站内有平行进路及隔开道岔并有联锁装置时，可不设安全线。

③ 中间站有列车长时间停留的到发线两端应设置安全线，当站内有其他线路及道岔与正线隔开并有联锁装置时，可不设安全线。

10.2.2 客运设施

1. 站台

1）长度

站台长度应按 450 m 设置。只停留 8 辆编组动车组的车站站台长度按 230 m 设置，困难条件下不应小于 220 m。

2）高度

站台高度应高出轨面 1.25 m。

3）宽度

站台宽度应根据车站性质、站台类型、客流密度、安全退避距离、站台出入口宽度等因素确定，可按表 10-2 的相应数据进行采用。

表 10-2　旅客站台宽度

名称	特大及大型站（m）	中型站（m）	小型站（m）
站房（行车室）突出部分边缘至站台边缘距离	15.0～20.0	12.0～15.0	≥8.0 通道正对站房处 ≥10.0
岛式中间站台	11.5～12.0	10.5～12.0	10.0～11.0
侧式中间站台	8.5～9.0	7.5～8.0	7.0～8.0

注：① 基本站台宽度：当通道出入口设于基本站台站房范围以外地段时，其宽度不应小于侧式中间站台标准。

② 有旅客列车通过的正线两侧不应设置站台。

2. 旅客跨线设备

高速铁路车站技术要求规定不得设置平过道，车站应设置天桥和地道方便旅客进出站。天桥、地道的数量应根据同时上、下车的客流量确定。大型、特大型客运站可设置 2～3 处天桥或地道，中小型客运站可设置 1～2 处；设有高架候车室时，出站天桥（地道）不应少于 1 处。

进出站天桥、地道的最小净宽度和最小净高度应符合表 10-3 的规定。

表 10-3　天桥、地道最小净宽度和最小净高度（单位：m）

项目	旅客天桥、地道	
	特大型、大型站	中型、小型站
最小净宽度	10	6
最小净高度	3.6	3.0

10.2.3 道岔

1. 道岔号数的选择应符合的规定

（1）正线道岔的直向通过速度不应小于路段设计行车速度。

（2）正线与跨线列车联络线连接的单开道岔应根据列车设计通过速度确定，选用侧向允许通过速度为 160 km/h 或侧向允许通过速度为 220 km/h 的高速道岔。跨线列车联络线接轨于车站且列车均停站时，可采用侧向允许通过速度为 80 km/h 的 18 号高速道岔。

（3）车站咽喉区两正线间渡线采用侧向允许通过速度为 80 km/h 的高速道岔。困难条件下，改扩建大型站可采用 12 号道岔。

（4）正线与到发线连接的单开道岔应采用侧向允许通过速度为 80 km/h 的 18 号高速道岔。

（5）到发线与到发线连接应采用侧向允许通过速度为 80 km/h 的 18 号单开道岔。困难条件下，全部或绝大多数列车均停车的个别车站以及改扩建大型站可采用 12 号道岔。

（6）动车、养护维修列车等走行线在到发线上连接时应采用不小于 12 号的道岔。段管线、维修线在到发线上出岔时，可采用 9 号道岔。

（7）位于动车段（所）内到发停车场到达（出发）端的道岔，宜采用 12 号道岔，困难条件下可采用 9 号道岔；其他道岔采用 9 号道岔。

2. 相邻道岔间插入钢轨长度应符合的规定

（1）正线上道岔相对设置，有列车同时通过两侧线时，应插入不小于 50 m 长度的钢轨；受站坪长度限制时，应插入不小于 33 m 长度的钢轨。无列车同时通过两侧线时或道岔顺向布置时，可插入不小于 25 m 长度的钢轨。

（2）到发线上两道岔间，有列车同时通过两侧线时，应插入长度不小于 25 m 的钢轨；特殊困难条件下，应插入长度不小于 12.5 m 的钢轨。无列车同时通过两侧线时，应插入长度不小于 12.5 m 的钢轨。

10.3 新建高速站基本图型及设计特点

10.3.1 高速铁路车站特点

高速铁路车站具有以下两个特点。

1. 车站作业单一、只办理客运业务、不办理货运业务

在高速线上开行轻快货物列车问题复杂，投资大、运输组织和货物装卸困难、涉及问题多，如货车轴重问题，速度差问题，信号适应问题，减少牵引质量、加大牵引功率和减缓最大坡度问题，以及货物列车编组和货物装卸问题，因此，高速线上以不办理货运、不开行轻快货车为宜。

2. 高速旅客列车车站不办理行包和邮件装卸任务

高速列车行车量大、速度高，如果进行邮件和行李的装、卸作业，为保证安全，必须建立地下拖车道路系统，这将大量增加高速站特别是部分高架于既有站上和与既有站并列设置的高速站的工程投资。

另外，办理行包、邮件装卸而延长旅客列车停站时间与高速列车追求最短的旅行时间是不符的。因此，高速列车站不办理行包和邮件装卸作业。

10.3.2　新建高速车站分类及基本图型

当高速线沿既有线并行修建，高速线高、中速列车共线时，沿线需设置相应的高速车站。高速车站未见国外分类有关说明，想用明确的概念将其进行分类是较为困难。《高速铁路设计规范》将车站按作业性质和所处线路上的位置分为：越行站、中间站和始发、终到站。

1. 越行站

基本上是中国高速铁路特有的，设于站间距离较长的区间，为中速列车待避高速列车越行的车站。不办理客运业务，仅有两股到发线以及为值班员用的小站台 1 座。正线办理高速列车的通过，到发线办理中速列车的待避。如图 10-1 所示。

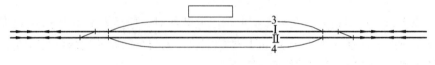

图 10-1　高速越行站布置图

2. 中间站

中间站是高速铁路上数量最多的车站，主要办理高、中速列车越行作业，停站高、中速列车的到发和不停站通过高、中速列车的作业，一般是通过列车多于停站列车，办理旅客上、下车以及换乘作业，较大的中间站还办理少量始发、终到或立即折返的高速列车作业。

中间站的基本图型有两种：一种是岛式图型，中间站台设在正线和到发线中间，站台一侧靠正线，另一侧靠到发线，如图 10-2（a）所示；另一种是对应式图型，中间站台设在到发线外侧或设在到发线之间，站台不靠正线，如图 10-2（b）所示。

岛式中间站图型优点是正线可以停靠旅客列车，且可以充分利用站台。缺点是当有列车在正线停靠站台时，会影响后续追踪列车的通过，降低区间通过能力，且高速列车通过时会产生对站台的气流压力，越靠近站台边缘气压越大，所以站台安全退避距离需要加宽以保证旅客的安全，并要设置防护栏。

对应式中间站图型优点是站台不靠近正线，高速列车从正线通过时，不影响站台上的旅客安全，站台安全退避距离不用加宽。

中间站主要办理的是通过列车的作业，因此，一般采用对应式图型较好。只有在运输量少、线路能力富裕，为了利用正线作到发线和停站列车可以不侧向通过道岔，才可以采用岛式图型。

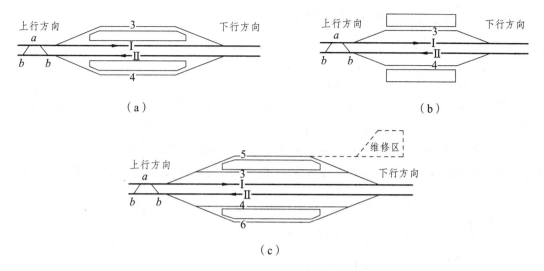

（a） （b）

（c）

图 10-2 高速铁路中间站布置图

在经济发达城市连绵地带，一些中间站客运量相当大，需要开行立即折返的始发终到列车，这种中间站从全线看属于中间站，但还具有终点站的性质，办理折返列车的作业。如图10-2（c）所示。维修车列可通过到发线 5 及上行端渡线向上行正线出发。通过到发线折返可直接进入下行正线。

3. 始发、终到站

始发、终到站只是相对于一条高速线而言，位于高速铁路的起讫点，如京沪高速铁路的北京和上海站。办理高速、中速列车到发作业，具有全线最大的客运量。没有不停站通过列车，但有少量停站通过列车。设有高速列车动车段或综合维修基地和管理机构等，为全线高速列车进行检修和运营指挥。图 10-3 所示车站，车站有 8 条到发线、4 座站台。正线可设在靠近站台，兼作到发线使用，靠近正线一侧站台按规定设置防护栏。

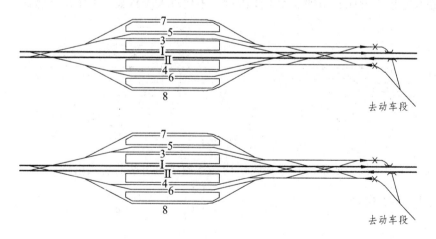

图 10-3 高速始发、终到站点布置图

10.3.3 新建车站咽喉设计特点

1. 越行站

越行站咽喉的设计分为以下两种情况。

（1）如果越行站只考虑高、中速列车越行的需要，越行线可单方向使用。两端咽喉正线间可以不用设渡线。越行线按单方向进路设计。

（2）如果考虑越行线可以接反向列车，在越行站某一端咽喉正线间可以设置渡线 1 条或两条（如设两条渡线可以在两端咽喉设置）。此种情况，越行线变为到发线，应按双方向进路设计。

2. 中间站

（1）渡线的设置。

高速车站咽喉区两正线之间的渡线及其方向，应根据功能需要进行设置。如无功能需要，理论上可以不设渡线。高速车站咽喉作业比较简单，需要设置渡线基本上仅有 2 种，即为立即折返列车和为调整列车运行方向而需要的反向运行。

位于在地级大城市和旅游胜地的高速中间站，都有立即折返列车的作业，特别是在节假日这种列车在一个站可多达 10 多对/日，因而为折返运行的 $a \sim b$ 渡线不可缺少。如图 10-2（c）所示，上、下行均有到本站中止作业立即折返的列车，下行到达列车接入 4 道，上行到达列车接入 3 道，旅客上下车作业完成后列车通过 $a \sim b$ 渡线返回下（上）行方向。

（2）咽喉平行作业要求。

没有立即折返列车的一般中间站，咽喉平行作业仅有同时到、发两项平行作业要求。有立即折返列车的中间站，为避免折返运行列车切割本方向正线通过列车的运行，咽喉设计时可以考虑折返列车发车与该方向到达停站列车接车进路的平行作业。如图 10-4 所示，当 4 道往正线 I 发车时，6 道可接入正线 II 的到达列车。但咽喉这样设计，会延长站坪占地长度和增加道岔。在线路能力紧张、站坪长度不受限制，不致增大工程投资的情况下考虑采用。

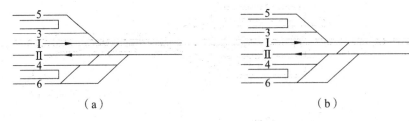

图 10-4

（3）到发线的连接一般采用直线梯线结构，不用倍角出岔的复式结构。

3. 始发、终到站

1）渡线的设置

始发、终到站车站咽喉较中间站复杂、反向接车作业较多，一般情况下咽喉区正线间两端均需设置两条渡线，也可以用 1 组交叉渡线。

2）咽喉平行作业要求

这些车站都有动车段或动车运用维修所等连接，咽喉设计要根据它们及其走行线的布置来考虑。咽喉的设计主要为了保证两方面的平行作业：一是到发列车的平行作业，二是动车组进出段与到发列车的平行作业。如图 10-3 的右端咽喉，该咽喉可以保证的最大平行作业为：Ⅰ、3 股接入到达列车，5、7 股接入动车组，Ⅱ、4 股列车出发，6、8 股动车组进段。

此外，还可以保证：

（1）Ⅰ、3 股发车与 5、7 股接入列车同时进行。

（2）Ⅰ、3 股动车组进段与 5、7 股接入列车同时进行。

（3）Ⅱ、4 股接入到达列车与 6、8 列车出发同时进行。

（4）Ⅱ、4 股接入动车组与 6、8 股列车出发同时进行。

3）到发线的连接

因到发线数量较多，可采用倍角出岔，以缩短咽喉区长度。

10.4 利用既有站的高速车站布置图

10.4.1 高、普速共车场的车站

高、普速共车场的车站是基本不改建既有站，原站作为高速与普速列车公用的车场，高速正线在站外与既有正线连接、利用既有正线进站、高速正线不直接引入既有站，高速列车和普通列车可进入车站的任意一股道或大部分股道。但实际上高速、普速列车基本上仍然是固定使用各自股道，只是咽喉区有灵活进路通达对方股道。如图 10-5 所示。

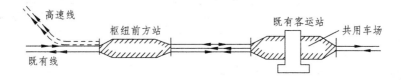

图 10-5 高速列车与中、普速列车共用车场布置图方案

10.4.2 高、普速车场分车场的车站

高、普速车场分车场的车站是指改扩建既有站成为高速车场和普速车场的车站。它有以下两种平面布置方式。

1. 高速车场与普速车场咽喉互不连通

高速铁路引入枢纽既有客运站，分别设置高速、普速车场，两车场咽喉互不联通，高速线直接引入高速车场。列车不能进入对方车场。高速列车与普速列车运行成为互不干扰、互

相独立的两个系统。这种方案仅适应于中速列车不上、下高速线的车站，如图10-6所示。

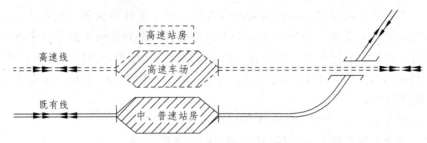

图 10-6 高速车场与中、普速车场互不连通布置图方案

2. 高速列车车场与普速列车车场在同一平面并列合设

高速线与既有线并行引入既有尽端式客运站布置图，高速线与普速线引入咽喉，虽然分两个车场，但相邻部分股道也可共用。

图 10-7（a）为改建既有站，将靠近既有主站房一侧的既有到发线和站台改建为高速列车车场，供接发高速列车使用；与高速列车车场并列的其他到发线和站台作为中、普速列车车场，且在外侧适当扩建，供接发中、普速列车使用。在既有站房对侧，新建副站房，主站房与副站房之间采用高架通廊和地道相连，供旅客进、出站和换乘。两车场的进口咽喉用渡线互相联通。高速列车的动车段以及既有中、普速列车的客车整备所和机务段都有单独的站段联络线相衔接，以保证咽喉区必需的平行进路。这种布置方案适合于以办理始发、终到高速列车为主的高速站。

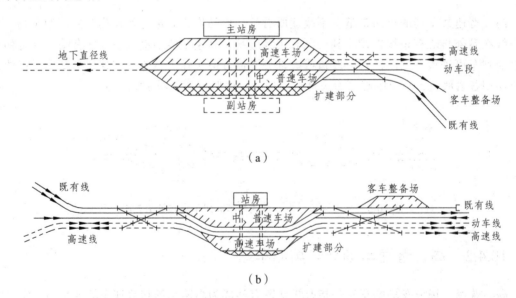

（a）

（b）

图 10-7 高速车场与中、普速车场在同一平面并列合设布置图

图 10-7（b）为改建既有站，既有线在站房一侧，高速线在站房对侧，高速列车车场与中、普速列车车场横列，两车场咽喉用渡线互相联通，高速车场向外扩建。采用高架通廊和地道与站房相连的方式以方便旅客进出站。这种方案适合于以通过高速列车为主的车站。

10.4.3 高架于既有站上方高速车场平面布置方案

高速线高架引入既有站如图10-8所示，在其上方设高架高速列车车场，其线路承担接发高速列车和通过车站不停车通过的中速旅客列车任务；桥下地面既有站为中、普速车场，承担接发始发、终到停站通过的中速旅客列车和普速旅客列车的任务。两车场两端咽喉采用进站线路立交疏解设备互相连通，以便于中速列车上、下高速线。高速列车的旅客可通过主、副站房的自动扶梯和高架候车室通廊进、出站和换乘。中、普速列车旅客可通过高架候车室和地道进、出站。

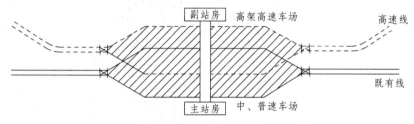

图10-8 高架于既有站上方高速车场平面布置图

10.4.4 既有站下方设高速车场布置方案

高速线从地下引入既有站如图10-9所示，在既有站地下新建高速车场，既有站改建为中、普速列车车场，承担接发始发、终到停站通过的中速旅客列车和普速旅客列车的任务。两车场两端采用进站疏解设备相连接，以便于中速列车上、下高速线。高速列车的旅客可通过主、副站房的自动扶梯和地道进、出站和换乘。中、普速列车旅客可通过高架候车室和地道进、出站。

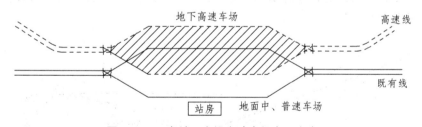

图10-9 既有站下方设高速车场布置方案

10.5 高速铁路引入铁路枢纽的方式

高速铁路引入既有枢纽的方式有三种：并行引入方式、并线引入方式、分线引入方式。

1. 并行引入方式

高速线引入枢纽内主要客运站如图10-10所示。高速线与既有线在枢纽内高架（或同一平面）并行，在主客运站旁设高架（或地面）高速车场，与既有客运车场横向并列。其优点是充分利用既有设备，站房共用，方便旅客；对城市不产生重新分割。缺点是高速线穿越市区与城市干道交叉，拆迁工程量较大，高速线在枢纽内的技术条件受到一定限制，影响高速列车的速度。

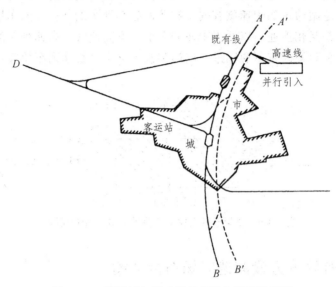

图 10-10　高速线与既有线并行引入枢纽示意图

2. 并线引入方式

高速线在枢纽前方站与既有线合并后，利用既有正线引入枢纽内主要客运站，如图 10-11 所示。这种引入方式的优点是工程量小，节省用地，拆迁工程量小，高速线对城市影响小。缺点是高速列车在枢纽内的合并段要减速运行，且由于该区客、货混跑，通过能力紧张，必须修建 4 条或多条线。

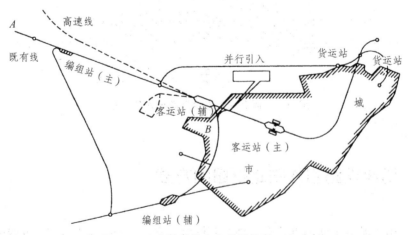

图 10-11　高速线与既有线并线引入方式

3. 分线引入方式

高速线在枢纽内的走行离开既有线，引入枢纽内新建的高速，如图 10-12 所示。这种引入方式的优点是对城市影响小，拆建工程量小，有利于扩大枢纽的客运能力，且高速线的施工不影响运营。缺点是高速车站远离城市中心，不利于吸引客流，且与既有主要客运站相隔甚远，不利于旅客换乘。

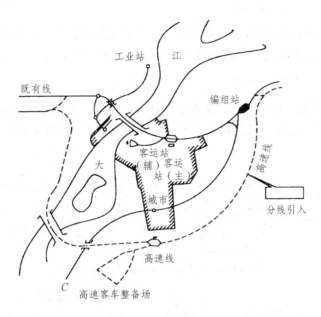

图 10-12　高速线与既有线分线引入方式

选择哪种引入方式，从实质上来说，应考虑两个方面的要求：一是高速铁路本身的主要设施在功能、造价和工程实施等方面的合理性与可行性。二是高速铁路主要设施与既有铁路设施、城市有关设施等的结合和协调。

引入既有枢纽牵涉面广、问题复杂，取决因素多且情况各异。在实际设计中应针对各个不同枢纽的实际情况研究设计方案和各种实际问题。

10.6　动车段（所）、综合维修管理区在车站的设置

高速铁路为了能正常运营，与普通铁路一样，沿线需要设置一些客车运营整备和检修、养护检测维修等基地和管理机构。这些基地多数要在车站出岔处设置，与车站布局和设计的关系密切。

10.6.1　动车段（所）、综合维修管理区平面布置

动车段又称高速列车检修基地，配属一定数量的高速动车组，承担动车组日常运用、夜间存放、备用车组长期存放以及客运整备作业，动车组除厂修以外的全部修程。规模大，占地多。设在有较多始发（终到）列车的始、终到站。

1. 动车段平面布置

动车段的平面布置可采用以下 3 种方案。

1) 纵列式方案（见图 10-13）

存车场与检修库纵向排列布置，基本可以实现流水作业程序。转线作业与到发作业互不干扰，但是存在占地长的缺点。当动车组到发列数较多且地形允许时采用。

2) 横列式方案（见图 10-14）

存车场与检修库横向并列布置，其优点是具有占地少，作业集中。缺点是到发作业和检修作业在咽喉区有交叉干扰，且检修车有折返走行。当动车组到发列数较少时采用。

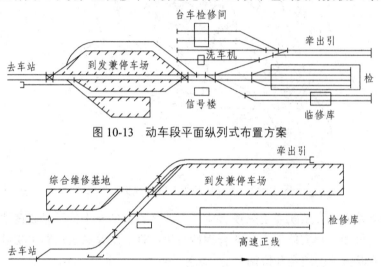

图 10-13　动车段平面纵列式布置方案

图 10-14　动车段横列式布置方案

3) 其他方案

包括存车场与检修库部分横列、部分纵列或其他因受场地控制而形成的布置方案。

2. 动车运用维修所平面布置

动车运用维修所：有配属高速动车组，承担派驻在本所高速动车组的日常运用、夜间存放、折返、客运整备、日常检查和小修任务。设在有较多始发（终到）列车的高速站。

动车运用维修所规模较小，一般采用横列式平面布置，如图 10-15 所示。维修所一般设有 2 条日常检修库及满足需要的存车线。如果地形条件允许也可以设计为纵列式布置。

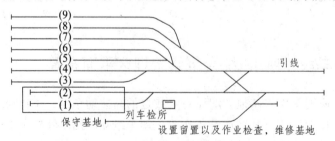

图 10-15　动车运用维修所布置方案（横列式）

3. 动车运用所平面布置

动车运用所没有配属高速动车组，承担外段动车组的折返停留、客运整备工作，必要时进行临修和检查作业。设在有少量始发（终到）列车的高速车站。

动车运用所一般仅配设少量存车线。如图 10-16 所示为规模较大的日本东海道新干线大阪第一车辆所，为纵列式布置。

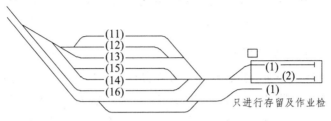

图 10-16　动车运用所布置方案

4. 综合维修管理区平面布置

综合维修管理区设有各专业包括工务、电务、供电、房屋、给水排水等的维修基地。这些基地通常集中在一起，形成综合维修管理区。它设在有较多始发、终到高速列车的始发站或通过站。

综合维修管理区可以单独设置，也可以和工务段、大型养路机械化段、大型养路机械维修段以及动车段（所）在一起设置，以节省用地。如图 10-17 所示，该基地由高速铁路车站内上、下行渡线附近的正线出岔联接，便于维修用车出入基地，也可与站内到发线接轨。该基地设有如图 10-17 所示的主要线路。

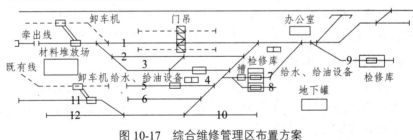

图 10-17　综合维修管理区布置方案

10.6.2　动车段（所）、综合维修管理区与车站之间的布局和连接

1. 布局

1）动车段（所）与车站的布局

动车段（所）与车站的相互位置，可横向、纵向布置。如图 10-18 所示。

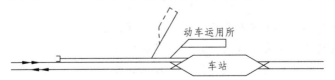

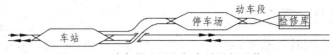

图 10-18 动车段（所）与车站的相互位置

图 10-18（a）采用横列式布置，该图占地少，但是动车组出入段不仅折角，且与正线交叉，一般为规模小的运用所与车站的布局。

图 10-18（b）采用纵列式布置，是常用的形式，动车组出入段不用折返运行，作业流水性好，节省时间。

2）综合维修管理区与车站的布局

（1）综合维修管理区分布较广，应尽量在车站附近，以走行线与车站在咽喉连接。与车站的位置可采用横列式或纵列式布置，如图 10-19 所示，也可斜向布置，以减少工程量和使维修车列走行方便。

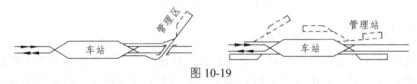

图 10-19

（2）如果进入车站附近将造成造价增大时，管理区也可设在区间，从正线出岔衔接。

2. 连接

动车段（所）、综合维修管理区一般应有走行线与车站相连接。同时如有必要，应进行疏解。

1）动车段、所与车站连接

动车段与车站间一般设 2 条走行线，走行线应尽量布置在正线两侧，其中一条以立交穿越正线。这种连接可以有效地减少到发列车与车底走行在咽喉区的交叉干扰。

2）综合维修管理区与车站连接

综合维修管理区分布广，数量多，要求与车站或正线有便捷的通路连接。

一种连接方式为走行线与上下行正线以立交方式连通，其优点是可以保证走行便捷，减少交叉干扰；缺点是需要大量建设投资。

另一种连接方式为在车站一侧到发线或在咽喉区一条正线出岔，以渡线沟通另一条正线。优缺点与前一种方式正好相反。当维修列车作业是在夜间，高速列车停运时间进行或当高速线临时出现故障不能运行客车时，维修列车与正线间的干扰不存在或者影响很小，此时可以考虑运用此方案。

思考与练习题

1. 新建高速车站的技术要求与普通铁路车站有哪些不同？
2. 简述各种高速车站布置图型的特点，咽喉设计的要求是什么？
3. 高速铁路引入铁路枢纽的方式有哪些，各自的特点是什么？
4. 动车段（所）、综合维修管理区与车站之间如何布局及连接？

第 11 章　计算机在铁路车站建设中的应用

11.1　铁路车站计算机辅助设计系统

铁路站场计算机辅助系统是以 CAD 软件为核心工具，构建的一个一体化、自动化、智能化的系统，通过建立工程数据库，存储大量的站场设计通用基础资料和方法，可以加快铁路站场设计的速度和实现站场设计的标准化。

系统采用数据库技术，建立工程数据库，并实现站场海量数据信息的高效组织管理，有较强的通用性，能有机联接各个功能模块。利用最新勘测手段获取地形数据，建立三角网数字地面模型，实现数据的自动采集、分析和处理，可根据设计需要自动提取任意位置的地面线数据。平面设计采用专家系统技术，交互式的产生平面设计方案图，图与数据库实现动态联动，使平面设计智能化、标准化、一体化。在实现平面、纵断面、横断面设计的基础上，可自动完成车站主要工程量的计算工作。系统总体结构图如图 11-1 所示。

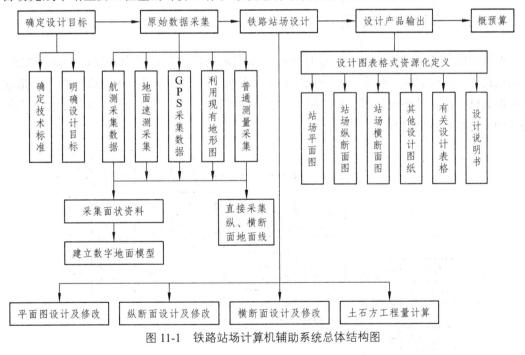

图 11-1　铁路站场计算机辅助系统总体结构图

11.1.1　系统的功能结构

1. 地形数据的采集和数字地面模型的建立

数据采集可以利用全球卫星定位系统，数字化摄影测量技术，数字化地图测量技术、地理信息技术、遥感技术等，使得勘测数据的采集基本实现自动化，为数字地面模型的建立提供基础数据。三维数字地面模型的建立可为站场设计提供与地形相关的各种基础数据支持。

2. 平面设计的自动化和智能化

依据车站作业的性质和任务，需要的能力及设备数量布局等基础资料，引入专家系统技术，利用人机交互的功能完成车站的平面布置图型，并根据现行铁路行业技术标准自动绘制车站平面比例尺图，并根据比例尺图自动生成车站平面图。

（3）站场设计一体化。纵断面设计时，平面信息和勘测所得的地形数据能自动传递到纵断面上；在进行横断面设计时，平面、纵断面信息以及地形数据可以自动传递到横断面上；平纵横实现一体化联动设计。土石方计算时，平面、纵断面、横断面、地形数据自动传递其中，自动完成计算。

（4）工程量的计算。在平面、纵断面、横断面设计的基础上，自动完成车站主要工程数量的计算，并根据铁路行业技术标准自动生成工程数量表格。

（5）设计说明、表格和辅助的输出。在站场设计时可根据需要自动生成道岔表、股道表、道岔及设备坐标表，警冲标、信号机位置表，曲线表、主要工程数量表等各类设计表格。

另外，系统还可以完成概预算、数据备份和恢复等功能。

11.1.2 系统操作流程

系统的操作流程为① 获取行车设计数据；② 获取地形数据；③ 分别进行平面、纵断面、横断面设计，进行交互式修改；④ 完成土石方工程量的计算；⑤ 进行工程概预算；⑥ 形成各种数据表格，绘制站场设计图、施工图，有关表格的输出。图 11-2 反映了各类数据在系统中的流动、转换和存储过程。

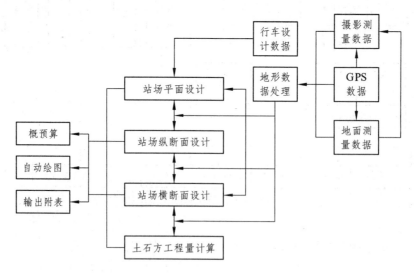

图 11-2　系统数据流程图

11.2　铁路信息化模型

国家标准（GB/T51235-2017）将建筑信息模型（BIM- Building Information Modeling，简称 BIM）定义为：在建设工程及设施全生命期内，对其物理和功能特性进行数字化表达，并依此设计、施工、运营的过程和结果的总称。近些年，铁路建设也加速了 BIM 理论和应用研究速度，逐渐成为一种新趋势。BIM 技术应用的价值体现在项目的全生命周期应用过程中，能够最大化实现信息的共享和流通，提高设计效率、降低建造成本、提高施工管理及运营维护效率，如图 11-3 所示。

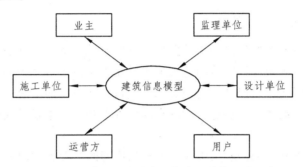

图 11-3　BIM 在项目全生命周期中的信息共享示意图

11.2.1　铁路信息化模型的特点

1. 构件化

构件化的模型更有利于铁路三维信息模型的精细化管理。信息模型的详细程度决定了模型的应用价值。中国铁路 BIM 联盟发布了《铁路工程实体结构分解指南》，规范了铁路工程实体结构分解信息的分类、编码与组织，将铁路工程对象系统按照专业系统分解成相互独立、相互联系的工程项目单元，作为工程项目管理的对象，满足管理的需求。

2. 信息化

信息模型是以模型为载体，信息为关键来构建系统，信息模型的应用即是在信息不断的读取与添加的过程中实现的。三维信息模型的每个构件都有对应的属性信息，可通过语义分析对模型或者模型的构件进行信息化管理，这也是铁路信息化模型的最主要特征之一。

模型信息要求具有完备性和在站场项目全生命周期的不同阶段信息的一致性，还要反映出各构件之间的关联性。

3. 标准化

标准化是铁路信息化模型的基础，目前主要参考的标准包括铁路 BIM 联盟发布的铁路工程信息模型的分类与编码标准、铁路工程实体结构分解指南、铁路工程信息模型交付精度标准、铁路工程信息表达标准等铁路联盟标准。

4. 精确化

精确化是铁路信息化模型的基本要求之一。三维信息模型的模型精度、信息深度都必须符合相关国家标注及行业标准的规定。

11.2.2 铁路信息化模型系统的组成

铁路信息化模型可以分为三个部分：三维场景模型、车站构筑物模型、铁路结构和设备模型。

1. 三维场景模型

构建三维场景模型的主要目的是为铁路信息化模型搭建基础地理信息平台，从宏观层面展示铁路信息化模型和周边环境的空间地理关系及铁路车站改造过程的影响范围，即主要用于展示车站周边的地形地貌，以及与周边交通、建筑、环境间的空间位置分布关系及互通关系。它也是其余模型的载体，可通过精确的空间位置来展示三维场景模型和车站模型的相互关系。

航天航空数据、DOM、DEM 是构建三维场景模型的主要数据源。利用航空摄影测量技术（包括数码航空摄影测量、倾斜摄影测量、激光雷达测量及无人机摄影测量等）获取研究范围内的正射及倾斜航空影像数据，通过传统航空摄影测量技术处理及倾斜摄影技术处理，得到数字正摄影像（DOM）和数字高程模型（DEM），在三维地理信息系统中叠加，生成车站周边三维地理场景模型。

在建筑物密集区，为了更加直观地展示车站与周边建筑物的关系，需要构建周边建筑物的三维模型。根据建筑物的空间位置、影响范围、重要性以及实际需求，分别建立"白"模和"精"模。

2. 车站构筑物模型

主要包括车站相关的建筑物，如站房、雨棚、站台和相关建筑物（防护围墙或栅栏、应急通道、限高架等）。车站构筑物模型是车站和枢纽工程改造的重要组成部分和施工组织管理的重点。可分为重新装修、结构改造、重新设计修建三种情况。

为了达到可视化效果和效率的平衡，根据管理需求，构建不同精细程度的车站构筑物模型。例如，上跨或者下穿的构筑物（如桥梁、隧道等）需要建立精确的物理几何模型，用于分析构筑物和铁路之间的空间关系；对于车站，需要利用设计资料和 BIM 设计软件建立站房、站场等的 BIM 模型，用于施工组织管理、空间分析及应急管理等。

车站构筑物模型制作主要采用空、地一体化的方式，利用航空摄影测量技术获取立体模型，在立体模型中采集结构线，根据结构线生成"白"模，再将现场拍摄的真彩色纹理照片粘贴在对应的结构面上，从而形成精确的三维单体化模型。

3. 铁路结构和设备模型

铁路结构和设备模型是铁路信息化的重点。包括路基、桥梁、隧道、涵洞、轨道等站前信息模型以及电力、接触网、通信信号等站后信息模型。这类模型都有严格的设计参数和物理几何尺寸，也是建造过程中的重点参考对象，需要将其几何属性以及非几何属性在三维信息模型或者附图附加中完全地展现出来。

铁路结构和设备模型的构建需借助设备的几何结构设计参数（如桥梁、隧道、路基的设计参数）进行三维建模。在建模过程中或者建模后，需要对铁路结构和设备模型进行信息化，即编辑模型以及模型组件的属性信息。同类数据需要建立统一的属性集，比如建筑物需要根据收集到的资料建立诸如建筑物名、建造年代、建筑物面积、权属人等属性字段，以方便在铁路综合信息管理系统中对各种模型进行查询管理。

由于铁路工程涉及专业多、周期长、影响因素复杂，需要对各种有关软件进行深入的二次开发，才能真正构建适合我国铁路 BIM 设计的信息模型。各有关科研单位及设计院目前均在进行相关的研究，尚没有形成一个成熟的理论和具体的设计方法，铁路站场 BIM 设计的完全实现仍然需要一个长期过程。

附　录

一、常用道岔的主要尺寸

附表 1　单开道岔主要尺寸表（单位：mm）

道岔辙叉号	钢轨类型（kg/m）	图号	允许通过速度（km/h）		辙叉角 α	道岔尺寸（mm）							岔枕类型	辙叉形式	适用范围
			直向	侧向		导曲线半径 R	道岔全长 L_Q	始端至中心距离 a	中心至跟端距离 b	始端至尖轨尖距离 q	尖轨长度 L_0	跟端至末根岔轨距离 L			
18	60	客专线（07）001	250	80	3°10′47″	1 100 000	69 000	31 729	37 271	1 955	21 450	10 500	混（无砟）	钢轨组合型可动心轨	适用于时速 250 km 客运专线的正线（兼顾货运）
		客专线（07）009	350	80	3°10′47″	1 100 000	69 000	31 729	37 271	1 955	21 450	10 500	混（无砟）	钢轨组合型可动心轨	适用于时速 250、350 km 客运专线的正线（不兼顾货运）
		客专线（08）016	350	80	3°10′47″	1 100 000	69 000	31 729	37 271	1 955	21 450	直股 8 700，侧股 9 900	混（有砟）	钢轨组合型可动心轨	适用于时速 250、350 km 客运专线的正线（不兼顾货运）
		客专线（07）004CZ2602	250（轴重 23 t 及以下货 120）	80	3°10′47″	1 100 000	69 000	31 729	37 271	1 955	21 450	直股 8 700，侧股 9 900	混（有砟）	钢轨组合型可动心轨	适用于时速 250 km 客运专线的正线（兼顾货运）
		GLC（07）02	200（轴重 25 t 货 120）	80	3°10′47″	1 100 000	69 000	31 729	37 271	1 955	21 450	9 900	混（有砟）	钢轨组合型可动心轨	适用于客运专线段地一般及既有线改建、提速区段改造。客运到发线优先采用
		GLC（07）02W	旅客 200（货 120）	80	3°10′47″	1 100 000	69 000	31 729	37 271	1 955	21 450	9 900	岔枕埋入式无砟轨道	钢轨组合型可动心轨	适用于客运专线铁路一般地段，客运专线到发线优先采用

道岔辙叉号	钢轨类型（kg/m）	图号	允许通过速度（km/h）直向	侧向	辙叉角 α	导曲线半径 R	道岔全长 L_Q	始端至中心距离 a	中心至跟端距离 b	始端至尖轨距离 q	尖轨长度 L_0	跟端至末根岔轨距离 L	岔枕类型	辙叉形式	适用范围
12	60	客专线（10）018	250（轴重25t货120）	50	4°45′49″	350 000	43 200	16 592	26 608	5 792	2 555	13 640	混（有砟）	可动心轨	仅运行客车的客运专线或城际铁路的客运专线仅限于客运；兼顾于货运仅限于头尾车站尽头车站使用；适用于200 km客货共线铁路
12	60	客专线（10）017	250	50	4°45′49″	350 000	43 200	16 592	26 608	8 792.2	2 555	13 640	道岔板和无砟轨道	钢轨组合型可动心轨	仅运行客车的客运专线或城际铁路的客运专线仅限于客运；兼顾于货运仅限于头尾车站尽头车站使用；适用于200 km客货共线铁路
12	60	专线4249～4252	160（轴重23t货90，轴重25t货80）	50	4°45′49″	350 000	37 800	16 592	21 208	11 100	4 395	12 400	混（有砟）	整铸式固定辙叉	客货共线铁路
12	50	专线4257	120	50	4°45′49″	350 000	37 907	16 853	21 054	3 220	3 220	13 080	混（有砟）	整铸式固定辙叉	客货共线铁路
9	50	CZ2209（CZ2209A）	100（货80）	35	6°20′25″	180 000	28 848	13 839	15 009	2 650	6 450	8 100	混（有砟）	整铸式定辙叉	客货共线铁路
9	60	CZ577	120（货23t时90，25t时80）	35	6°20′25″	190 000	29 569	13 839	15 730	2 650	12 400	7 500	混（有砟）	整铸式定辙叉	客货共线铁路

附表2 对称道岔主要尺寸表（单位：mm）

| 道岔辙叉号 | 钢轨类型（kg/m） | 图号 | 允许通过速度（km/h） | 道岔尺寸（mm） | | | | | | | | 岔枕类型 | 辙叉形式 |
				辙叉角 α	导曲线半径 R	道岔全长 L_Q	始端至中心距离 a	中心至跟端距离 b	始端至尖轨距离 q	尖轨长度 L_0	跟端至末根岔枕距离 L		
6	50	SC384	35	9°27′44″	180 000	17 457	7 437	9 994	1 420	4 630	5 711	混	整铸式
	60	SC382	35	9°27′44″	180 000	17 457	7 437	9 994	1 420	4 630	6 311	混	整铸式
6.5	50	SC385		8°44′46.18″	190 000	20 204	8 913	11 313	1 420	4 557	6 311	混	整铸式
	60	SC383		8°44′46.18″	190 000	20 204	8 913	11 313	1 420	4 557	6 311	混	整铸式

附表3 三开道岔主要尺寸表（单位：mm）

| 道岔辙叉号 | 钢轨类型（kg/m） | 图号 | 允许通过速度（km/h） | 辙叉角 α | | 导曲线半径 R | 道岔全长 L_Q | 始端至中心距离 a | 中心至跟端距离 b | 始端至尖轨距离 q | 尖轨长度 L_0 | 岔枕类型 | 辙叉形式 |
				中间	后端								
7	50	专线8688	30	16°17′36″	8°07′48″	180	24 150	11 465	12 685	1 225	5 230	木	整铸式

附表4 复式交分道岔主要尺寸表（单位：mm）

道岔辙叉号	钢轨类型（kg/m）	图号	适用范围	允许通过速度		道岔尺寸（mm）						岔枕类型	辙叉形式
				直向	侧向	辙叉角 α	沿线路中心导曲线半径 R	道岔全长 L_Q	道岔中心至辙叉跟端距离 b	尖轨长度 L_0	跟端至末根岔枕距离 L		
9	50	CZ2214	客货共线铁路	70	35	6°20′25″	220 000	31 490	15 730	5 280	8 108	混	整铸式
	60	CZ2504	客货共线铁路	80	35	6°20′25″	220 000	31 490	15 730	5 280	8 108	混	整铸式
12	50	CZ2220	客货共线铁路	80	45	4°45′49″	380 000	42 132	21 054	7 630	8 705	混	整铸式
	60	SC350	客货共线铁路	120	45	4°45′49″	380 000	42 132	21 054	7 560	10 539	混	可动心轨

二、辙叉倍角三角函数

附表5 辙叉倍角三角函数表

辙叉号	辙叉角倍数	辙叉倍角角度	sin	cos	tan	cot	sec	csc
12	0.5	2°22′54.5″	0.041 558 38	0.999 136 08	0.041 594 31	24.041 750	1.000 864 7	24.062 536
	1.0	4°45′49″	0.083 044 95	0.996 545 80	0.083 332 80	12.000 077	1.003 466 2	12.041 671
	1.5	70°8′43.5″	0.124 388 03	0.992 233 65	0.125 361 63	7.976 922 3	1.007 827 1	8.039 358 8
	2.0	9°31′38″	0.165 516 19	0.986 207 07	0.167 831 07	5.958 372 3	1.013 985 8	6.041 705 0
	3.0	14°17′27″	0.246 843 98	0.969 055 24	0.254 726 43	3.925 780 3	1.031 932 9	4.051 141 9
10	0.5	2°52′00″	0.050 011 90	0.998 748 62	0.050 074 56	19.970 219	1.001 252 9	19.995 241
	1.0	5°44′00″	0.099 898 63	0.994 997 62	0.100 400 88	9.960 0724	1.005 027 5	10.010 147
	1.5	8°36′00″	0.149 535 34	0.988 756 38	0.151 235 78	6.612 191 9	1.011 371 5	6.687 382 4
	2.0	11°28′00″	0.198 797 80	0.980 040 53	0.202 846 51	4.929 835 8	1.020 366 0	5.030 236 8
	3.0	17°12′00″	0.295 708 05	0.955 278 36	0.309 551 71	3.230 478 0	1.046 815 3	3.381 713 8

辙叉号	辙叉角倍数	辙叉倍角角度	sin	cos	tan	cot	sec	csc
9	0.5	3°10′12.5″	0.055 301 14	0.998 469 73	0.055 385 89	18.055 140	1.001 532 6	18.082 810
	1.0	6°20′25″	0.110 433 02	0.993 883 57	0.111 112 63	8.999 876 9	1.006 154 1	9.055 262 6
	1.5	9°30′37.5″	0.165 226 92	0.986 255 58	0.167 529 51	5.969 097 6	1.013 936 0	6.052 282 5
	2.0	12°40′50″	0.219 515 12	0.975 609 10	0.225 003 16	4.444 382 1	1.025 000 7	4.555 494 8
	2.5	15°51′02.5″	0.273 131 50	0.961 976 71	0.283 927 35	3.522 027 7	1.039 526 2	3.661 240 1
	3.0	19°01′15″	0.325 911 93	0.945 400 13	0.344 734 33	2.900 784 0	1.057 753 2	3.068 313 6
	4.0	25°21′40″	0.428 321 91	0.903 626 22	0.474 003 41	2.109 689 5	1.106 652 3	2.334 692 6
	5.0	31°42′05″	0.525 492 28	0.850 798 37	0.617 646 08	1.619 050 2	1.175 366 6	1.902 977 5
	6.0	38°02′30″	0.616 234 37	0.787 562 82	0.782 457 41	1.278 024 8	1.269 740 0	1.622 759 2
6	0.5	4°43′52″	0.082 479 66	0.995 692 75	0.082 761 65	12.082 891	1.003 418 9	12.124 201
	1.0	9°27′44″	0.164 397 27	0.986 394 21	0.166 664 87	6.000 064 6	1.013 793 5	6.082 826 1
	1.5	14°11′36″	0.245 194 58	0.969 473 89	0.252 915 10	3.953 896 0	1.031 487 3	4.078 393 6
	2.0	18°55′28″	0.324 321 02	0.945 947 08	0.342 853 24	2.916 699 85	1.057 141 6	3.083 364 7
	2.5	23°39′20″	0.401 237 37	0.915 974 11	0.438 044 45	2.282 873 35	1.091 733 9	2.492 290 3
	3.0	28°23′12″	0.475 419 49	0.879 759 23	0.540 397 28	1.850 490 45	1.136 674 6	2.103 405 6
	4.0	37°50′56″	0.613 581 05	0.789 631 75	0.777 047 08	1.286 923 30	1.266 413 1	1.629 776 5
	5.0	47°18′40″	0.735 046 09	0.678 017 14	1.084 111 38	0.922 414 45	1.474 889 0	1.360 459 8
	6.0	56°46′24″	0.936 509 38	0.547 952 61	1.526 608 98	0.655 046 59	1.824 975 3	1.195 449 3

三、两个不同号道岔辙叉倍角之和的三角函数

附表 6　两个不同号道岔辙叉倍角之和的三角函数

辙叉倍角的组合	辙叉倍角角度之和	sin	cos	tan	cot	sec	csc
12+9	11°06′14″	0.192 588 57	0.981 279 59	0.196 262 69	5.095 212 0	1.019 077 5	5.192 416 1
12+9×2	17°26′39″	0.299 776 28	0.954 009 53	0.314 227 77	3.182 405 0	1.048 207 6	3.335 821 0
12+9×3	23°47′04″	0.403 296 87	0.915 069 19	0.440 728 28	2.268 971 70	1.092 813 5	2.479 563 0
12+9×4	30°07′29″	0.501 883 99	0.864 934 95	0.580 256 34	1.723 376 25	1.156 156 3	1.992 492 3
9−12	1°34′36″	0.027 514 55	0.999 621 40	0.027 524 97	36.330 64	1.000 378 7	36.344 407

四、辙叉倍角圆曲线

附表 7　辙叉倍角圆曲线表（Ⅰ）（单位：mm）

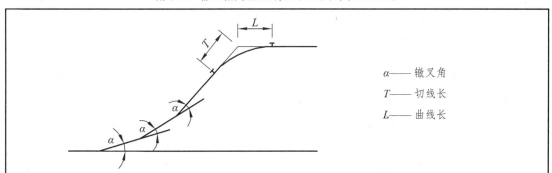

α—— 辙叉角
T—— 切线长
L—— 曲线长

辙叉号	辙叉角倍数	辙叉倍角角度	R=180			R=200			R=250		
			T	L	2T-L	T	L	2T-L	T	L	2T-L
6	1	9°27′44″	14.897	29.726	0.068	16.552	33.029	0.075	20.690	41.286	0.094
	2	18°55′28″	29.999	59.452	0.546	33.332	66.058	0.606	41.666	82.573	0.759
	3	28°23′12″	45.524	89.179	1.869	50.583	99.088	2.078	63.228	123.860	2.596
	4	37°50′56″	61.713	118.905	4.51	68.570	132.117	5.023	85.713	165.146	6.280
	5	47°18′40″	78.848	148.632	9.064	87.608	165.146	10.070	109.511	206.433	12.589
	0.5	4°43′52″	7.435	14.863	0.007	8.262	16.514	0.010	10.327	20.643	0.011
	1.5	14°11′36″	22.409	44.589	0.229	24.899	49.544	0.254	31.124	61.930	0.318
	2.5	23°39′20″	37.695	74.316	1.074	41.883	82.573	1.193	52.354	103.216	1.492
9	1	6°20′25″	9.969	19.918	0.020	11.077	22.131	0.023	13.846	27.664	0.028
	2	12°40′50″	20.000	39.837	0.163	22.222	44.263	0.181	27.778	55.329	0.227
	3	19°0.1′15″	30.155	59.755	0.555	33.505	66.395	0.615	41.882	82.994	0.770
	4	25°21′40″	40.500	79.674	1.326	45.000	88.526	1.474	56.250	110.658	1.842
	5	31°42′05″	51.106	99.592	2.620	56.785	110.658	2.912	70.981	138.328	3.639
	6	38°02′30″	62.052	119.511	4.593	68.946	132.790	5.102	86.183	165.998	6.978
	0.5	3°10′12.5″	4.980	9.959	0.001	5.534	11.065	0.003	6.917	13.832	0.002
	1.5	9°30′37.5″	14.973	29.877	0.069	16.637	33.197	0.077	20.796	41.497	0.095
	2.5	15°51′02.5″	25.058	49.796	0.320	27.842	55.329	0.355	34.803	69.161	0.445
	3.5	22°11′27.5″	35.299	69.714	0.884	39.222	77.461	0.983	49.027	96.826	1.228
	4.5	28°31′52.5″	45.766	89.633	1.899	50.851	99.592	2.110	63.564	124.491	2.637
12	1	4°45′49″	7.486	14.965	0.007	8.318	16.628	0.008	10.398	20.785	0.011
	2	9°31′38″	14.999	29.930	0.068	16.666	33.256	0.076	20.833	41.570	0.096
	3	14°17′27″	22.565	44.895	0.235	25.072	49.884	0.260	31.340	62.355	0.325
	0.5	2°22′54.5″	3.741	7.482	0.000	4.157	8.314	0.000	5.197	10.392	0.002
	1.5	7°08′43.5″	11.238	22.447	0.029	12.487	24.942	0.032	15.609	31.177	0.041

辙叉倍角圆曲线表（Ⅱ）

辙叉号	辙叉角倍数	辙叉倍角角度	R=300			R=350			R=400		
			T	L	$2T-L$	T	L	$2T-L$	T	L	$2T-L$
6	1	9°27′44″	24.828	49.544	0.112	28.966	57.801	0.131	33.104	66.058	0.150
	2	18°55′28″	49.999	99.088	0.910	58.332	115.602	1.062	66.665	132.117	1.213
	3	28°23′12″	75.874	148.632	3.116	88.520	173.404	3.636	101.166	198.176	4.156
	4	37°50′56″	102.855	198.176	7.534	119.998	231.205	8.791	137.141	264.235	10.047
	5	47°18′40″	131.413	247.720	15.106	153.315	289.007	17.623	175.217	330.293	20.141
	0.5	4°43′52″	12.393	24.772	0.014	14.458	28.900	0.016	16.524	33.029	0.019
	1.5	14°11′36″	37.349	74.316	0.382	43.574	86.702	0.446	49.799	99.088	0.510
	2.5	23°39′20″	62.825	123.860	1.790	73.295	144.503	2.087	83.766	165.146	2.386
9	1	6°20′25″	16.615	33.197	0.033	19.385	38.730	0.040	22.154	44.263	0.045
	2	12°40′50″	33.333	66.395	0.271	38.889	77.461	0.317	44.445	88.526	0.364
	3	19°01′15″	50.258	99.592	0.924	58.635	116.791	1.079	67.011	132.790	1.232
	4	25°21′40″	67.500	132.790	2.210	78.751	154.922	2.580	90.001	177.053	2.949
	5	31°42′05″	85.178	165.988	4.368	99.374	193.652	5.096	113.570	221.317	5.823
	6	38°02′30″	103.420	199.180	7.655	120.657	232.383	8.931	137.896	265.580	10.206
	0.5	3°10′12.5″	8.301	16.598	0.004	9.685	19.365	0.005	11.068	22.131	0.005
	1.5	9°30′37.5″	24.955	49.796	0.114	29.114	58.095	0.133	33.274	66.395	0.153
	2.5	15°51′02.5″	41.763	85.994	0.532	48.724	96.826	0.622	55.684	110.658	0.710
	3.5	22°11′27.5″	58.833	116.191	1.475	68.638	135.556	1.720	78.444	154.922	1.966
	4.5	28°31′52.5″	76.277	149.389	3.165	88.990	174.827	3.693	101.703	199.185	4.221
12	1	4°45′49″	12.478	24.942	0.014	14.558	29.099	0.017	16.637	33.256	0.018
	2	9°31′38″	24.999	49.884	0.114	29.166	58.198	0.134	33.333	66.512	0.154
	3	14°17′27″	37.608	74.826	0.390	43.876	87.297	0.455	50.144	99.768	0.520
	0.5	2°22′54.5″	6.236	12.471	0.001	7.275	14.549	0.001	8.315	16.628	0.002
	1.5	7°08′43.5″	18.730	37.413	0.047	21.852	13.648	0.056	24.974	49.884	0.064

辙叉号	辙叉角倍数	辙叉倍角角度	R=450			R=500			R=600		
			T	L	$2T-L$	T	L	$2T-L$	T	L	$2T-L$
9	1	6°20′25″	24.923	49.796	0.050	2.692	55.329	0.055	33.231	66.395	0.067
	2	12°40′50″	50.000	99.592	0.408	55.556	110.658	0.454	66.667	132.790	0.544
	3	19°01′15″	75.388	149.389	1.387	83.764	165.988	1.540	100.517	199.185	1.849
	4	25°21′40″	101.251	199.185	3.317	112.501	221.317	3.685	135.001	265.580	4.422
	5	34°42′05″	127.767	248.982	6.552	141.963	276.646	7.280	170.366	331.976	8.736
	6	38°02′30″	155.130	298.778	11.482	172.367	331.976	12.758	206.840	398.371	15.309
	0.5	3°10′12.5″	12.452	24.898	0.006	13.835	27.664	0.006	16.603	33.197	0.009
	1.5	9°30′37.5″	37.433	74.694	0.172	41.592	82.994	0.190	49.911	99.592	0.230
	2.5	15°51′02.5″	62.645	124.491	0.799	69.606	138.323	0.889	83.527	165.988	1.066
	3.5	22°11′27.5″	88.249	174.827	2.211	98.055	193.652	2.458	117.666	232.383	2.949
	4.5	28°31′52.5″	114.416	224.083	4.749	127.128	248.982	5.274	152.554	298.778	6.330

辙叉号	辙叉角倍数	辙叉倍角角度	R=450			R=500			R=600		
			T	L	2T−L	T	L	2T−L	T	L	2T−L
12	1	4°45′49″	18.717	37.413	0.021	20.797	51.570	0.024	24.956	49.884	0.028
	2	9°31′38″	37.499	74.826	0.172	41.666	83.150	0.192	49.999	99.769	0.229
	3	14°17′27″	56.412	112.239	0.585	62.680	124.711	0.649	75.216	149.653	0.779
	0.5	2°22′54.5″	9.354	18.706	0.002	10.394	20.785	0.003	12.472	24.942	0.002
	1.5	7°08′43.5″	28.096	56.119	0.073	31.218	62.355	0.081	37.461	74.826	0.096

辙叉号	辙叉角倍数	辙叉倍角角度	R=800			R=700			R=600		
			T	L	2T−L	T	L	2T−L	T	L	2T−L
18	1	3°10′12.5″	22.137	44.263	0.011	19.370	38.790	0.010	16.603	33.197	0.009
	2	6°20′25″	44.308	88.526	0.090	38.770	77.461	0.079	33.231	66.395	0.067
	0.5	1°35′06.25″	11.066	22.131	0.001	9.683	19.365	0.001	8.299	16.598	0.000
	1.5	4°45′18.75″	33.216	66.395	0.037	29.064	58.095	0.033	24.912	49.796	0.028

五、两个不同号道岔辙叉倍角组合曲线

附表 8　两个不同号道岔辙叉倍角组合圆曲线表（单位：m）

辙叉倍角的组合	辙叉倍角角度之和	R=180			R=200			R=250		
		T	L	2T−L	T	L	2T−L	T	L	2T−L
12+9	11°06′14″	17.496	34.883	0.109	19.440	38.759	0.121	24.301	48.449	0.153
12+9×2	17°26′39″	29.614	54.802	0.426	30.683	60.891	0.475	38.353	76.114	0.592
12+9×3	23°47′04″	37.906	74.721	1.091	42.118	83.023	1.213	52.647	103.779	1.515
12+9×4	30°07′29″	48.440	94.639	2.241	53.823	105.155	2.491	67.297	131.443	3.115
9-12	1°34′36″	2.476	4.952	0.000	2.751	5.502	0.000	3.439	6.878	0.000

辙叉倍角的组合	辙叉倍角角度之和	R=300			R=350			R=400		
		T	L	2T−L	T	L	2T−L	T	L	2T−L
12+9	11°06′14″	29.161	58.139	0.183	34.021	67.829	0.213	38.881	77.519	0.243
12+9×2	17°26′39″	46.024	91.337	0.711	53.695	106.560	0.830	61.366	121.783	0.949
12+9×3	23°47′04″	63.177	124.535	1.819	73.706	145.290	2.122	84.236	166.046	2.426
12+9×4	30°07′29″	80.734	157.732	3.736	94.190	184.021	4.359	107.646	210.810	4.982
9-12	1°34′36″	4.127	8.254	0.000	4.815	9.630	0.000	5.503	11.006	0.000

六、不同线间距离的斜边直边长度

附表9　不同线间距离的斜边直边长度表（单位：m）

$$X = \frac{S}{\tan\alpha}$$

$$L = \frac{S}{\sin\alpha}$$

道岔辙叉号	8		8		9		10		11		12		18	
辙叉角度（α）	7°07′30″		7°10′00″		6°20′25″		5°44′00″		5°11′40″		4°45′49″		3°10′12.5″	
斜边直边长	X	L	X	L	X	L	X	L	X	L	X	L	X	L
1	8.00	8.062	7.953	8.016	9.000	9.055	9.960	10.010	11.000	11.045	12.000	12.042	18.055	18.083
2	16.000	16.125	15.906	16.031	18.000	18.111	19.920	20.020	22.000	22.091	24.000	24.083	36.110	36.166
3	24.000	24.187	23.859	24.047	27.000	27.166	29.880	30.030	33.000	33.136	36.000	36.125	54.165	54.248
4	32.000	32.249	31.812	32.063	36.000	36.221	39.840	40.041	44.000	44.181	48.000	48.167	72.221	72.331
5	40.000	40.311	39.765	40.078	44.999	45.276	49.800	50.051	55.000	55.227	60.000	60.208	90.276	90.414
6	48.000	48.374	47.718	48.094	53.999	54.332	59.760	60.061	66.000	66.272	72.0000	72.250	108.331	108.497
7	56.000	56.436	55.671	56.110	62.999	63.387	69.721	70.071	77.000	77.317	84.001	84.292	126.386	126.580
8	64.000	64.498	63.624	64.125	71.999	72.442	79.681	80.081	88.000	88.363	96.001	96.333	144.441	144.662
9	72.000	72.560	71.577	72.141	80.999	81.497	89.641	90.091	99.000	99.408	108.001	108.375	162.496	462.745
0.45	3.600	3.628	3.579	3.607	4.050	4.075	4.482	4.505	4.950	4.970	5.400	5.419	8.125	8.137
3.60	28.800	29.024	28.630	28.856	32.399	32.598	35.856	36.036	39.599	39.763	43.200	43.350	64.999	65.098
4.30	34.400	34.667	34.197	34.467	38.699	38.937	42.828	43.046	47.299	47.494	51.600	51.779	77.639	77.756
4.40	35.200	35.474	34.993	35.268	39.599	39.843	43.824	44.044	48.399	48.599	52.800	52.983	79.443	79.564
4.60	36.800	37.086	36.583	36.871	41.399	41.654	45.816	46.046	50.599	50.808	55.200	55.391	83.054	83.181
5.20	41.600	41.923	41.355	41.681	46.799	47.087	51.792	52.052	57.199	57.435	62.400	62.616	93.887	94.031
5.30	42.400	42.730	42.151	42.482	47.699	47.992	52.788	53.053	58.299	58.540	63.600	63.820	95.692	95.839
5.50	44.000	44.342	43.741	44.068	749.499	49.803	54.780	55.055	60.499	60.749	66.000	66.229	99.303	99.455
6.45	51.600	52.001	51.296	51.700	58.049	58.406	64.242	64.565	70949	91.242	77.400	77.668	116.456	116.634
6.50	52.000	52.404	61.694	52.101	58.499	58.859	64.740	65.065	71.499	71.794	72.000	78.270	117.358	117.538
7.45	59.600	60.063	59.250	59.716	67.049	67.461	74.202	74.575	81.949	82.287	89.400	89.710	134.511	134.717
7.50	60.000	40.467	59.647	60.117	67.499	67.914	74.700	75.076	82.499	82.839	90.000	90.312	135.414	135.621
8.45	67.600	68.126	67.203	67.732	76.048	76.516	84.162	84.585	92.9479	93.333	101.400	101.752	152.566	152.800
8.50	68.000	68.529	67.600	68.132	76.498	76.969	84.660	85.086	93.499	93.885	102.000	102.354	153.469	153.704
10.45	83.6000	84.250	83.109	83.763	94.048	94.627	104.082	104.606	114.949	115.426	125.4000	125.835	188.676	188.965
10.50	84.000	84.653	83.506	84.164	94.4798	95.080	105.580	105.106	115.499	115.975	126.000	126.437	189.579	189.870
11.45	91.600	92.313	91.062	91.779	103.048	103.682	114.042	114.616	125.949	126.469	137.400	137.877	206.731	207.048
11.50	92.000	92.716	91.459	92.179	103.498	104.135	114.540	115.116	126.499	127.021	138.000	138.479	207.634	207.952

线间距离（S）

七、主要建筑物和设备至线路中心线的距离

附表10　主要建筑物和设备至线路中心线的距离标准表

序号	建（构）筑物和设备名称			高速铁路	城际铁路	客货共线铁路和重载铁路	
						高出轨面的距离	至线路中心线的距离
1	跨线桥柱、天桥柱、雨棚柱和电力照明杆等杆柱边缘	位于站内正线一侧		≥2 440	≥2 200	—	≥2 440
		位于站线间	通行超限货物列车时	—	—	1 100及以上	≥2 440
			不通行超限货物列车时	≥2 150	≥2 150	1 100及以上	≥2 150
		位于站场最外站线的外侧		≥3 100	≥3 100	1 100及以上	≥3 100
		位于最外梯线或牵出线一侧		≥3 100	≥3 100	1 100及以上	≥3 500
2	接触网支柱边缘	位于站内正线一侧或站场最外线路的外侧	无　砟	≥3 000	≥2 500	—	—
			有　砟	≥3 100	≥3 100	—	≥3 100
		位于站线间	通行超限货物列车时	—	—	1 100及以上	≥2 440
			不通行超限货物列车时	≥2 150	≥2 150	1 100及以上	≥2 150
		位于最外梯线或牵出线一侧		≥3 100	≥3 100	1 100及以上	≥3 500
3	高柱信号机边缘	高速铁路和城际铁路	正线	≥2 400	≥2 200	—	—
			到发线	≥2 150	≥2 150	—	—
		客货共线铁路和重载铁路	通行超限货物列车时	—	—	1 100及以上	≥2 440
			不通行超限货物列车时	—	—	1 100及以上	≥2 150
4	货物站台边缘	普通站台		—	—	950～1 100	1 750
		高站台		—	—	≤4 800	1 850
5	旅客站台边缘	高站台	位于正线一侧	1 800	1 800		
			位于站线一侧	1 750	1 750	1 250	1 750
		普通站台	位于不通行超限货物列车的到发线一侧	—	—	500	1 750
		低站台	位于通行超限货物列车的到发线一侧	—	—	300	1 750

序号	建（构）筑物和设备名称		高速铁路	城际铁路	客货共线铁路和重载铁路	
6	车库门、转车盘、洗车架和洗罐线、机车走行线上的建（构）筑物边缘		—	—	1 250 及以上	≥2 000
7	清扫或扳道房和围墙边缘		≥3 500	≥3 500	1 100 及以上	≥3 500
8	起吊机械固定杆柱或走行部分附属设备边缘至货物装卸线		—	—	1 100 及以上	≥2 440
9	连续墙体、栅栏、声屏障边缘	位于正线或站线外侧（无人员通行）	路基面外	路基面外	—	路基面外

注：1 表列序号 1、序号 2 有砟轨道线路考虑大型养路机械作业时，路基地段杆柱内侧边缘至正线线路中心的距离不应小于 3 100 mm。

2 表列序号 2 接触网支柱内侧边缘至线路中心距离，困难条件下，位于有砟轨道正线一侧不应小于 2 500 mm，位于不通行超限货物列车的站线一侧不应小于 2 150 mm。

3 表列序号 5 正线无列车通过或列车通过速度不大于 80 km/h 时，高站台边缘至线路中心线的距离可采用 1 750 mm。

4 表列序号 9 栅栏边缘至线路中心的距离，高速铁路尚应不小于栅栏距地面的高度加 2 400 mm 之和，城际铁路尚应不小于栅栏距地面的高度加 2 200 mm 之和。

八、车站线路间距

附表11 车站线路间距标准表

序号	名称				线间最小距离
1	站内正线和	高速铁路和城际铁路	站内正线间无渡线		与区间正线相同
			站内正线间有渡线时	$v \leq 250$ km/h	4 600
				250 km/h$<v \leq 300$ km/h	4 800
				300 km/h$<v \leq 350$ km/h	5 000
		客货共线铁路			5 000
		双线与第三线间，或相同行车方向的正线间			5 300
2	站内正线与相邻到发线间	无列检、上水及卸污作业			5 000
		有列检、上水或卸污作业	$v \leq 120$ km/h	一般	5 500
				改建特别困难	5 000（保留）
			120 km/h$<v \leq 160$ km/h	一般	6 000
				改建特别困难	5 500（保留）
			$v>160$ km/h	一般	6 500（设栅栏）
				改建特别困难	5 500（保留）
3	到发线间、调车线间	一般			5 000
		铺设列检小车通道或有客车上水、卸污作业			5 500
		改建特别困难			4 600（保留）
4	装有高柱信号机的线间	相邻两线均通行超限货物列车			5 300
		相邻两线只一线通行超限货物列车			5 000
5	动车组存车线间				4 600
6	客车车底停留线间	一般			5 000
		改建特别困难			4 600
7	动车组及客车整备线间	线间无照明和通信等电杆			6 000
		线间有照明和通信等电杆			7 000
8	货物直接换装的线路间				3 600
9	牵出线与其整备线间	区段站、编组站及其他调车作业频繁			6 500
		中间站及其他仅办理摘挂取送作业			5 000
10	调车场各线束间				6 500
11	调车场设有制动员室的线束间				7 000
12	梯线与其相邻线间				5 000

注： 1 表列序号1，城际铁路当正线间设置反向出站信号机时，线间距应计算确定。

2 表列序号2，在有列检作业的区段站上，路段设计速度120 km/h及以上时，运营中必须采取保证列检人员人身安全的措施。

3 表列序号3，列检小车通道不宜设在通行超限货物列车的到发线间，线间铺设机动小车通道的相邻到发线间距不应小于6 000 mm。

4 在区段站、编组站及其他大站上，线间距应与灯桥、接触网软横跨或硬横跨等横向最大跨度相适应，一般最多每隔8条线路或40 m应设置一处不小于6 500 mm的线间距，此线间距宜设在两个车场或线束之间。

5 照明和通信电杆等设备，在站线较多的大站上应集中设置在有较宽线间距的线路间，在中间站宜设置在站线之外；其他杆柱不宜与高柱信号机布置于同一线间，若确需布置于同一线间时，应确保高柱信号机的瞭望条件。

九、缩短线路终端连接计算公式及资料

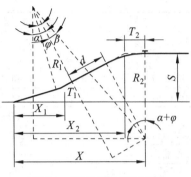

附图 1 缩短线路终端连接

计算公式：

（1）$\beta = \tan^{-1}\left(\dfrac{d}{R_1 + R_2}\right)$

（2）$\alpha + \varphi + \beta = \cos^{-1}\left[\dfrac{R_1\cos\alpha + l\sin\alpha - S + R_2}{\sqrt{(R_1 + R_2)^2 + d^2}}\right]$

（3）$T_1 = R_1\tan\dfrac{\varphi}{2}$ $\quad T_2 = R_2\tan\left(\dfrac{\alpha + \varphi}{2}\right)$

（4）$X_1 = (l + T_1)\cos\alpha$

$\quad\;\; Y_1 = (l + T_1)\sin\alpha$

（5）$X_2 = X_1 + (T_1 + d + T_2)\cos(\alpha + \varphi)$

$\quad\;\; Y_2 = S - Y_1$

附表 12　缩短线路终端连接表（单位：m）

S	9 号道岔　$\alpha = 6°20'25''$　$R_1 = R_2 = 300$　$d = 10$　$l = 20.009$								
	φ	T_1	X_1	Y_1	T_2	X_2	X	L_1	L_2
6.5	0°57′15″	2.498	22.369	2.486	19.123	53.734	72.857	4.996	38.194
7.00	1°16′49″	3.352	23.218	2.580	19.980	56.256	76.236	6.704	39.901
7.50	1°35′41″	4.175	24.036	2.671	20.807	58.683	79.490	8.350	41.548
8.00	1°53′55″	4.971	24.827	2.759	21.607	61.027	82.634	9.941	43.139
8.50	2°11′34″	5.741	25.593	2.844	22.381	63.293	85.674	11.481	44.679
9.00	2°28′41″	6.489	26.336	2.926	23.132	65.489	88.621	12.975	46.173
9.50	2°45′20″	7.215	27.058	3.006	23.863	67.620	91.483	14.428	47.626
10.00	3°01′32″	7.923	27.761	3.085	24.574	69.691	94.265	15.842	49.039
10.50	3°17′19″	8.612	28.446	3.161	25.268	71.708	96.976	17.249	50.417
11.00	3°32′44″	9.285	29.115	3.235	25.945	73.673	99.618	18.564	51.762
11.50	3°47′47″	9.943	29.769	3.308	26.607	75.592	102.199	19.878	53.075
12.00	4°02′31″	10.586	30.408	3.379	27.255	77.466	104.721	21.164	54.361
12.50	4°16′56″	11.216	31.034	3.448	27.890	79.299	107.089	22.422	55.619
13.00	4°31′04″	11.834	31.648	3.517	28.512	81.093	109.605	23.655	56.853
14.00	4°53′31″	13.033	32.840	3.649	29.721	84.569	114.290	26.051	59.248
S	9 号道岔　$\alpha = 6°20'25''$　$R_1 = R_2 = 200$　$d = 10$　$l = 20.009$								
	φ	T_1	X_1	Y_1	T_2	X_2	X	L_1	L_2
6.50	1°51′28″	3.243	23.110	2.568	14.333	50.404	64.737	6.485	28.617
7.00	2°16′36″	3.974	23.836	25.649	15.068	52.550	67.618	7.947	30.079

7.50	2°40′45″	4.677	24.535	2.726	15.774	54.609	70.383	0.352	31.484
8.00	3°04′00″	5.354	25.208	2.801	16.455	56.589	73.044	10.705	32.835
8.50	3°26′28″	6.008	25.858	2.873	17.113	58.502	75.615	12.012	34.144
9.00	3°48′12″	6.641	26.487	2.943	17.750	60.340	78.090	13.276	35.408
9.50	4°09′18″	7.255	27.097	3.011	18.369	62.125	80.494	14.504	36.635
10.00	4°29′48″	7.852	27.691	3.077	18.971	63.857	82.828	15.696	37.828
10.50	4°49′44″	8.433	28.268	3.141	19.556	65.537	85.093	16.856	38.988
11.00	5°09′11″	9.000	28.832	3.204	20.127	67.174	87.301	17.988	40.119
11.50	5°28′10″	9.553	29.381	3.265	20.685	68.767	89.452	19.092	41.224
12.00	5°46′42″	10.094	29.919	3.324	21.230	70.322	91.551	20.170	42.302
12.50	6°04′50″	10.623	30.445	3.383	21.764	71.840	93.604	21.225	43.357
13.00	6°22′36″	11.141	30.959	3.440	22.287	73.322	95.609	22.259	44.391
14.00	6°57′04″	12.147	31.059	3.551	23.302	76.191	99.493	24.264	46.388
15.00	7°30′15″	13.116	32.522	3.658	24.281	78.942	103.223	26.194	48.326
16.00	8°02′19″	14.053	33.454	3.762	25.228	81.591	106.819	28.060	50.102

S	9 号道岔 $\alpha = 6°20′25″$ $R_1 = R_2 = 200$ $d = 10$ $l = 20.009$								
	φ	T_1	X_1	Y_1	T_2	X_2	X	L_1	L_2
17.00	8°33′21″	14.961	34.756	3.862	26.146	84.145	110.291	29.866	51.997
18.00	9°03′28″	15.842	35.682	3.959	27.038	86.614	113.652	31.618	53.769
19.00	9°32′44″	16.699	36.483	4.054	27.905	89.002	116.907	33.320	55.425
20.00	10°01′13″	17.533	37.312	4.146	28.750	91.316	120.066	34.977	57.109
21.00	10°28′59″	18.348	38.122	4.236	29.575	96.666	123.141	36.593	58.725
22.00	10°56′05″	19.143	38.913	4.324	30.381	95.752	126.133	38.169	60.301
23.00	11°22′34″	19.921	39.626	4.410	31.170	97.880	129.050	39.730	61.842
24.00	11°48′29″	20.682	40.442	4.494	31.942	99.951	131.893	41.218	33.350
25.00	12°13′51″	21.426	41.114	4.576	32.699	101.972	134.671	42.694	64.852
26.00	12°38′43″	22.160	41.311	4.657	33.443	103.945	137.388	44.140	66.272
27.00	13°03′07″	22.879	42.626	4.736	34.173	105.874	140.047	45.560	67.693
28.00	13°27′04″	23.585	43.327	4.814	34.890	107.757	142.647	49.953	69.085
29.00	13°50′36″	24.279	44.017	4.891	35.596	109.601	145.197	48.322	70.464
30.00	14°13′43″	24.962	44.696	4.966	36.280	111.406	147.696	49.667	71.799

十、缩短渡线计算公式及资料

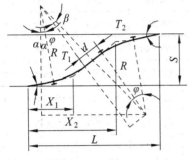

附图 2 缩短渡线示意图

计算公式：

（1）$\beta = \tan^{-1}\dfrac{d}{2R}$

（2）$\beta + \varphi + \alpha = \cos^{-1}\left[\dfrac{2(l\sin\alpha + R\cos\alpha) - S}{2R}\right]\cos\beta$

（3）$X_1 = (l+T)\cos\alpha$

$Y_1 = (l+T)\sin\alpha$

（4）$X_2 = X_1 + (2T+d)\cos(\varphi+\alpha)$

$Y_2 = Y_1 + (2T+d)\sin(\varphi+\alpha)$

（5）$L = X_1 + X_2$

附表 13　缩短渡线表（单位：m）

S	φ	9 号道岔　$\alpha = 6°20'25''$　$R_1 = 200$　$d = 10$　$l = 20.009$						
		T	K	L	X_1	Y_1	X_2	Y_2
6.45	0°55′33″	1.615	3.231	56.110	21.492	2.388	34.618	4.061
6.50	0°58′23″	1.698	3.396	56.436	21.574	2.397	34.862	4.102
7.00	1°25′56″	2.499	4.999	59.604	22.371	2.485	37.233	4.514
7.45	1°49′36″	3.188	6.376	62.321	23.055	2.561	39.266	4.888
8.00	2°17′16″	3.993	7.985	65.493	23.855	2.650	41.638	5.439
8.45	2°39′01″	4.326	9.261	67.985	24.484	2.720	43.501	5.729
9.00	3°04′37″	5.371	10.740	70.913	25.225	2.802	45.688	6.196
9.45	3°24′51″	5.960	11.917	73.225	25.810	2.867	47.415	6.581
10.00	3°48′47″	6.657	13.310	75.956	26.503	2.944	49.453	7.054

十一、反向曲线计算公式及资料

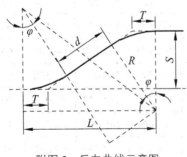

附图 3　反向曲线示意图

（1）$L = \sqrt{4RS + d^2 - S^2}$

（2）$\tan\dfrac{\varphi}{2} = \dfrac{L-d}{4R-S} = \dfrac{S}{L+d}$

（3）$T = R\tan\dfrac{\varphi}{2}$

（4）$K = \dfrac{\varphi\pi}{180°}R = 0.017\,453R\varphi°$

附表 14　反向曲线表（单位：m）

S	曲线半径200 直线段 d=10				曲线半径300 直线段 d=10			
	φ	T	K	L	φ	T	K	L
0.20	0°52′38″	1.531	3.062	16.123	0°48′21″	2.109	4.218	18.438
0.30	1°12′32″	2.109	4.219	18.436	1°05′36″	2.862	5.724	21.445
0.50	1°46′15″	3.090	6.181	22.355	1°34′18″	4.114	8.228	26.452
0.95	2°46′08″	4.833	9.665	29.310	2°24′29″	6.305	12.608	35.200
1.15	3°08′35″	5.487	10.971	31.916	2°43′09″	7.120	14.237	38.453
1.25	3°19′09″	5.794	11.586	33.142	2°51′55″	7.502	15.002	39.980
1.45	3°39′12″	6.378	12.752	35.466	3°08′31″	8.227	16.451	42.870
1.50	3°44′00″	6.518	13.031	36.024	3°12′30″	8.401	16.798	43.563
1.95	4°24′20″	7.692	15.378	40.696	3°45′47″	9.855	19.703	49.357
2.15	4°40′50″	8.173	16.338	42.607	3°59′24″	10.450	20.891	51.724

S	曲线半径400 直线段 d=10				曲线半径600 直线段 d=10			
	φ	T	K	L	φ	T	K	L
0.20	0°45′06″	2.623	5.246	20.492	0°40′21″	3.521	7.042	24.082
0.30	1°00′31″	3.250	7.040	24.081	0°53′23″	4.658	9.316	28.634
0.50	1°25′57″	5.000	10.000	29.995	1°14′39″	6.514	13.028	36.052
0.95	2°10′00″	7.563	15.126	40.238	1°51′07″	9.697	19.393	48.775
1.15	2°26′19″	8.513	17.024	44.030	2°04′34″	10.871	21.740	53.466
1.25	2°33′58″	8.958	17.914	45.808	2°10′52″	11.421	22.840	55.663
1.45	2°48′27″	9.801	19.600	49.172	2°22′47″	12.461	24.920	59.815
1.50	2°51′55″	10.003	20.003	49.977	2°25′38″	12.710	25.417	60.809
1.95	3°20′55″	11.692	23.377	56.711	2°49′26″	14.788	29.571	69.110
2.15	3°32′45″	12.381	24.754	59.459	2°59′09″	15.637	31.267	72.493

十二、站内正线设置反向曲线时的最小曲线半径及最小夹直线长度

附表15　最小曲线半径表

铁路等级	最小曲线半径（m）			
	设缓和曲线时		不设缓和曲线时	
	一般情况	困难情况	一般情况	困难情况
Ⅰ	800	400	4 000	3 000
Ⅱ	600	350		

附表16　最小夹直线长度表

铁路等级	夹直线最小长度（m）	
	一般情况	困难情况
Ⅰ	80	40
Ⅱ	60	30
Ⅲ	50	25

注：不设缓和曲线时，夹直线的长度应为上述数值加上一个缓和曲线的长度。

十三、新建车间站内线路的最小曲线半径

附表 17　新建车间站内线路的最小曲线半径表（单位：m）

序号	线路名称	曲线半径			附注
		一般	困难	特殊困难	
1	编组站车场间的联络线	≥250	同左	同左	
2	配有调机的牵出线	直线	≥1 000	≥600	不得设在反向曲线上
3	货物装卸线	直线	≥600	≥500	
4	旅客高站台旁的线路	直线	≥1 000	≥600	
5	站内联络线、机车走行线和三角线	≥200	同左	同左	
6	道岔后的连接曲线	不应于小相邻道岔导曲线半径			

十四、新建车站站内坡度

附表 18　新建车站站内坡度表

序号	名称	坡度值			附注
		一般	困难	特别困难	
1	办理解编作业的牵出线	面向调车场≤2.5‰的下坡道或平道			驼峰头部及调车场线路按有关规定办理，坡度牵出线的坡度不在此限
2	平面调车的调车线在道岔范围内	面向调车场的下坡道或平道，但不应大于4‰			不得设在反向曲线上
3	仅办理摘挂、取送作业的货场或其他厂、段的牵出线	≤1‰	≤6‰	≤6‰	
4	货物装卸线	平道	≤1‰	≤1‰	装卸线起迄点距离凸形竖曲线始终点不应小于15 m
5	危险品及液体货物装卸线和漏斗仓	平道	平道	平道	
6	旅客列车或客车的停放线路	平道	≤1‰	≤1‰	
7	站修线、洗罐线和建筑物内的线路	平道			
8	无机车连挂的车辆停放线、机车整备线	平道	≤1‰	≤1‰	
9	客车车底取送线	应尽量放缓	≤12‰		
10	段外机车走行线	应尽量放缓，困难条件下，≤12‰，设立交时，内燃、电力机车不应大于30‰			在站、段分界处，应有不小于2台机车长度加10 m 的机车停留位置，其坡度不应大于2.5‰
11	站内联络线	应符合按机车牵引力所确定的车列重量要求，且不应大于20‰			指站内各场、段、所之间的联络线，不包括编组站车场间的转场联络线
12	曲线范围内的三角线	≤12‰			
13	三角线的尽头线、机待线	平道	面向车挡≤5‰的上坡道		

十五、警冲标至道岔中心距离

附表19　警冲标至道岔中心距离表（单位：m）

道岔辙叉号		9					12				18	
辙叉角度		6°20′25″					4°45′49″				3°10′47″	
连接曲线半径		200	250	300	350	400	350	400	500	600	800	1000
警冲标位置		L					L				L	
线间距离（S）	5.0	38.051	38.437	38.931	39.596	40.425	49.574	49.857	50.560	51.576	73.230	74.007
	5.2	37.485	37.825	38.230	38.739	39.404	49.053	49.280	49.825	50.573	72.711	73.254
	5.3	37.259	37.575	37.951	38.404	38.991	48.854	49.055	49.544	50.185	72.528	72.983
	5.5	36.897	37.166	37.486	37.862	38.320	48.550	48.704	49.090	49.588	72.277	72.581
	6.0	36.366	36.522	36.721	36.964	37.254	48.170	48.232	48.415	48.686	72.064	72.126
	6.5	36.159	36.227	36.330	36.469	36.648	48.085	48.095	48.148	28.263	72.058	72.058
	7.5	36.110	36.110	36.113	36.129	36.166	48.084	48.084	48.084	48.084	72.058	72.058
	8.5	36.110	36.110	36.110	36.110	36.110	48.084	48.084	48.084	48.084	72.058	72.058
	9.5	36.110	36.110	36.110	36.110	36.110	48.084	48.084	48.084	48.084	72.058	72.058
	10.5	36.110	36.110	36.110	36.110	36.110	48.084	48.084	48.084	48.084	72.058	72.058
	11.5	36.110	36.110	36.110	36.110	36.110	48.084	48.084	48.084	48.084	72.058	72.058
	12.5	36.110	36.110	36.110	36.110	36.110	48.084	48.084	48.084	48.084	72.058	72.058

注：图中 P_1 及 P_2 为警冲标至两侧线中心的垂直距离，均为 2 m，Δ 为曲线内侧加宽。

十六、信号机至道岔中心距离

附表20　高柱信号机（基本宽度为380 mm）至道岔中心距离表（单位：m）

道岔辙叉号	辙叉角度	连接曲线半径	信号机至岔心距离	线路使用情况	5.0	5.2	5.3	5.5	6.0	6.5	7.5	8.5	9.5	10.5	11.5	12.5
9	6°20′25″	200	L	——	49.116	46.683	45.902	44.864	43.352	42.645	42.256	42.249	42.249	42.249	42.249	42.249
				—○	62.737	53.517	51.558	49.209	46.697	45.598	44.901	44.859	44.859	44.859	44.859	44.859
				═○			64.296	55.898	50.464	48.756	47.611	47.485	47.485	47.485	47.485	47.485
		300		——	51.125	48.284	47.334	45.937	44.033	43.078	42.341	42.249	42.249	42.249	42.249	42.249
				—○	66.635	55.820	53.545	50.789	47.555	46.170	45.062	44.861	44.859	44.859	44.859	44.859
				═○			68.029	58.155	51.660	49.478	47.869	48.502	47.485	47.485	47.485	47.485
		400		——	53.967	50.711	49.551	47.759	45.084	43.703	42.550	42.264	42.264	42.249	42.249	42.249
				—○	70.867	58.837	56.369	53.195	48.995	46.979	45.369	44.909	44.859	44.859	44.859	44.859
				═○			72.129	61.155	53.635	50.596	48.291	47.602	47.485	47.485	47.485	47.485
12	4°45′49″	350	L	——	62.644	60.200	59.443	58.396	56.990	56.432	56.258	56.258	56.258	56.258	56.258	56.258
				—○	78.894	68.014	65.956	63.594	61.135	60.166	59.739	59.738	59.738	59.738	59.738	59.738
				═○			81.119	71.269	65.725	64.111	63.253	63.230	63.230	63.230	63.230	63.230
		400		——	63.452	60.796	59.935	59.743	57.186	56.523	56.258	56.258	56.258	56.258	56.258	56.258
				—○	80.352	68.921	66.754	64.179	61.408	60.314	59.746	59.738	59.738	59.738	59.738	59.738
				═○			82.514	72.139	66.119	64.327	63.284	63.230	63.230	63.230	63.230	63.230
		500		——	65.377	62.301	61.244	59.689	57.663	56.770	56.266	56.258	56.258	56.258	56.258	56.258
				—○	83.408	71.022	68.658	65.664	62.081	60.685	59.794	59.738	59.738	59.738	59.738	59.738
				═○			85.459	74.223	67.205	64.848	63.396	63.230	63.230	63.230	63.230	63.230
		600		——	67.587	64.106	62.866	60.977	58.287	57.113	56.317	56.258	56.258	56.258	56.258	56.258
				—○	86.603	73.422	70.846	67.450	63.054	61.166	59.901	59.738	59.738	59.738	59.738	59.738
				═○			88.557	76.603	68.621	65.550	63.583	63.234	63.230	63.230	63.230	63.230
18	3°10′47″	800	L	——	91.480	88.448	87.475	86.183	84.746	84.345	84.308	84.308	84.308	84.308	84.308	84.308
				—○	112.207	98.893	96.499	93.559	90.605	89.720	89.528	89.528	89.528	89.528	89.528	89.528
				═○			115.796	103.831	97.059	95.329	94.756	94.756	94.756	94.756	94.756	94.756
		1000		——	94.145	90.432	86.160	87.329	85.183	84.482	84.308	84.308	84.308	84.308	84.308	84.308
				—○	116.369	101.915	99.127	95.511	91.337	90.004	89.528	89.528	89.528	89.528	89.528	89.528
				═○			119.817	106.812	98.412	95.835	94.754	94.754	94.754	94.754	94.754	94.754

注：① P_1 及 P_2 在通过超限货物列车的线路为 2.440+0.190=2.630 m。

② 不通过超限货物列车的线路为 2.150+0.190=2.340 m。

③ Δ—— 曲线加宽值。

附表 21 矮柱色灯信号机二、三显示并列至道岔中心距离表（单位：m）

道岔辙叉号	辙叉角度	连接曲线半径	信号机至岔心距离	线路距离 S											
				5.0	5.2	5.3	5.5	6.0	6.5	7.5	8.5	9.5	10.5	11.5	12.5
9	6°20′25″	200	L	43.518	42.402	41.987	41.331	40.343	39.896	39.703	39.703	39.703	39.703	39.703	39.703
		250		44.090	42.853	42.395	41.674	40.587	40.032	39.710	39.703	39.703	39.703	39.703	39.703
		300		44.948	43.499	42.960	42.128	40.880	40.208	39.736	39.703	39.703	39.703	39.703	39.703
		350		46.002	44.350	43.715	42.715	41.225	40.428	39.788	39.703	39.703	39.703	39.703	39.703
		400		47.203	45.355	44.629	43.458	41.636	40.693	39.869	39.706	39.703	39.703	39.703	39.703
12	4°45′49″	350	L	56.176	55.085	54.686	54.069	53.218	52.921	52.868	52.868	52.868	52.868	52.868	52.868
		400		56.687	55.440	54.997	54.322	53.351	52.969	52.868	52.868	52.868	52.868	52.868	52.868
		500		58.030	56.417	55.822	54.945	53.689	53.120	52.868	52.868	52.868	52.868	52.868	52.868
		600		59.685	57.734	56.983	55.8052	54.133	53.352	52.868	52.868	52.868	52.868	52.868	52.868
18	3°10′47″	800	L	90.948	88.043	87.107	85.862	84.473	84.089	84.056	84.056	84.056	84.056	84.056	84.056
		1000		93.561	89.983	88.752	86.977	84.899	84.211	84.056	84.056	84.056	84.056	84.056	84.056

十七、驼峰调车场内货车溜放基本阻力

附表 22 驼峰调车场内货车溜放基本阻力表（单位：N/kN）

计算车辆类型	总重（t）	$v_{车}$（m/s）	夏季	冬季（℃）							
				+10°	+5°	0°	−5°	−10°	−15°	−20°	−25°
易行车	80	1.0	0.5	0.8	0.9	1.0	1.2	1.3	1.3	1.5	1.6
		1.4	0.6	0.8	1.0	1.1	1.3	1.4	1.4	1.5	1.7
		2.0	0.7	0.9	1.0	1.2	1.4	1.4	1.5	1.6	1.7
		2.5	0.7	1.0	1.1	1.2	1.4	1.5	1.5	1.7	1.8
		3.0	0.8	1.1	1.2	1.3	1.5	1.6	1.6	1.7	1.9
		3.5	0.8	1.1	1.2	1.4	1.6	1.6	1.7	1.8	1.9
		4.0	0.9	1.2	1.3	1.4	1.6	1.7	1.7	1.9	2.0
		4.5	1.0	1.3	1.4	1.5	1.7	1.8	1.8	1.9	2.1
		5.0	1.0	1.3	1.4	1.6	1.8	1.8	1.9	2.0	2.1
		5.5	1.1	1.4	1.5	1.6	1.8	1.9	1.9	2.1	2.2
		6.0	1.2	1.5	1.6	1.7	1.9	2.0	2.0	2.1	2.3
		6.5	1.2	1.5	1.6	1.8	2.0	2.0	2.1	2.2	2.3
		7.0	1.3	1.6	1.7	1.8	2.0	2.1	2.2	2.2	2.4

计算车辆		$v_车$	夏季	冬季（℃）							
类型	总重（t）	（m/s）		+10°	+5°	0°	−5°	−10°	−15°	−20°	−25°
中行车	70	1.0	1.0	1.4	1.6	1.8	2.0	2.2	2.4	2.6	2.9
		1.4	1.0	1.5	1.7	1.8	2.0	2.2	2.5	2.7	3.0
		2.0	1.1	1.6	1.8	1.9	2.1	2.3	2.6	2.8	3.1
		2.5	1.2	1.7	1.8	2.0	2.2	2.4	2.7	2.9	3.2
		3.0	1.3	1.8	1.9	2.1	2.3	2.5	2.7	3.0	3.3
		3.5	1.4	1.8	2.0	2.2	2.4	2.6	2.8	3.1	3.3
		4.0	1.5	1.9	2.1	2.3	2.5	2.7	2.9	3.2	3.4
		4.5	1.5	2.0	2.2	2.4	2.5	2.8	3.0	3.2	3.5
		5.0	1.6	2.1	2.3	2.4	2.6	2.8	3.1	3.3	3.6
		5.5	1.7	2.2	2.3	2.5	2.7	2.9	3.2	3.4	3.7
		6.0	1.8	2.3	2.4	2.6	2.8	3.0	3.2	3.5	3.8
难行车	20	1.0	1.9	2.4	2.6	2.8	3.0	3.3	3.8	4.2	4.6
	30		1.6	2.3	2.5	2.7	2.9	3.3	3.7	4.1	4.5
	34		1.6	2.3	2.5	2.7	2.9	3.2	3.7	4.0	4.4
	40		1.6	2.2	2.4	2.7	2.8	3.2	3.6	4.0	4.4
	50		1.5	2.1	2.3	2.6	2.8	3.1	8.5	3.7	4.3
	20	1.4	2.1	2.5	2.7	2.9	3.1	3.5	3.9	4.3	4.7
	30		1.8	2.4	2.6	2.9	3.1	3.4	3.8	4.2	4.6
	34		1.7	2.4	2.6	2.8	3.0	3.4	3.8	4.2	4.6
	40		1.7	2.3	2.5	2.8	3.0	3.3	3.7	4.1	4.5
	50		1.6	2.2	2.4	2.7	2.9	3.2	3.6	4.0	4.4
	20	2.0	2.3	2.7	2.9	3.2	3.4	3.7	4.1	4.5	4.9
	30		1.9	2.6	2.8	3.0	3.2	3.6	4.0	4.4	4.8
	34		1.9	2.6	2.8	3.0	3.2	3.5	4.0	4.3	4.7
	40		1.8	2.5	2.7	2.9	3.1	3.5	3.9	4.3	4.7
	50		1.7	2.4	2.6	2.8	3.0	3.3	3.8	4.2	4.9.
	20	2.5	2.5	2.9	3.1	3.3	3.5	3.9	4.3	4.7	5.1.
	30		2.1	2.8	3.0	3.2	3.4	3.7	4.2	4.6	5.0
	34		2.1	2.7	2.9	3.2	3.3	3.7	4.1	4.5	4.9
	40		2.0	2.6	2.8	3.1	3.3	3.6	4.0	4.4	4.8
	50		1.8	2.5	2.7	2.9	3.1	3.5	3.9	4.3	4.7

计算车辆		$v_车$	夏季	冬季（℃）							
类型	总重（t）	（m/s）		+10°	+5°	0°	-5°	-10°	-15°	-20°	-25°
难行车	20	3.0	2.6	3.1	3.3	3.5	3.7	4.0	4.5	4.9	5.3
	30		2.3	2.9	3.1	3.4	3.6	3.9	4.3	4.7	5.1
	34		2.2	2.9	3.1	3.3	3.5	3.8	4.3	4.7	5.1
	40		2.1	2.8	3.0	3.2	3.4	3.7	4.2	4.6	5.0
	50		2.0	2.6	2.8	3.1	3.3	3.6	4.0	4.4	4.8
	20	3.5	2.8	3.2	3.5	3.7	3.9	4.2	4.7	5.0	5.4
	30		2.4	3.1	3.3	3.5	3.7	4.1	4.5	4.9	5.3
	34		2.4	3.0	3.2	3.5	3.6	4.0	4.4	4.8	5.2
	40		2.3	2.9	3.1	3.4	3.5	3.9	4.3	4.7	5.1
	50		2.1	2.7	2.9	3.2	3.4	3.7	4.1	4.5	4.9
	20	4.0	3.0	3.4	3.6	3.9	4.1	4.4	4.8	5.2	5.6
	30		2.6	3.2	3.5	3.7	3.9	4.2	4.7	5.0	5.4
	34		2.5	3.2	3.4	3.6	3.8	4.1	4.6	5.0	5.4
	40		2.4	3.0	3.3	3.5	3.7	4.0	4.5	4.8	5.2
	50		2.2	2.9	3.1	3.3	3.5	3.8	4.3	4.6	5.0
	20	4.5	3.2	3.6	3.8	4.0	4.2	4.6	5.0	5.4	5.8
	30		2.7	3.4	3.6	3.8	4.0	4.4	4.8	5.2	5.6
	34		2.7	3.3	3.5	3.8	4.0	4.3	4.7	5.1	5.5
	40		2.5	3.2	3.4	3.6	3.8	4.2	4.6	5.0	5.4
	50		2.3	3.0	3.2	3.4	3.6	4.0	4.4	4.8	5.2
	20	5.0	3.4	3.8	4.0	4.2	4.4	4.8	5.2	5.6	6.0
	30		2.9	3.6	3.8	4.0	4.2	4.5	5.0	5.3	5.7
	34		2.8	3.5	3.7	3.9	4.1	4.4	4.9	5.3	5.7
	40		2.7	3.3	3.5	3.8	4.0	4.3	4.7	5.1	5.5
	50		2.4	3.1	3.3	3.5	3.7	4.1	4.5	4.9	5.3
	20	5.5	3.5	4.0	4.2	4.4	4.6	4.9	5.4	5.7	6.1
	30		3.1	3.7	3.9	4.2	4.4	4.7	5.1	5.5	5.9
	34		3.0	3.6	3.8	4.1	4.3	4.6	5.0	5.4	5.8
	40		2.8	3.5	3.7	3.9	4.1	4.4	4.9	5.3	5.7
	50		2.6	3.2	3.4	3.7	3.9	4.2	4.6	5.0	5.4
	20	6.0	3.7	4.1	4.3	4.6	4.8	5.1	5.5	5.9	6.3
	30		3.2	3.9	4.1	4.3	4.5	4.8	5.3	5.7	6.1
	34		3.1	3.8	4.0	4.2	4.4	4.7	5.2	5.6	6.0
	40		3.0	3.6	3.8	4.1	4.2	4.66	5.0	5.4	5.8
	50		2.7	3.3	3.6	3.8	4.0	4.3	4.8	5.1	5.5

注：① 驼峰溜放部分货车平均基本阻力为车场内平均基本阻力加 0.4 N/kN。

② 车组基本阻力可按中行车基本阻力计算。

③ 道岔附加阻力按 24 mm/组计算。

④ 曲线附加阻力按 8 mm/度计算。

十八、驼峰货车溜放风阻力计算有关 f 及 C_{X_1}

附表23　驼峰货车溜放风阻力计算有关 f 及 C_{X_1} 取值表

货车类型	货车装载情况	f (m^2)	α													
			0°	5°	10°	15°	20°	25°	30°	35°	40°	45°	50°	60°	70°	80°
			C_{X_1}													
P_{50}	门窗关闭	10.0	1.087	1.200	1.334	1.455	1.509	1.524	1.480	1.384	1.215	1.010	0.816	0.425	−0.020	−0.163
P_{60}	门窗关闭	10.0	1.029	1.122	1.229	1.324	1.395	1.393	1.350	1.238	1.077	0.918	0.789	0.430	−0.001	−0.091
P_t	门窗关闭	9.0	1.121	1.188	1.339	1.456	1.482	1.502	1.474	1.380	1.240	1.043	0.841	0.500	0.100	−0.137
C_{50}	空	8.7	1.479	1.654	2.017	2.056	1.969	1.821	1.672	1.558	1.420	1.160	1.001	0.623	0.253	−0.036
	满	7.1	1.210	1.286	1.405	1.465	1.512	1.532	1.519	1.453	1.322	1.151	0.927	0.612	0.227	−0.036
C_{65}	空	9.4	1.415	16.00	1.967	2.028	1.977	1.913	1.776	1.607	1.464	1.270	1.039	0.594	0.200	−0.093
	满	8.0	1.199	1.232	1.379	1.463	1.549	1.553	1.530	1.472	1.352	1.216	0.941	0.575	0.198	−0.090
C_1	空	6.3	1.399	1.550	1.969	2.255	2.335	2.322	2.150	2.011	1.804	1.577	1.336	0.926	0.579	0.354
	满	5.1	1.138	1.259	1.442	1.589	1.703	1.757	1.704	1.646	1.560	1.442	1.252	0.988	0.607	0.360
M_{11}	空	8.9	13.27	1.395	1.848	1.963	2.007	1.980	1.896	1.723	1.573	1.373	1.140	0.729	0.242	−0.075
	满	7.3	1.086	1.142	1.298	1.460	1.564	1.669	1.643	1.575	1.408	1.290	1.130	0.778	0.230	−0.072
G_{50}		6.3	1.189	1.327	1.559	1.697	1.840	1.887	1.809	1.722	1.520	1.207	0.998	0.670	0.325	−0.101
N_{60}	空	3.3	1.439	1.633	1.920	2.240	2.451	2.558	2.412	2.206	1.939	1.663	1.210	0.547	0.117	−0.016

风阻力计算公式　　$\omega_{风} = \pm 0.063 f \cdot C_{X_1} (v_{车} \pm v_{风} \cos\beta)^2 / C_{X_0} \cdot \cos^2\alpha \cdot Q$

注: f ——正向吹风时，受车辆形状影响的受风面积($m)^2$；

C_{X_1} ——轴向阻力系数； C_{X_0} 为正向吹风（ $\alpha = 0°$ ）时的轴向阻力系数；

$v_{车}$ ——车辆的平均溜放速度（ m/s ）；

$v_{风}$ ——选用的风速（ m/s ），逆风取"＋"号，顺风取"−"号；

Q ——车辆总重（ t ）；

α ——相对风速角度， $\alpha = \text{tg}^{-1}[v_{风} \sin\beta / (v_{车} \pm v_{风} \cos\beta)]$ ；

β —— $v_{风}$ 方向与溜车方向的夹角度；

$v_{风}$ ——车辆的单位风阻力；逆风或顺风面 $v_{风} \cos\beta \leqslant v_{车}$ 时取"＋"号，顺风且 $v_{风} \cos\beta > v_{车}$ 时取"−"号。

十九、车辆减速器

附表 24　车辆减速器资料统计表

类型	节数	制动位长度（m）	有效自动长度（m）	基础长度（m）	制动时所抵消的能高（m）	全制动时间（s）	缓解时间（s）	入口最大允许速度（m/s）
T.JY	2	9.000	5.0		0.57	1.0	0.6	6.5
	3	12.000	8.0	11.600	0.92			
	4	15.000	11.0	14.600	1.26			
	2+3	21.008	13.0	20.608	1.49			
	3+3	24.008	16.0	23.608	1.84			
	3+4	27.008	19.0	26.608	2.18			
	4+4	30.008	22.0	29.608	2.53			
T.JK	4	8.30	7.2	9.02	0.84	1.4	1.2	7.0
	5	10.10	9.0	10.82	1.05			
	6	11.90	10.8	12.62	1.26			
	7	13.70	12.6	14.42	1.47			
	4+4	18.50	14.0		1.68			
	4+5	20.30	16.2		1.89			
	5+5	22.10	18.0		2.10			
	5+6	23.90	19.8		2.31			
	6+6	25.70	21.6		2.52			
	6+7	27.50	23.4		2.73			
T.JY$_3$ T.JK$_3$	4	10.56	4.8	11.0	0.60	T.JY$_3$ 0.9 T.JK$_3$ 0.8	T.JY$_3$ 0.45 T.JK$_3$ 0.55	7.0
	5	11.76	6.0	12.20	0.75			
	6	12.96	7.2	13.40	0.90			
	7	14.16	8.4	14.60	1.05			
	4+4	16.56	9.6	17.00	1.20			
	5+5	18.96	12.0	19.40	1.50			
	6+6	21.36	14.4	21.80	1.80			
	7+7	23.76	16.8	24.20	2.10			
T.JY$_1$	4	11.40	5.1	11.40	0.47	0.9	0.3±0.1	6.5
	5	12.60	6.3	12.60	0.59			
	6	13.80	7.85	13.80	0.70			
	7	15.00	8.7	15.00	0.81			
	5+5	20.34	12.6	20.34	1.18			
	6+6	22.74	15.0	22.74	1.40			

类型	节数	制动位长度（m）	有效自动长度（m）	基础长度（m）	制动时所抵消的能高（m）	全制动时间（s）	缓解时间（s）	入口最大允许速度（m/s）
T.JY₂ T.JK₂	4	10.56	4.8	11.00	0.49	T.JY₂ 0.9 T.JK₂ 0.6	T.JY₂ 0.4 T.JK₂ 0.5	7.0
	5	11.76	6.0	12.20	0.61			
	6	12.96	7.2	13.40	0.73			
	7	14.16	8.4	14.60	0.86			
	4+4	16.56	9.6	17.00	0.98			
	5+5	18.96	12.0	19.40	1.22			
	6+6	21.36	14.4	21.80	1.47			
	7+7	23.76	16.8	24.20	1.71			

注：①T.JY 型为 66-11 型，单位制动能高 0.115 m/m，制动位长度系减速器钢轨两最外端间的长度，两台连续安装时，中间留有 8 mm 轨缝。

②T.JK 型，单位制动能高 0.117 m/m，制动位长度系制动夹板两最外端间的长度，两台连续安装时，中间留 0.4 m 间隙，本表按设复轨器考虑，中间留有 1.9 m 间隙。

③T.JY 型为原 7501 型，单位制动能高 0.093 m/m，制动位长度系整体道床的长度，两台连续安装时，应取消第一台的尾部过渡道床长 2.5 m 和第二台的头部过渡道床长 2.36 m，使两台道床直接拼接。

④T.JY₂ 及 T.JK₂ 型，单位制动能高 0.12 m/m，本表根据测试报告在驼峰设计中采用单位制动能高 0.102 m/m 的规定进行计算；T.JY₃ 及 T.JK₃ 型，单位制动能高 0.125 m/m。该四类的制动位长度均系整体道床的长度，两台连续安装时，应取消第一台尾部过渡道床长 2.3 m 和第二台的头部过渡道床 2.3 m，并使两台间尾钳与头钳中心距为 1.2 m。

二十、车辆内侧减速顶

附表 25　车辆内侧减速顶资料统计表

型号		TDJ204 型　标准号：Q/HBT501—84						
滑动油缸分档标记		0	I	I′	II	III	IV	V
壳体分档标记		白	灰	红	棕	绿	蓝	黑
临界速度	（m/s）	0	1.11	1.39	2.00	2.50	3.50	4.00
	（km/h）	0	4.0	5.0	7.2	9.0	12.6	14.4
制动力	（J）	726	794	804	814	834	863	883
	（kgf·m）	74	81	82	83	85	88	90
阻力功	（J）	—	47	49	54	60	75	84
	（kgf·m）	—	4.8	5.0	5.5	6.1	7.6	8.6
限速		25						
适用轨型（kg/m）		43						
线路平面条件		直线						

型号		TDJ204 型　标准号：Q/HBT501—84						
临界 速度	（m/s）	0	1.25	2.00	2.25	3.50	4.00	4.50
	（km/s）	0	4.5	7.2	9.0	12.6	14.4	16.2
制动力	（J）	—	932	981	1 010	1 089	1 147	1 177
	（kgf·m）	—	95	100	103	111	117	120
阻力功	（J）	—	49	51	57	64	77	79
	（kgf·m）	—	5.0	5.2	5.8	6.5	7.8	8.0
限速（km/h）		25						
适用轨型（kg/m）		43、50						
线路平面条件		直线、曲线						

型号		TDJ303B 型 标准号：Q/HBT517—87	TDJK（可控）　标准号：Q/HBT502—85	
			非控制状态	控制状态
临界 速度	（m/s）	1.25	1.25	>2.22
	（km/h）	4.5	4.5	>8.0
制动力	（J）	844	883	<490.5
	（kgf·m）	86	90	<50
阻力功	（J）	49	49	<24.5
	（kgf·m）	5.0	5.0	<2.5
限速（km/h）		25	25	30
适用轨型（kg/m）		43、50	43、50	
线路平面条件		直线、曲线	直线、曲线	

二十一、车辆外侧减速顶

附表 26　车辆外侧减速顶资料统计表

型号		T·DW
临界速度	（m/h）	1.11±0.14
	（km/h）	4.00±0.50
制动力	（J）	896
	（kgf·m）	91.4
阻力功	（J）	29
	（kgf·m）	3.0
限速（km/h）		25
适用轨型（kg/m）		43
线路平面条件		直线

注：①安装顶群的线路上，每根 12.5 m 轨长度设 4 根轨距杆；设 5 正 2 反防止爬器；每根枕
　　木上设一对轨撑。
　　②其他布顶的线路上，每根 12.5 m 轨长度设 2 根轨距杆；设 3 正 1 反防爬器。

二十二、车辆加速顶

附表 27　车辆加速顶资料统计表

型号		TDJ$_{(+)}$101 型标准号：Q/HBT503—85	TDJ$_{(+)}$102 型标准号：Q/HBT503—85
加速功	（J）	784.5	588.4～784.5
	（kgf·m）	80	60～80
适用轨型（kg/m）			43
安装位置			钢轨内左侧或右侧
线路平面条件			直线、曲线

二十三、道岔保护区段及绝缘区段长度

附表 28　道岔保护区段及绝缘区段长度统计表

驼峰类型	道岔位置	道岔类型	转辙机类型	有无蓄电池浮充供电	$l_{短}$（m）	$l_{保}$（m）	$l_{绝}$（m）	v_{max}（m/s）
机械化	第一分路道岔	6号对称	ZK	有	5.00	6.308	12.828	6.3
				无	6.25	7.558	14.078	6.3
			ZD$_5$	有	6.25	7.558	14.078	6.3
				无	7.00	6.308	14.828	5.9
	其余分路道岔		ZK	有	6.25	7.558	14.078	7.5
				无	7.20	8.508	15.028	7.0
			ZD$_5$	有	7.00	8.308	14.828	6.9
				无	8.00	9.308	15.828	6.6
非机械化	第一分路道岔	6号对称	ZD$_5$	有	5.00	6.308	12.828	5.2
				无	6.25	7.558	14.078	5.4
	其余分路道岔			有	6.25	7.558	14.078	6.3
				无	7.00	8.308	14.828	5.9
简易	第一分路道岔	6号对称	ZD$_5$	有	5.00	6.308	12.828	5.2
				无	6.25	7.558	14.078	5.4
		9号单开		有	5.00	7.658	17.516	6.3
				无	6.25	8.908	18.766	6.3
	其余分路道岔	6号对称		有	6.25	7.558	14.078	6.3
				无	7.00	8.308	14.828	5.9
		9号单开		有	6.25	8.908	18.766	7.4
				无	6.25	8.908	18.766	6.3

注：① 第一分路道岔 $l_{保}$ 按峰顶与该道岔间无其他道岔的条件计算。

　　② 设计中可根据具体条件选用，如改用大功率转辙机或 v_{max} 不适用时，应重新计算 $l_{保}$、$l_{绝}$，并确定合理的 $l_{短}$。

参考文献

[1] 冯焕，何勋龙. 铁路站场及枢纽[M]. 北京：中国铁道出版社，1987.

[2] 刘其斌，马桂贞. 铁路车站及枢纽[M]. 2版. 北京：中国铁道出版社，2002.

[3] 马桂贞. 铁路站场及枢纽[M]. 成都：西南交通大学出版社，2003.

[4] 中华人民共和国建设部，中华人民共和国国家质量监督检验检疫总局.（GB 50091-2006）铁路车站及枢纽设计规范[S]. 北京：中国计划出版社，2006.

[5] 国家铁路局.（TB 10099—2017/J 2398—2017）铁路车站及枢纽设计规范[S]. 北京：中国铁道出版社. 2017

[6] 铁道第四勘察设计院. 铁路工程设计技术手册-站场及枢纽[M]. 北京：中国铁道出版社. 2004.

[7] 中国中铁二院工程集团有限责任公司. 铁路工程设计技术手册铁路运量[M]. 北京：中国铁道出版社，2010.

[8] 徐建兴. 减速顶及其调速系统[M]. 北京：中国铁道出版社，1991.

[9] 姚祖康. 运输工程导论[M]. 上海：同济大学出版社，1995.

[10] 陈应先. 高速铁路线路与车站设计[M]. 北京：中国铁道出版社，2001.

[11] 李海鹰，张超. 铁路站场及枢纽[M]. 北京：中国铁道出版社，2012.

[12] 杨涛. 交通港站及枢纽技术[M]. 兰州：兰州大学出版社，2005.

[13] 宋年秀，王耀斌. 运输枢纽与场站设计[M]. 北京：机械工业出版社，2005.

[14] 佟立本. 铁路运输设备[M]. 北京：中国铁道出版社，2003.

[15] 许佑顶，敖云碧，杨健，罗江成等. 现代铁路站场规划设计——编组站篇[M]. 北京：中国铁道出版社，2017.

[16] 中华人民铁道部（TB 10062—1999）. 铁路驼峰及调车场设计规范[S]. 北京：中国铁道出版社，1999.

[17] 国家铁路局（TB 10062—2018）. 铁路驼峰及调车场设计规范[S]. 北京：中国铁道出版社，2018.

[18] 国家铁路局（TB 10621—2014/J 1942—2014）. 高速铁路设计规范. 中华人民共和国行业标准[S]. 北京：中国铁道出版社. 2017

[19] 吴家豪. 中国铁路车辆减速顶调速系统设计优化[M]. 北京：中国铁道出版社，2008.

[20] 何世伟. 综合交通枢纽规划——理论与方法[M]. 北京：人民交通出版社，2012.

[21] 刘彦邦、曹宏宁. 现代化驼峰设计[M]. 北京：中国铁道出版社，1995.

[22] 国家铁路局（TB 10625—2017/J 2289—2017）. 重载铁路设计规范[S]. 北京：中国铁道出版社，2017.

[23] 中华人民共和国建设部，中华人民共和国国家质量监督检验检疫总局（GB 50090—

2006）. 铁路线路设计规范[S]. 北京：中国计划出版社，2006.

[24] 国家铁路局（TB 10098—2017/J 2399—2017）. 铁路线路设计规范[S]. 北京：中国铁道出版社，2017.

[25] 中国铁路总公司（Q/CR 9133—2016）. 铁路物流中心设计规范[S]. 北京：中国铁道出版社，2016.

[26] 中铁宝桥集团有限公司. 铁路道岔参数手册[M]. 北京：中国铁道出版社，2017.

[27] 杨浩，魏玉光. 铁路重载运输[M]. 北京：北京交通大学出版社，2010.

[28] 中国铁道学会减速顶调速委员会. 中国铁路减速顶与调速技术[M]. 北京，中国铁道出版社，2012.

[29] 吴家豪. 铁路枢纽设计优化[M]. 北京：中国铁道出版社，2011.

[30] 李雪婷，倪少权，吕红霞，常军乾. 铁路站场计算机辅助设计系统的研究[J]. 交通信息与安全，2003，21（4）：31-33.

[31] 中国铁路 BIM 联盟. 铁路铁路工程实体结构分解指南（1.0 版）[J]. 铁路技术创新，2014（6）：5-334.

[32] 王明生，彭兴东. BIM 技术在铁路站场中的应用探讨[J]. 铁道运输与经济，2015，37（9）：29-32.

[33] 孙军先，杨文成. 基于 BIM 技术的铁路站场设计应用与研究[J]. 铁道勘察，2018（2）：90-93.